DINÁMICA DE LOS GASES

Flujo Unidimensional Estacionario

Tomo 1

José Tamagno - Walkiria Schulz - Sergio Elaskar

DINÁMICA
DE LOS
GASES

Flujo Unidimensional Estacionario

UNIVERSITAS
CÓRDOBA

Pje España 1467. Te/Fax: 4680913. (5000) Córdoba. Argentina – editorialuniversitas@yahoo.com.ar

Diseño de Tapa: Universitas
Diseño de Interior: Los Autores – Universitas
Gráficos: Los Autores
Producción Gráfica: Universitas

EMAIL: editorialuniversitas@yahoo.com.ar

ISBN: 978-987-1457-10-6

<u>Prefacio</u>

Las aplicaciones de la Dinámica de los Gases no sólo abarcan a la Ingeniería Aeronáutica, también el estudio de la dinámica de fluidos compresibles se extiende a varias ramas de la Ingeniería y la Física.

Sin embargo la bibliografía especializada en Dinámica de los Gases en idioma Español es reducida. Por tal motivo se ha escrito este libro que contiene una introducción al flujo estacionario y unidimensional de gases y posee como finalidad principal la enseñanza de grado en carreras de Ingeniería y Física.

Se destaca que el libro tiene su origen en más de 20 años de experiencia en el dictado de los cursos Mecánica de los Fluidos II y Dinámica de los Gases I impartidos en la Facultad de Ciencias Exactas Físicas y Naturales de la Universidad Nacional de Córdoba.

Finalmente los autores desean agradecer al Prof. Guillermo Cid por su colaboración durante la elaboración del manuscrito.

José Tamagno, Walkiria Schulz y Sergio Elaskar
Córdoba. Febrero de 2008

Índice

APÉNDICES

Capítulo I

Revisión de Conceptos Termodinámicos

Efectos de la Compresibilidad

I.1. CONCEPTOS BÁSICOS APLICABLES AL FLUJO DE UN FLUIDO COMPRESIBLE

I.1.1. La Velocidad del Sonido

La velocidad del sonido puede calcularse utilizando el teorema de la cantidad de movimiento. A modo de ejemplo, analizaremos el movimiento de un pistón dentro de un conducto.

Supongamos la existencia de un pistón dentro de un cilindro de longitud infinita que contiene un fluido en reposo. El movimiento del pistón hacia la izquierda tendrá como consecuencia que el fluido adquiera un pequeño incremento de velocidad, $-\Delta V$, acompañado de un pulso de presión, Δp, que se propagará a una velocidad, $-a$, superior a ΔV [Fig. I.1.1(a)]. Convenimos el signo negativo para los desplazamientos hacia la izquierda y positivo hacia la derecha.

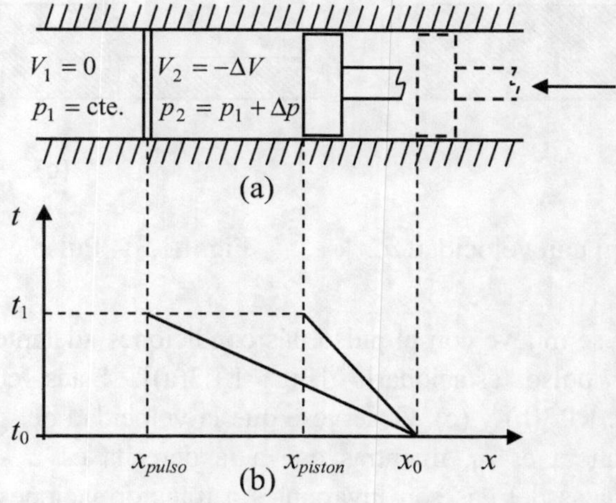

Fig. I.1.1 – Proceso inestacionario: (a) Pistón se desplaza con velocidad $-\Delta V$, y promueve un pulso que se propaga con velocidad $-a$; (b) Gráfico espacio-tiempo, x_{piston} es el desplazamiento del pistón en el intervalo $(t_1 - t_0)$, x_{pulso} es el desplazamiento del pulso de presión en el mismo intervalo.

Ambas velocidades pueden representarse en un gráfico espacio-tiempo por la pendiente de dos rectas con origen en el punto donde el pistón inicia su movimiento tal como se muestra en la Fig. I.1.1(b).

La propagación del pulso de presión dentro del conducto es un proceso inestacionario. De la misma forma, para un observador fijo, la Fig. I.1.2(a) representa la posición instantánea de un pulso de presión que dentro de un conducto se desplaza hacia la izquierda con velocidad a_1. Delante de dicho pulso el gas está en reposo, la presión es p_1 y la densidad ρ_1. Detrás, la velocidad del gas es $V_2 = -\Delta V$, la presión p_2 y la densidad ρ_2. Los incrementos de velocidad y presión resultantes de la aplicación del pulso están representados en las Fig. I.1.2(b) y (c).

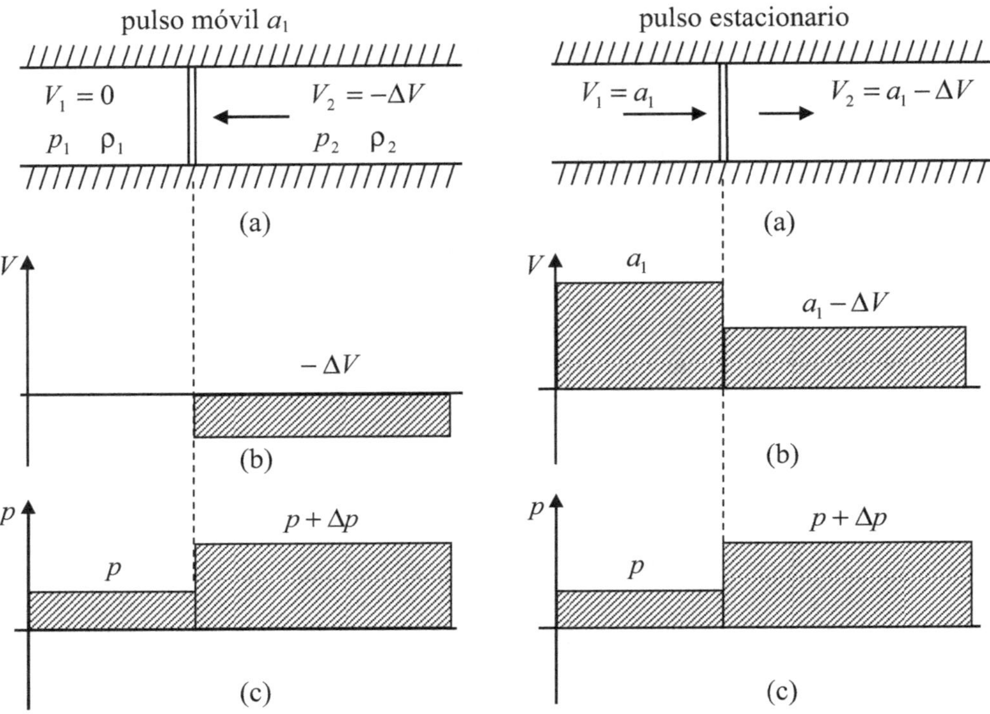

Fig. I.1.2 – Pulso móvil con velocidad a_1.   Fig. I.1.3 – Pulso estacionario.

Si el observador se mueve con el pulso, las condiciones adelante y detrás son las correspondientes a un pulso estacionario [Fig. I.1.3(a)]. Estas condiciones están representadas en las Fig. I.1.3(b) y (c). Obsérvese que la velocidad del gas a la izquierda del pulso estacionario ahora es a_1, mientras que a la derecha es $a_1 - \Delta V$. Como las propiedades termodinámicas del gas son invariantes a transformaciones cinemáticas, las presiones a través del pulso estacionario son las mismas que las que se producen con el pulso móvil [Fig. I.1.2(c) y Fig. I.1.3(c)].

Experimentalmente se observa que, si la intensidad del pulso es tal que permanece válida la relación isoentrópica entre presión y densidad, es decir se cumple que:

$$\frac{p_2}{p_1} = \left(\frac{\rho_2}{\rho_1}\right)^{\gamma}$$

(I.1.1)

donde p_1 y ρ_1 son la presión y la densidad del gas en reposo, entonces dicho pulso se propaga con la velocidad del sonido a_1 del medio en reposo. Todo pulso que en un medio compresible se propague con la velocidad del sonido del medio, constituye una **perturbación u onda del tipo acústico**.

Si un observador se mueve con el pulso, éste permanece quieto para dicho observador, que verá desplazarse el fluido hacia él con velocidad a_1. En el sistema de referencia móvil supuesto, las velocidades y presiones a uno y otro lado del pulso están representadas en las Fig. I.1.3(b) y (c) y las ecuaciones de conservación en dicho sistema se escriben a seguir.

<u>Continuidad:</u>

$$\rho_1 a_1 = \rho_2 (a_1 - \Delta V)$$

(I.1.2)

<u>Cantidad de Movimiento:</u>

$$p_1 + \rho_1 a_1^2 = p_2 + \rho_2 (a_1 - \Delta V)^2$$

(I.1.3)

No se hace uso de la ecuación de la energía ya que la misma es reemplazada por la ec. I.1.1 que establece que la evolución es isoentrópica. En términos de incrementos de presión y densidad, esta ecuación conduce a:

$$1 + \frac{\Delta p}{p_1} = \left(1 + \frac{\Delta \rho}{\rho_1}\right)^{\gamma} \cong 1 + \gamma \frac{\Delta \rho}{\rho_1}$$

$$\therefore \quad \left(\frac{\Delta p}{\Delta \rho}\right)_{is} = \gamma \frac{p_1}{\rho_1}$$

(I.1.4)

Si se supone que todos los incrementos de las variables físicas son suficientemente pequeños como para despreciar sus cuadrados o productos entre si, entonces, como se describe a continuación, las ecuaciones de continuidad y cantidad de movimiento se reducen a:

$$\rho_1 a_1 = (\rho_1 + \Delta \rho)(a_1 - \Delta V) = \rho_1 a_1 - \rho_1 \Delta V + \Delta \rho a_1$$

$$\therefore \quad \rho_1 \Delta V - a_1 \Delta \rho = 0$$

(I.1.5)

$$p_1 + \rho_1 a_1^{\,2} = (p_1 + \Delta p) + (\rho_1 + \Delta\rho)\left(a_1^2 - 2a_1\Delta V + \Delta V^2\right)$$
$$= p_1 + \Delta p + \rho_1 a_1^2 - 2\rho_1 a_1 \Delta V + a_1^2 \Delta\rho$$

$$\therefore \quad \Delta p - 2\rho_1 a_1 \Delta V + a_1^2 \Delta\rho = 0 \qquad (I.1.6)$$

luego de suponer que $\rho_2 = \rho_1 + \Delta\rho$ y $p_2 = p_1 + \Delta p$.

Las ec. I.1.5 y I.1.6 son las formas que toman las ecuaciones de continuidad y cantidad de movimiento al efectuar las simplificaciones pertinentes. Si entre las ec. I.1.5 y I.1.6 se elimina ΔV, se obtiene:

$$\left(\frac{\Delta p}{\Delta\rho}\right)_{is} = a_1^2 \qquad (I.1.7)$$

Al compararse las ec. I.1.4 y I.1.7, se deduce que la velocidad del sonido a_1 vale:

$$a_1^2 = \gamma\frac{p_1}{\rho_1} = \gamma\Re T_1 \qquad (I.1.8)$$

donde el último término surge de introducir la ecuación de estado del gas dada por:

$$p_1 = \rho_1 \Re T_1 \qquad (I.1.9)$$

($\Re$ es la constante aplicable al medio compresible en estudio).

Si el gas es perfecto, tanto γ como $\Re$ permanecen constantes y por lo tanto, la velocidad del sonido sólo dependerá de la temperatura del medio. Para el aire se tiene:

$$\gamma = 1,4 \qquad\qquad \Re = 287,06 \;\left[\frac{J}{Kg\cdot K}\right], \;\; donde \left[\frac{J}{Kg\cdot K} \equiv \frac{m^2}{s^2\cdot K}\right]$$

que permite obtener la siguiente expresión para el cálculo de la velocidad del sonido en función de la temperatura:

$$a_1 = 20,04\sqrt{T_1} \quad \left[\frac{m}{s}\right] \qquad (I.1.10)$$

I.1.2. El Cono de Mach

En un medio compresible, una perturbación u onda acústica se propaga con la velocidad del sonido, lo cual implica que la información se transmite con velocidad finita. Cuando la fuente de emisión está en reposo con respecto al fluido, las ondas emitidas permanecen concéntricas. Esto es consecuencia de que las perturbaciones se propagan en todas direcciones con la misma velocidad. El esquema de ondas resulta como el de la Fig. I.1.4(a).

Cuando la fuente se encuentra en movimiento con respecto al fluido con una velocidad muy pequeña en comparación a la velocidad del sonido, el esquema de ondas de la Fig. I.1.4(a) no experimenta modificaciones significativas y las ondas pueden seguir siendo consideradas concéntricas, aunque estrictamente no lo sean. Pero si la velocidad de la fuente emisora se incrementa y ya no es una cantidad pequeña respecto de la velocidad del sonido del medio, dicho esquema se distorsiona como se muestra en la Fig. I.1.4(b). Esto se debe a que la separación entre los pulsos ya no dependerá únicamente de su velocidad de propagación, sino que también deberá tenerse en cuenta el espacio recorrido por la fuente entre la emisión de dos pulsos sucesivos. Esto conduce a un acercamiento de las ondas en la dirección del movimiento de la fuente y a una separación mayor detrás de ésta respecto del caso de la Fig. I.1.4(a).

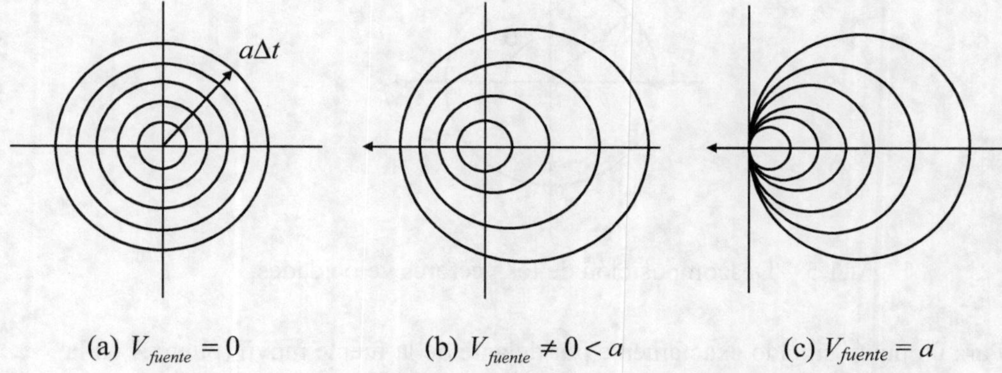

Fig. I.1.4 – Propagación de ondas acústicas.

Cuando la fuente móvil alcanza la velocidad del sonido del medio, todas las ondas tienen un punto de contacto común ubicado exactamente delante de la posición que ocupa la fuente en ese instante. Este fenómeno físico que se muestra en la Fig. I.1.4(c) es conocido como **barrera sónica**. Debido al efecto Doppler, la altura del sonido es diferente en los instantes en que la fuente sonora se aproxima al observador (sonido más agudo) que en los momentos en que se aleja (sonido más grave).

Ejemplo: barrera sónica

Para un intervalo de tiempo dado, el vector distancia entre la fuente y el frente de onda puede ser calculado por medio de la siguiente expresión general:

$$\vec{d} = \int_0^t (\vec{a} - \vec{V})\,dt$$

Donde, $\vec{d}$ es a distancia vectorial entre la fuente emisora y el frente de cualquier onda; $\vec{a}$ es el vector velocidad del sonido; $\vec{V}$ es la velocidad de la fuente móvil; t es el tiempo de propagación de la onda. Los vectores velocidades pueden ser decompuestos utilizándose (Fig. I.1.5):

$$\vec{V} = -V\hat{i}$$

$$\vec{a} = a(\cos\alpha\,\hat{i} + \text{sen}\,\alpha\,\hat{j})$$

y

$$\vec{a} - \vec{V} = (a\cos\alpha + V)\hat{i} + a\,\text{sen}\,\alpha\,\hat{j}$$

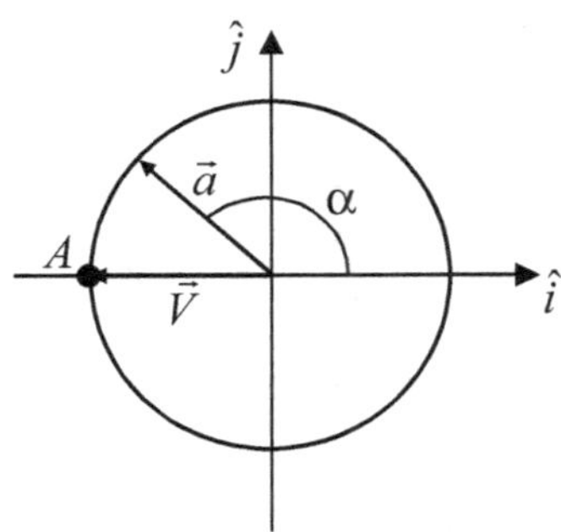

Fig. I.1.5 – Descomposición de los vectores velocidades.

Para un punto situado exactamente por delante de la fuente móvil (punto A en la Fig. I.1.5, $\alpha = 180°$):

$$\vec{a} - \vec{V} = (-a + V)\hat{i} + 0\hat{j}$$

Si la velocidad de la fuente es igual a la velocidad del sonido ($V = a$):

$$\vec{a} - \vec{V} = 0\hat{i}$$

Considerando que la velocidad de la fuente móvil se mantiene constante durante todo el intervalo de tiempo al igual que la velocidad del sonido, reemplazando este resultado en la expresión para la distancia entre dos ondas sucesivas, tenemos que:

$$\vec{d} = 0\hat{i}$$

La distancia entre la fuente y el frente de onda resulta nula en el punto A.

Cuando la fuente se mueve con velocidad superior a la del sonido, existe una envolvente de las ondas sucesivas producidas por la fuente tal como se muestra en la Fig. I.1.6.

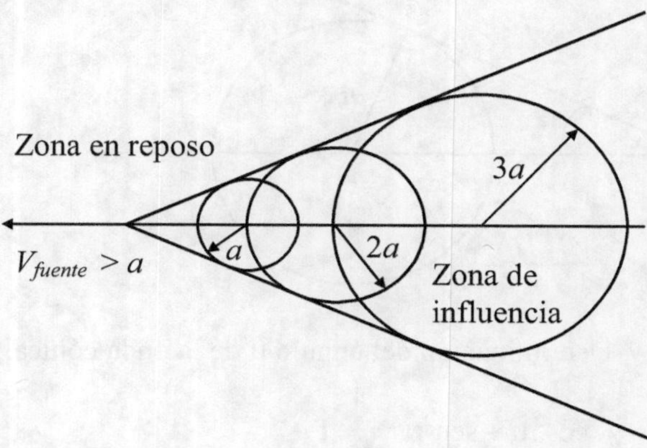

Fig. I.1.6 – Cono de Mach.

La propagación de las perturbaciones se realiza en todas direcciones con igual velocidad, por lo tanto, las circunferencias representan trazas de esferas en el plano de la figura. Dichas esferas pueden ser contenidas por una onda cónica cuyas generatrices parten desde la posición que ocupa la fuente móvil en cada instante. Esta onda cónica es conocida como **cono de Mach** y representa la separación entre la zona de silencio (donde todavía no llegan las perturbaciones) y la zona de influencia contenida dentro del cono.

La envolvente de las ondas esféricas engendradas por la fuente en su trayecto desde X_0 a X_1 (Fig. I.1.7), determina en el espacio la onda cónica, cuya traza en el instante en que la fuente se halla en X_1 es X_1C (el triángulo X_1CX_0 es rectángulo).

$\overline{X_1X_0}$ y $\overline{CX_0}$ son espacios recorridos en tiempos iguales por la fuente y por la perturbación producida en X_0 respectivamente. Luego se tiene:

$$\operatorname{sen}\mu = \frac{\overline{CX_0}}{\overline{X_1X_0}} = \frac{at}{V_{fuente}t} = \frac{a}{V_{fuente}} \tag{I.1.11}$$

Para $V_{fuente} < a$, μ es imaginario, no hay envolvente y falta la onda cónica.

La relación entre la velocidad de la fuente móvil y la velocidad de propagación de las perturbaciones que como se sabe es la velocidad del sonido del medio compresible, se conoce como **número de Mach**:

$$M_{fuente} = \frac{V_{fuente}}{a} = \frac{1}{\operatorname{sen}\mu} \tag{I.1.12}$$

Se puede probar que, cuando la fuente se desplaza con la velocidad del sonido, los frentes de onda se acumulan en el mismo punto en la dirección del movimiento considerando que:

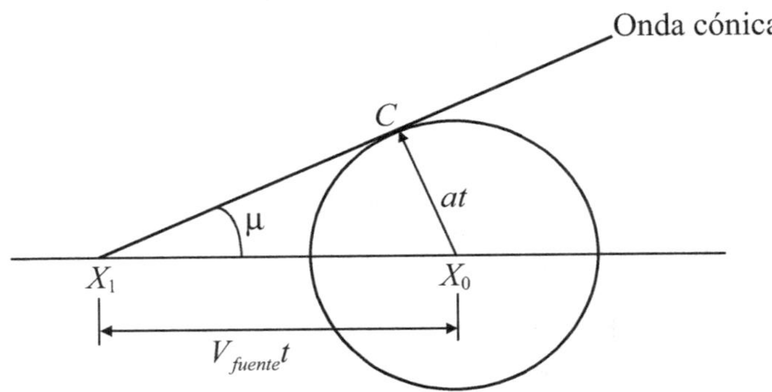

Fig. I.1.7 – Determinación del ángulo μ de la onda cónica.

$$\left(M_{fuente}\right)^2 = \frac{1}{\operatorname{sen}^2\mu} = \frac{\cos^2\mu + \operatorname{sen}^2\mu}{\operatorname{sen}^2\mu} = \frac{1}{\tan^2\mu} + 1$$

$$\tan\mu = \sqrt{\frac{1}{\left(M_{fuente}\right)^2 - 1}} = \sqrt{\frac{1}{\left(V_{fuente}/a\right)^2 - 1}}$$

Así, cuando $V_{fuente} = a$, el ángulo de la onda cónica es $\mu = 90°$.

Cuando la fuente se mueve a velocidades supersónicas, el fenómeno Doppler cede su lugar a otro fenómeno ya que la envolvente de las ondas sucesivas producidas por la fuente puede crear un frente de onda extraordinariamente enérgico en comparación con los efectos acústicos. Se presenta este fenómeno en lo que respecta a la onda de presión que produce un proyectil delante de sí mismo y al que se da el nombre de **onda de choque**.

Cabe señalar que la perturbación que acompaña al proyectil es complicada ya que, además de una estela localizada en la base del proyectil, pueden existir múltiples ondas de choque. Un buque que avanza en un mar tranquilo engendra ondas en la proa que presentan analogía con la onda de choque, y deja en la popa una estela turbulenta.

Ejemplo: aeronave supersónica

Podemos analizar el caso simplificado que se produce cuando el cono de Mach, que se genera en la nariz de un avión que vuela a Mach mayor que 1, alcanza la superficie terrestre.

Supongamos que la aeronave vuele paralelamente al plano de la Tierra. La superficie terrestre puede ser considerada plana para este caso en particular. La intersección del cono de Mach con el plano terrestre nos dará como resultado una onda parabólica.

Si consideramos tres observadores colocados en distintas posiciones tal como se muestra en la Fig. I.1.8, es fácil comprender que cada uno de ellos percibirá el estampido sónico en tres instantes de tiempo diferentes.

Para un mismo instante de tiempo, el observador en la posición B estará siendo alcanzado por la onda de choque mientras que el observador en la posición A ya habrá percibido el estampido sónico. El observador en la posición C podrá estar viendo pasar la aeronave, pero no percibirá ningún sonido por encontrarse fuera de la zona perturbada.

La forma que adopta la onda de choque como resultado de la intersección del cono de Mach con la superficie terrestre dependerá de cómo el avión se acerque o se aleje del suelo.

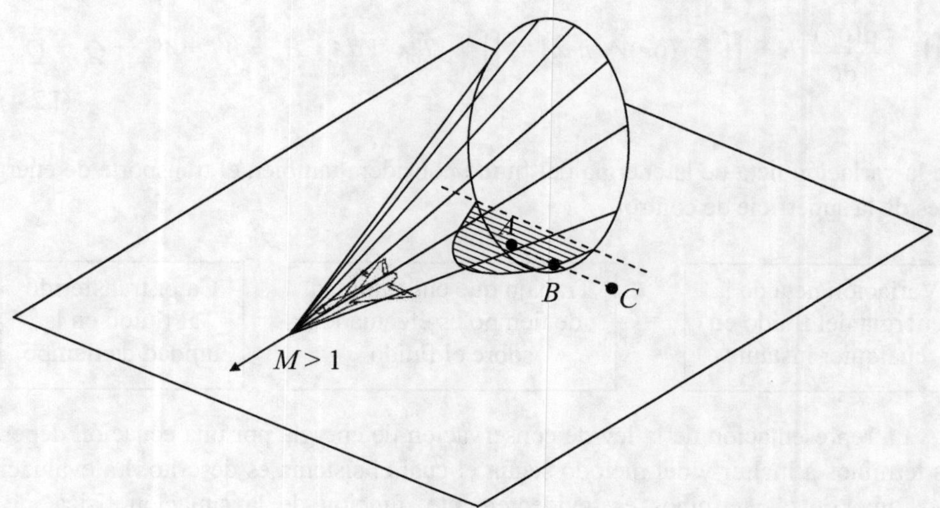

Fig. I.1.8 – Cono de Mach generado por una aeronave supersónica.

I.2.   ECUACIÓN DE LA ENERGÍA

I.2.1.   Sobre la Ecuación de la Energía

En cualquier instante, la energía contenida por el sistema es la suma de todas las energías asociadas con la masa Δm del sistema en el volumen de control, o sea:

$$\iiint_{v.c.} (e)\rho\, dv \tag{I.2.1}$$

Los cambios que con el tiempo experimenta dicha energía pueden expresarse por:

$$\frac{\partial}{\partial t} \iiint_{v.c.} (e)\rho\, dv \tag{I.2.2}$$

Puesto que en una representación Euleriana ρ y e son las únicas cantidades que pueden variar con el tiempo (el volumen de control es constante), este término puede escribirse:

$$\iiint_{V.C.} \frac{\partial(\rho e)}{\partial t}\, dv \quad [\mathrm{W}] \tag{I.2.3}$$

La conservación de la energía puede expresarse entonces, por el siguiente balance:

$$\iiint_{V.C} \frac{\partial(\rho e)}{\partial t}\, dv + \iint_{S.C.} (\rho e)\vec{V}\cdot\vec{n}\, dA = \iint_{S.C.} \vec{T}_{(\bar{n})}\cdot\vec{V}dA + E_m + \dot{W}_b + \dot{W}_{etc} + \dot{Q}_w + \dot{Q}_b \tag{I.2.4}$$

donde la variación neta de la energía del fluido considera también el transporte de energía a través de la superficie de control.

Variación neta de la energía del fluido en cualquier instante	=	Trabajo que en la unidad de tiempo es efectuado sobre el fluido	+	Calor transferido al fluido en la unidad de tiempo

La representación de la ley de conservación de energía por una ecuación depende de los términos a incluir y del método según el cual el sistema es descrito. La evaluación de cada uno de los términos es, evidentemente, función de la situación física, de la información disponible y de lo que se pretende obtener. En nuestro caso particular el sistema ha sido especificado mediante un sistema de control fijo en el espacio, lo cual es equivalente a un **sistema fijo abierto**.

No existe en la ecuación un término que indique una pérdida de energía. En efecto, el principio de conservación establece que la energía no se puede perder, solamente convertirse desde una forma a otra.

En el término e pueden incluirse las siguientes energías específicas:

$$e \equiv e_{quim} + \frac{V^2}{2} + e_{tm} + e_{ion} + e_{etc} \tag{I.2.5}$$

donde:

e_{quim} = energía que puede ser liberada por transformaciones químicas;

$V^2/2$ = energía cinética $= (u^2 + v^2 + w^2)/2$;

e_{tm} = energía térmica interna;

e_{ion} = energía que puede ser liberada por procesos conducentes a la ionización del gas;

e_{etc} = cualquier otro tipo de energía (por ejemplo energía nuclear, energía electromagnética, etc.)

Las unidades de e son: J/Kg, N·m/Kg (Sistema Internacional) y BTU/lbm, ft·lb$_f$/lbm, estas últimas utilizadas en los Estados Unidos (NIST).

La integral:

$$\iint_{S.C.} \left(\vec{T}_{(\bar{n})} \cdot \vec{V} \right) \cdot d\vec{A}$$

representa la potencia entregada al fluido contenido dentro del volumen de control por las fuerzas actuantes sobre su superficie (Fig. I.2.1). Las unidades de $\vec{T}_{(\bar{n})}$ son N/m^2.

Es conveniente distinguir entre el trabajo realizado por la presión p y el tensor de esfuerzos viscosos τ_{ij}, pues el tensor de tensiones ($T_{ij} = -p\delta_{ij} + 2\mu\dot{e}_{ij}$) es una combinación de ambos efectos. Así se puede escribir:

$$\iint_{S.C.} \vec{T}_{(\bar{n})} \cdot \vec{V} dA = - \iint_{S.C.} p\vec{V} \cdot \vec{n} dA + \iint_{S.C.} \Sigma_i \Sigma_j \tau_{i,j} \, v_j \, n_i \, dA \qquad (I.2.6)$$

donde la primera integral representa el trabajo hecho sobre el fluido por la presión y la segunda por los otros esfuerzos. Nótese el carácter tensorial de los esfuerzos.

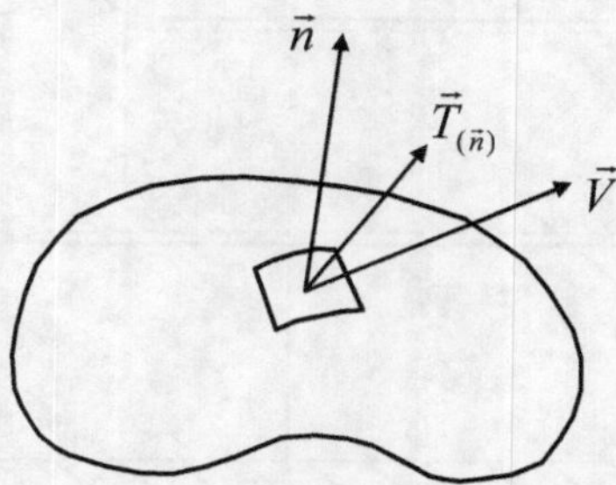

Fig. I.2.1 – Fuerzas actuantes sobre la superficie.

Con E_m se indica la contribución de las fuerzas másicas. Si se supone que derivan de un potencial estacionario $G = G(x, y, z)$, se puede hacer:

$$E_m = \iiint_{V.C.} \vec{f}_m \cdot \vec{V}(\rho dv) = - \iiint_{V.C.} \vec{\nabla}G \cdot \vec{V}(\rho dv) \qquad (I.2.7)$$

donde:

f_m = fuerza por unidad de masa [N/Kg];
G = potencial del cual deriva f_m.

El trabajo mecánico (*shaft-type work*) puede ser producido solamente por las fuerzas ejercidas sobre el fluido por un actuador que produce el trabajo. Dicho actuador puede ser cualquier superficie sólida sumergida en el fluido o adyacente al contorno que lo limita. Puesto que la producción de trabajo requiere desplazamientos del actuador, el volumen de control (*V.C.*) no puede ser fijo, ni tampoco el flujo, próximo al actuador, puede ser estacionario. No obstante, a través de las áreas de entrada y salida del *V.C.*, el flujo sí puede ser estacionario. Por lo tanto es conveniente considerar dos partes en el volumen de control: una alrededor del actuador móvil y la otra que comprenda a las superficies fijas sólidas y a las áreas de entrada y salida.

Si el actuador mecánico es cíclico o periódico, las fuerzas que produce pueden integrarse sobre un número determinado de ciclos y calcularse un valor medio para el trabajo. Únicamente cuando este concepto de valor medio para el trabajo mecánico resulta aplicable, la potencia entregada al fluido puede representarse por un término $\dot{W}_b$ en un volumen de control totalmente estacionario. Quizás sea más apropiado utilizar la notación $\langle \dot{W}_b \rangle$ para indicar que se trata de un valor medio. Este procedimiento es generalmente válido para *V.C.* que poseen en su interior partes móviles pero el flujo y las superficies de control son estacionarias (Fig. I.2.2).

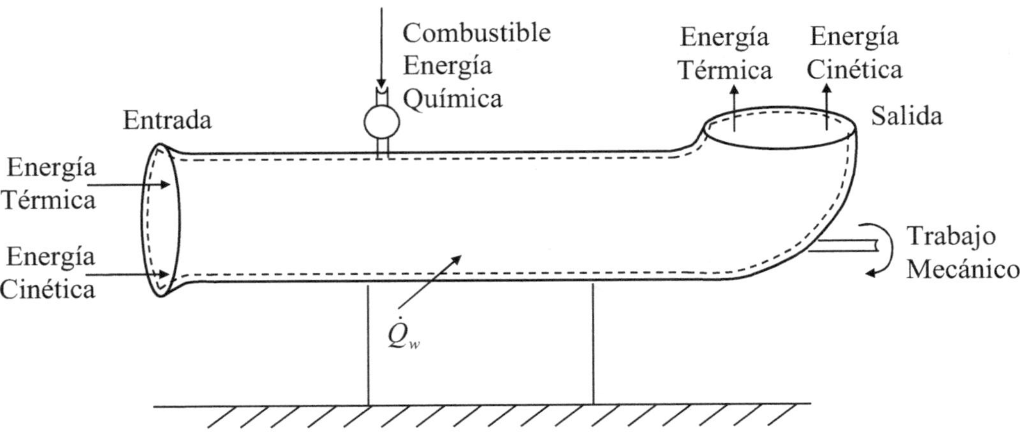

Fig. I.2.2 – Ejemplo de un sistema o volumen de control sobre el cual se efectúa el balance energético.

Cuando el movimiento del actuador no es cíclico, no existe un equivalente estacionario, lo cual complica el problema requiriéndose para cada caso estudios específicos.

El término $\dot{W}_{etc}$ se añade para indicar cualquier otro tipo de trabajo que pudiera tener lugar, además de los que ya han sido considerados. La ec. I.2.4 se puede escribir ahora:

$$\iiint_{V.C.} \frac{\partial(\rho e)}{\partial t}\,dv + \iint_{S.C.}(\rho e)\vec{V}\cdot\vec{n}dA = -\iint_{S.C.} p\vec{V}\cdot\vec{n}dA +$$
$$+\dot{W}_\tau + \langle \dot{W}_b \rangle + \dot{W}_{etc} - \iiint_{V.C.} \bar{\nabla}G\cdot\vec{V}(\rho dv) + \dot{Q}_w + \langle \dot{Q}_b \rangle \tag{I.2.8}$$

o, en forma más compacta:

$$\iiint_{V.C.} \frac{\partial(\rho e)}{\partial t}\, dv + \iint_{S.C.}\left(e+\frac{p}{\rho}\right)\rho\vec{V}\cdot\vec{n}dA + \iiint_{V.C.} \vec{\nabla}G\cdot\vec{V}\rho dv = \Sigma\dot{W}+\Sigma\dot{Q} \qquad \text{(I.2.9)}$$

Esta ecuación representa la primera ley de la termodinámica, que expresa la conservación de la energía. Para una sustancia en reposo se reduce a:

$$\Delta E = \Delta E_W + \Delta E_Q \qquad\qquad \text{(I.2.10)}$$

Mediante la ec. I.2.10 se expresa que el cambio en la energía interna $[E = m(e_{quim} + e_{tm} + e_{ion} + e_{etc})]$ contenida en el sistema se produce por el trabajo hecho sobre la sustancia y por la energía calórica recibida.

Para un fluido en movimiento, se requiere una expresión más completa de la ley de conservación de energía. Entre las ec. I.2.8 y I.2.10 se observan diferencias importantes producto de la presencia de la energía cinética del fluido. Esta comparación pone en evidencia que la traducción en una ecuación de la expresión verbal "ley de conservación de la energía" no es única, sino que depende del método y de los términos necesarios para describir el sistema.

Cuando se analizan sistemas simples, la energía química (e_{quim}), la energía de ionización (e_{ion}) y las otras energías no especificadas (e_{etc}) no son tenidas en cuenta, quedando entonces:

$$\iiint_{V.C.} \frac{\partial(\rho e)}{\partial t}\, dv + \iint_{S.C.}\left(\frac{V^2}{2}+e_{tm}+\frac{p}{\rho}\right)\rho\vec{V}\cdot\vec{n}dA =$$
$$= -\iiint_{V.C.} \vec{\nabla}G\cdot\vec{V}\rho dv + \dot{W}_{\tau} + \left\langle\dot{W}_b\right\rangle + \dot{Q}_w + \left\langle\dot{Q}_b\right\rangle \qquad \text{(I.2.11)}$$

Las unidades de cada uno de los términos en la ec. I.2.11 son de potencia, es decir: Watts, BTU/s, Kg·m/s, ft·lb/s, etc.

Respecto de la utilización de la ec. I.2.11, dos alternativas son posibles: (1) utilizarla tal cual, o (2) aplicar el teorema de la divergencia de Gauss y transformar la integral de área en una integral de volumen, de modo que todas las integrales puedan expresarse mediante una única integral de volumen. Con la alternativa (2) se obtiene:

$$\iiint_{V.C.}\left\{\frac{\partial(\rho e)}{\partial t}+\vec{\nabla}\cdot\left[\left(\frac{V^2}{2}+e_{tm}+\frac{p}{\rho}\right)\rho\vec{V}\right]+\vec{\nabla}G\cdot\rho\vec{V}\right\}dv = \dot{W}_{\tau}+\left\langle\dot{W}_b\right\rangle+\dot{Q}_w+\left\langle\dot{Q}_b\right\rangle$$
$$\text{(I.2.12)}$$

I.2.2. Flujo Estacionario

Si el flujo es estacionario, la derivada con respecto al tiempo es nula. Si las fronteras del $V.C.$ son fijas (invariantes con respecto al tiempo) no hay posibilidad de trabajo mecánico. Sin embargo, el valor medio de un trabajo cíclico con periodo o frecuencia constante, puede incluirse aun cuando las fronteras son estacionarias.

Si se designan:

$h = e_{tm} + p/\rho$, la entalpía estática, y
$h_0 = h + V^2/2$, la entalpía de estancamiento,

la ec. I.2.12 se reduce a:

$$\iiint_{V.C.} \vec{\nabla} \cdot \left[(h_0 + G)\rho\vec{V}\right]dv = \dot{W}_\tau + \left\langle\dot{W}_b\right\rangle + \dot{Q}_w + \left\langle\dot{Q}_b\right\rangle \qquad (I.2.13)$$

y después de aplicar el teorema de la divergencia de Gauss:

$$\iint_{S.C.} (h_0 + G)\rho\vec{V} \cdot \vec{n}dA = \dot{W}_\tau + \left\langle\dot{W}_b\right\rangle + \dot{Q}_w + \left\langle\dot{Q}_b\right\rangle \qquad (I.2.14)$$

Cuando el flujo es casi-unidimensional, es decir, no es totalmente uniforme, las áreas de entrada (*A.E.*) y salida (*A.S.*) pueden dividirse en áreas más pequeñas donde puede suponerse uniformidad. Entonces la ecuación de la energía se puede modificar como se indica a continuación:

$$\sum_{j \ A.S.} \iint_j (h_0 + gz)\rho\vec{V} \cdot \vec{n}dA_j + \sum_{j \ A.E.} \iint_j (h_0 + gz)\rho\vec{V} \cdot \vec{n}dA_j =$$
$$= \dot{W}_\tau + \left\langle\dot{W}_b\right\rangle + \dot{Q}_w + \left\langle\dot{Q}_b\right\rangle \qquad (I.2.15)$$

donde además, se ha supuesto que las fuerzas másicas son producidas por la gravedad.

En el contexto de casi-uniformidad expuesto, los términos lineales pueden reemplazarse por valores medios sobre el área A. Así, por ejemplo:

$$\bar{h} = \frac{1}{\dot{m}} \iint_A h\rho\vec{V} \cdot \vec{n}dA \qquad (I.2.16)$$

donde $\bar{h}$ es el valor medio de h sobre el área A.

Para expresar la energía cinética en términos de una velocidad media, se hace necesario introducir un factor de corrección tal que:

$$\alpha\frac{\dot{m}\bar{V}^2}{2} = \frac{1}{2} \iint_A \rho V^2\vec{V} \cdot \vec{n}dA \qquad (I.2.17)$$

donde con $\bar{V}$ se indica el valor medio de la velocidad definida por:

$$\overline{V} = \frac{\dot{m}}{\overline{\rho}\, A}$$

Por lo tanto:

$$\alpha = \frac{1}{\dot{m}\overline{V}^{\,2}} \iint_A \rho\, V^2 \vec{V} \cdot \vec{n}\, dA \tag{I.2.18}$$

Si se supone $\rho = \overline{\rho} =$ constante y el área A perpendicular al flujo, resulta:

$$\alpha = \frac{1}{\overline{V}^{\,3}} \iint_A V^3\, dA = \frac{\overline{V^3}}{\overline{V}^{\,3}} \tag{I.2.19}$$

o sea, α es, aproximadamente, la relación entre el valor medio del cubo de la velocidad y el cubo del valor medio de la velocidad.

Utilizando estos valores medios, la ecuación de la energía puede ser escrita para un flujo casi-unidimensional como:

$$\sum_{1\ A.S.}^{N} \dot{m}_j \left[\alpha \frac{\overline{V}^{\,2}}{2} + \overline{h} + gz \right]_j - \sum_{1\ A.E.}^{N} \dot{m}_j \left[\alpha \frac{\overline{V}^{\,2}}{2} + \overline{h} + gz \right]_j = \dot{W}_\tau + \left\langle \dot{W}_b \right\rangle + \dot{Q}_w + \left\langle \dot{Q}_b \right\rangle$$

$$\tag{I.2.20}$$

I.2.3.   Energía Interna Total y Entalpía Total

Si el término de energía cinética es excluido de la ec. I.2.5, con los términos restantes se puede definir una **energía interna total** tal que:

$$e_{tot} = e_{quim} + e_{tm} + e_{ion} + e_{etc} \tag{I.2.21}$$

Cuando se añade esta energía interna total a la cinética y a la de presión, se puede definir una **entalpía total** h_t :

$$h_t = e_{tot} + \frac{p}{\rho} + \frac{V^2}{2} \tag{I.2.22}$$

La entalpía total puede interpretarse como una medida de la capacidad total y disponibilidad de una masa de fluido unitaria para efectuar trabajo útil en cualquier punto del campo de movimiento. <u>Esta entalpía total es igual a la de estancamiento cuando al llevar el fluido al reposo adiabaticamente, la energía interna térmica es la única que cambia.</u> En tal caso se puede escribir:

$$h_t = e_{tm} + \frac{p}{\rho} + \frac{V^2}{2} = h_0 \tag{I.2.23}$$

Considérese ahora un flujo con las siguientes condiciones: estacionario, unidimensional, sin fricción y por lo tanto sin posibilidad de recibir energía calórica por conducción, sin radiación y sin trabajo mecánico. Con estas condiciones la ecuación de la energía (ec. I.2.14) se reduce a:

$$\iint_{S.C.} \left(h + \frac{V^2}{2} + gz \right) \rho \vec{V} \cdot \vec{n} dA = 0 \tag{I.2.24}$$

Si el volumen de control es ahora un tubo de corriente, las cantidades subintegrales son constantes sobre las áreas de entrada y salida. La ec. I.2.24 se escribe entonces:

$$\left(\frac{V^2}{2} + h + gz \right)_{salida} = \left(\frac{V^2}{2} + h + gz \right)_{entrada} \tag{I.2.25}$$

de donde se deduce que:

$$\Delta \frac{V^2}{2} + \Delta h + \Delta gz = 0 \tag{I.2.26}$$

lo cual implica que:

$$\frac{V^2}{2} + h + gz = \text{constante} \tag{I.2.27}$$

Por termodinámica se sabe que:

$$T ds = dh - \frac{dp}{\rho}$$

y si se supone que el flujo es isoentrópico, entonces vale:

$$T\Delta s = \Delta h - \int_{entrada}^{salida} \frac{dp}{\rho} = 0 \tag{I.2.28}$$

de donde:

$$\Delta h = \int_{entrada}^{salida} \frac{dp}{\rho}$$

Pero al ser el flujo isoentrópico, p y ρ están relacionadas por $p = k_1 \rho^{\gamma}$, así:

$$dp = k_1 \gamma \rho^{\gamma-1} d\rho \qquad \rightarrow \qquad \int_{entrada}^{salida} \frac{dp}{\rho} = k_1 \gamma \int_{entrada}^{salida} \rho^{\gamma-2} d\rho = k_2 \rho^{\gamma-1} \Big|_{entrada}^{salida}$$

y la ec. I.2.26 se reduce a:

$$\Delta \frac{V^2}{2} + k_2 \rho^{\gamma-1} \Big|_{entrada}^{salida} + \Delta gz = 0$$

que es la **ecuación de Euler** integrada para un movimiento estacionario unidimensional (incorrectamente denominada la ecuación de Bernoulli compresible).

Si el flujo es incompresible, ρ es constante y la ec. I.2.28 se transforma en:

$$\Delta\left(\frac{V^2}{2} + \frac{p}{\rho} + gz \right) = 0$$

de donde

$$\frac{V^2}{2} + \frac{p}{\rho} + gz = \text{constante} \tag{I.2.29}$$

que es la **ecuación de Bernoulli**.

Ejemplo: Turbina de Gas

Una turbina de gas del tipo *twin spool* puede representarse esquemáticamente como en la Fig. I.2.3. De las dos turbinas que posee, una se utiliza para hacer girar el compresor, mientras que la otra hace rotar el eje del cual se extrae potencia. Un ensayo en la turbina que se supone debía producir no menos de 5000 kW produjo los siguientes resultados:

Condiciones ambientales: $T_a = 294$ K

$p_a = 9,990645 \times 10^4$ Pa [Pa $\equiv$ N/m^2]

Caudal de aire: $\dot{m}_{air} = 18,2$ Kg/s

Salida del compresor (estación 2): $T_2 = 611$ K

$V_2 = 61$ m/s

$p_2 = 1,09431 \times 10^6$ Pa

Caudal de combustible: $\dot{m}_f = 0,364$ Kg/s

$\dot{m}_f / \dot{m}_{air} = 0,02$

Energía disponible del combustible: $\Delta h_f = 10.000$ kCal/Kg $= 41,86 \times 10^6$ J/Kg

Eficiencia combustión: $\eta = 0,95$

Salida de la turbina (estación 4): $T_{04} = 761 \text{ K}$
$p_4 = 9,990645 \times 10^4 \text{ Pa}$

Se desea determinar:

a) La potencia que consume el compresor;
b) La potencia remanente en el eje;
c) La eficiencia operativa.

Se supondrá estado estacionario, flujo unidimensional y que el fluido se comporta como un gas perfecto.

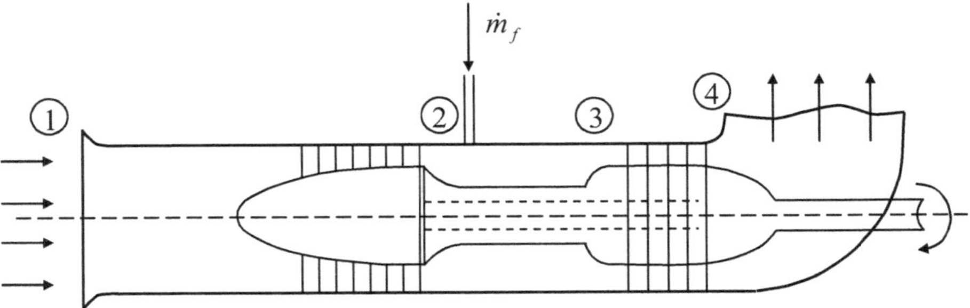

Fig. I.2.3 – Turbina de gas del tipo *twin spool*.

Entre la entrada y la salida del compresor vale la siguiente forma de la ecuación de la energía:

$$\dot{m}_2\left(\frac{V^2}{2}+h\right)_2 - \dot{m}_1\left(\frac{V^2}{2}+h\right)_1 = \langle \dot{W}_c \rangle$$

donde $\langle \dot{W}_c \rangle$ es el trabajo hecho sobre el fluido por el compresor.

Teniendo en cuenta que:

$$V_1 = 0; \qquad h = c_p T; \qquad c_p = 1,004 \times 10^3 \text{ J/(Kg·K) (aire)}; \qquad \dot{m}_1 = \dot{m}_2 = \dot{m}_{air}$$

$$\langle \dot{W}_c \rangle = \dot{m}_1\left[c_p\left(T_2 - T_a\right)+\frac{V_2^2}{2}\right] \qquad \left[\frac{\text{J}}{\text{s}}=\text{W}\right]$$

$$\langle \dot{W}_c \rangle = 18,2 \cdot [1,004 \times 10^3 \cdot (611\text{-}294) + (61)^2/2] = 5,8263 \times 10^6 \text{ W}$$

Es decir el compresor, para aumentar la presión y la temperatura del aire que entra, requiere de 5,8263 MW que deben ser suministrados por una de las turbinas.

El volumen de control correspondiente a la cámara de combustión está limitado por las secciones (2) y (3). Allí se agrega el combustible, pero no se efectúa trabajo alguno sobre el fluido. Además se supondrá que no hay pérdidas de calor por sus paredes. Con estas hipótesis la ecuación de la energía en dicho volumen de control se escribe:

$$\dot{m}_3\left(\frac{V^2}{2}+e_{tm}+\frac{p}{\rho}\right)_3 - \dot{m}_2\left(\frac{V^2}{2}+e_{tot}+\frac{p}{\rho}\right)_2 = 0$$

Teniendo en cuenta la definición de energía interna total:

$$e_{tot}=e_{tm}+e_{quim}=e_{tm}+\frac{\dot{m}_f}{\dot{m}_2}\eta\Delta h_f$$

la ecuación de la energía se puede expresar luego de introducir las entalpías de estancamiento en las secciones (2) y (3) como:

$$\dot{m}_3\,h_{03}=\dot{m}_2\left(h_{02}+\frac{\dot{m}_f}{\dot{m}_2}\eta\Delta h_f\right)$$

de donde se puede explicitar h_{03} quedando:

$$h_{03}=\frac{\dot{m}_2}{\dot{m}_3}\left(h_{02}+\frac{\dot{m}_f}{\dot{m}_2}\eta\,\Delta h_f\right)\left[\frac{J}{Kg}\right]$$

Ahora bien $\dot{m}_f/\dot{m}_2=0,02$, lo cual indica que la proporción combustible/aire está muy por debajo de la estequiométrica, por lo tanto en primera aproximación se justifica suponer que es todo aire, sin considerar el contenido en el fluido de los gases de combustión. Se obtiene así:

$$h_{03}=1/1,02\cdot[(1,004\times10^3\cdot611+61^2/2)+0,02\cdot0,95\cdot41,86\times10^6]=1.382.985\ J/Kg$$

Nótese que al agregar el combustible a la masa de aire se obtiene para $\dot{m}_3$:

$$\dot{m}_3=\dot{m}_2\left(1+\frac{\dot{m}_f}{\dot{m}_2}\right)=1,02\dot{m}_2$$

Entre la entrada y la salida de la segunda turbina el trabajo realizado sobre el fluido es:

$$\left\langle\dot{W}_T\right\rangle=\dot{m}_4 h_{04}-\dot{m}_3 h_{03}=\dot{m}_3(h_{04}-h_{03})$$

y reemplazando con valores numéricos resulta:

$$\left\langle \dot{W}_T \right\rangle = 1{,}02 \cdot 18{,}2 \cdot (1{,}004 \times 10^3 \cdot 761 - 1{.}382{.}985) = -11{.}490{.}017 \ W = -11{,}490 \ MW$$

para ambas turbinas. El signo menos indica que el fluido entrega trabajo a las turbinas. El compresor requiere 5,8263 MW quedando **5,6637 MW** disponibles en el eje para su utilización.

La eficiencia total es igual a la potencia en el eje dividida por la máxima energía que la combustión del combustible utilizado puede suministrar al fluido. Se obtiene:

$$\eta_{tot} = \frac{5{,}6637 \times 10^6}{0{,}364 \cdot 41{,}86 \times 10^6} = 0{,}37$$

I.2.4. Forma Diferencial de la Ecuación de la Energía

La integral de los esfuerzos $\dot{W}_\tau$ se puede transformar, luego de aplicar el teorema de Gauss, como sigue:

$$\dot{W}_\tau \equiv \iint_{S.C.} \Sigma_i \Sigma_j \tau_{ij} v_j n_i dA = \iiint_{V.C.} \Sigma_i \Sigma_j \frac{\partial (\tau_{ij} v_j)}{\partial x_i} dv \tag{I.2.30}$$

La transferencia de calor al sistema se realiza a través de la superficie de control ($S.C.$). Si se define el flujo de calor por unidad de superficie $\vec{q}_w$, entonces la energía calórica transferida a través del elemento dA en la dirección $\vec{n}$ y por unidad de tiempo es:

$$-\vec{q}_w \cdot \vec{n} \ dA$$

El signo (-) se debe a que el flujo de calor entrante aumenta la energía del sistema.

Integrando sobre toda la $S.C.$ y luego de transformar la integral de superficie en una integral de volumen, se obtiene:

$$\dot{Q}_w = -\iint_{S.C.} \vec{q}_w \cdot \vec{n} dA = -\iiint_{V.C.} \left(\vec{\nabla} \cdot \vec{q} \right) dv \tag{I.2.31}$$

Respecto del trabajo mecánico de algún actuador cabe señalar que, salvo en casos especiales, no puede expresarse en términos de elementos diferenciales. Su presencia en la forma diferencial de la ecuación de la energía está contemplada mediante condiciones de contorno que, en términos de desplazamientos, velocidades y esfuerzos, son impuestas sobre cada elemento de área del actuador que produce el trabajo y a tener en cuenta durante el proceso de integración de las ecuaciones que conducen a la solución del problema. Con respecto a la transmisión calórica desde cuerpos sumergidos, una adecuada elección de las superficies de contorno permite proceder de manera análoga a como se hace con la energía calórica que se transfiere desde contornos externos.

Con las ec. I.2.30 y I.2.31, la ec. I.2.12 se escribe:

$$\iiint_{V.C.} \left\{ \frac{\partial(\rho e)}{\partial t} + \vec{\nabla} \cdot \left[\left(e + \frac{p}{\rho} \right) \rho \vec{V} \right] + \vec{\nabla}G \cdot \rho \vec{V} \right\} dv = \iiint_{V.C.} \left[-\vec{\nabla} \cdot \vec{q} + \sum_i \sum_j \frac{\partial(\tau_{ij} v_j)}{\partial x_i} \right] dv$$

y para cada diferencial de volumen vale:

$$\frac{\partial(\rho e)}{\partial t} + \vec{\nabla} \cdot \left[\left(e + \frac{p}{\rho} \right) \rho \vec{V} \right] + \vec{\nabla}G \cdot \rho \vec{V} = -\vec{\nabla} \cdot \vec{q} + \sum_i \sum_j \frac{\partial(\tau_{ij} v_j)}{\partial x_i} \qquad (I.2.32)$$

Esta ecuación, luego de algunas transformaciones en las cuales se hace uso de la ecuación de continuidad y del concepto de derivada total o sustancial, se puede escribir como:

$$\rho \frac{D}{Dt}(e + G) + \vec{\nabla} \cdot (p\vec{V}) = -\vec{\nabla} \cdot \vec{q} + \sum_i \sum_j \frac{\partial(\tau_{ij} v_j)}{\partial x_i} \qquad (I.2.33)$$

Si se expresa e en términos de la energía interna total:

$$e = e_{tot} + \frac{V^2}{2} \equiv e_{quim} + e_{tm} + e_{ion} + e_{etc} + \frac{V^2}{2}$$

y luego se introduce una especie de entalpía estática generalizada $\underset{\sim}{h}$ tal que:

$$\underset{\sim}{h} = e_{tot} + \frac{p}{\rho}$$

se puede obtener como forma diferencial de la ecuación de la energía la siguiente expresión:

$$\rho \frac{D}{Dt} \left(\underset{\sim}{h} + \frac{V^2}{2} + G \right) - \frac{\partial p}{\partial t} = -\vec{\nabla} \cdot \vec{q} + \sum_i \sum_j \frac{\partial(\tau_{ij} v_j)}{\partial x_i} \qquad (I.2.34)$$

I.3. DINÁMICA DE LOS GASES IDEALES Y PERFECTOS

Para el estudio de la dinámica de los gases ideales se supondrá que la viscosidad y por lo tanto la conductividad térmica son nulas.

En cuanto concierne a la definición de un gas perfecto cabe distinguir dos partes. La primera de ellas es la relación presión-densidad-temperatura, o **ecuación de estado** dada por:

$$p = \rho \frac{R}{W} T = \rho \Re T \qquad\qquad (I.3.1)$$

donde $\Re$ es la constante particular del gas en estudio y se obtiene dividiendo la constante universal R por el peso molecular W. Las unidades de la constante $\Re$ en el sistema internacional son J/(Kg·K), o $m^2/(s^2 \cdot K)$.

La segunda parte de la definición de un gas perfecto supone la constancia de los calores específicos c_v y c_p, lo cual implica que el cambio desde una condición del gas a otra es puramente físico. Esta restricción no es tan efectiva como la ecuación de estado para describir el comportamiento de un gas real. En efecto, con ciertos gases es necesario admitir que los calores específicos varían con la temperatura aunque la ec. I.3.1 sigue siendo perfectamente aplicable. Cuando este es el caso, se dice que el gas es **semi-perfecto**.

La energía interna térmica e_{tm} y la entalpía específica o estática h son funciones únicamente de la temperatura y están conectadas por la relación:

$$h(T) = e_{tm}(T) + \frac{p}{\rho} = e_{tm}(T) + \Re T \qquad\qquad (I.3.2a)$$

Entre los calores específicos a presión constante y volumen, existe la siguiente relación:

$$c_p = c_v + \Re \qquad\qquad (I.3.2b)$$

y la relación:

$$\frac{c_p}{c_v} = \gamma \qquad\qquad (I.3.2c)$$

determina el exponente isoentrópico. De las ec. I.3.2b y I.3.2c se puede obtener:

$$c_p = \frac{\gamma \Re}{(\gamma - 1)}; \qquad c_v = \frac{\Re}{(\gamma - 1)} \qquad\qquad (I.3.2d)$$

En un gas perfecto la entalpía total coincide con la entalpía de estancamiento, porque $e_{tot} = e_{tm}$. La entalpía de estancamiento es definida como:

$$h_0 = h + \frac{V^2}{2}$$

La temperatura T_0 correspondiente a $h_0 = h(T_0)$ se define como la temperatura de estancamiento.

Si se elige una temperatura de referencia T_r, se puede escribir:

$$h = h_r + \int_{T_r}^{T} c_p \, dT; \qquad e_{tm} = (e_{tm})_r + \int_{T_r}^{T} c_v \, dT$$

donde $(e_{tm})_r$ y h_r representan valores de e_{tm} y h a la temperatura T_r y están relacionados por:

$$h_r = (e_{tm})_r + \Re T_r$$

Si los cambios en las condiciones del gas son puramente físicos (c_p y c_v son constantes), entonces se puede hacer:

$$h = \int_{0}^{T_r} c_p \, dT + \int_{T_r}^{T} c_p \, dT = \int_{0}^{T} c_p \, dT = c_p T$$

y de forma análoga:

$$e_{tm} = c_v T$$

I.3.1. Ecuaciones Fundamentales

Las ecuaciones fundamentales en ausencia de actuadores que realicen trabajo y sin radiación son:

<u>Continuidad</u>:

$$\frac{\partial \rho}{\partial t} + \vec{\nabla} \cdot (\rho \vec{V}) = 0 \qquad\qquad (\text{I.3.3})$$

<u>Cantidad de movimiento</u>:

$$\frac{D\vec{V}}{Dt} = -\frac{1}{\rho} \vec{\nabla} p - \vec{\nabla} G \qquad\qquad (\text{I.3.4a})$$

o sino

$$\frac{\partial \vec{V}}{\partial t} + \vec{\nabla}\left(\frac{V^2}{2}\right) + 2(\vec{\omega} \times \vec{V}) = -\frac{1}{\rho} \vec{\nabla} p - \vec{\nabla} G \qquad\qquad (\text{I.3.4b})$$

donde $\bar{\omega} = (\vec{\nabla} \times \vec{V})/2$ es la vorticidad y G el potencial del cual derivan las fuerzas másicas.

Ecuación de la Energía:

$$\frac{D}{Dt}\left(h + \frac{V^2}{2} + G\right) - \frac{1}{\rho}\frac{\partial p}{\partial t} = 0 \tag{I.3.5}$$

Las incógnitas son T, p, ρ y las componentes del vector velocidad u, v y w. Las ecuaciones de conservación juntamente con la de estado proveen las ecuaciones necesarias para resolver cualquier problema de la dinámica de gases ideales y perfectos.

I.3.2. Condiciones para que el Movimiento, si es Irrotacional continúe siéndolo

Se tiene que verificar que $\partial\bar{\omega}/\partial t = 0$ siempre. Supóngase que $\bar{\omega} = 0$; entonces, la ec. I.3.4b se reduce a:

$$\frac{\partial \vec{V}}{\partial t} + \vec{\nabla}\left(\frac{V^2}{2}\right) = -\frac{1}{\rho}\vec{\nabla}p - \vec{\nabla}G$$

Operando con el rotor sobre la ecuación anterior resulta:

$$2\frac{\partial \bar{\omega}}{\partial t} = -\vec{\nabla} \times \left(\frac{1}{\rho}\vec{\nabla}p\right) \tag{I.3.6}$$

puesto que el rotor de un gradiente es idénticamente nulo. Por consiguiente, la vorticidad no variará con el tiempo si se verifica que:

$$\vec{\nabla} \times \left(\frac{1}{\rho}\vec{\nabla}p\right) = 0$$

Supóngase también que todo el campo de movimiento es isoentrópico, entonces por definición de entropía:

$$T\vec{\nabla}s = \vec{\nabla}h - \frac{1}{\rho}\vec{\nabla}p = 0 \tag{I.3.7}$$

se verifica que:

$$\vec{\nabla}h = \frac{1}{\rho}\vec{\nabla}p$$

y por lo tanto:

$$\vec{\nabla} \times \left(\frac{1}{\rho} \vec{\nabla} p \right) = \vec{\nabla} \times \vec{\nabla} h = 0$$

por la misma razón anterior.

Se constata entonces, que si las fuerzas másicas derivan de un potencial y la evolución es isoentrópica, se cumple que:

$$\frac{\partial \vec{\omega}}{\partial t} = 0$$

Además, no podrá desarrollarse la vorticidad en un sistema fluido que no la posea y si ya existiese, no podrá modificarse.

I.3.3.   Consideraciones Energéticas

Integrando la ecuación de la energía I.3.5 según la trayectoria de una partícula, se obtiene:

$$\frac{V^2}{2} + h + G - \int_l \frac{1}{\rho} \frac{\partial p}{\partial t}\, dl = C_1 \left(part. \right) \tag{I.3.8}$$

donde la constante $C_1 \left(part. \right)$ es válida para cada partícula.

Si el movimiento es estacionario, la integral de la ec. I.3.8 se anula y por transformarse las trayectorias en líneas de corriente se verifica que:

$$\frac{V^2}{2} + h + G = C_2 \tag{I.3.9}$$

siendo C_2 válida para cada línea de corriente. Así la ec. I.3.9 expresa la energía que posee cada línea de corriente del fluido. Como C_2 varía de una línea de corriente a otra, cada una de ellas poseerá diferente energía.

Supóngase ahora que el movimiento es irrotacional, entonces, según lo establecido en el punto anterior, la ec. I.3.4b se puede escribir:

$$\frac{\partial \vec{V}}{\partial t} + \vec{\nabla} \left(\frac{V^2}{2} \right) + \vec{\nabla} h + \vec{\nabla} G = 0 \tag{I.3.10}$$

Por ser el movimiento irrotacional $\vec{V} = \vec{\nabla} \Phi$, siendo Φ una función potencial, por lo tanto:

$$\vec{\nabla}\frac{\partial \Phi}{\partial t} + \vec{\nabla}\left(\frac{V^2}{2}\right) + \vec{\nabla}h + \vec{\nabla}G = 0$$

Multiplicando por un desplazamiento arbitrario $\vec{dl}$ e integrando a lo largo del mismo resulta:

$$\frac{\partial \Phi}{\partial t} + \frac{V^2}{2} + h + G = C_3(t) \tag{I.3.11}$$

Como el desplazamiento a lo largo del cual se ha efectuado la integración es completamente arbitrario, se deduce que la constante $C_3(t)$ es válida en todo el campo, pero cambia de un instante a otro. Por consiguiente todas las partículas del campo de movimiento poseen en un instante dado la misma energía.

Si el movimiento es estacionario, la ec. I.3.11 se reduce a:

$$\frac{V^2}{2} + h + G = C_4 \tag{I.3.12}$$

y la constante C_4 es ahora válida en todo el campo y en todo instante. En otras palabras, todas las líneas de corriente poseen la misma energía y el movimiento se dice que es isoenergético. Téngase presente que las ec. I.3.9 y I.3.12 son formalmente idénticas pero conceptualmente distintas.

I.3.4.　Ecuación de Crocco

La conservación de la cantidad de movimiento (ec. I.3.4b) considerando flujo estacionario y despreciando las fuerzas de masa, resulta:

$$\vec{\nabla}\left(\frac{V^2}{2}\right) + 2\left(\vec{\omega}\times\vec{V}\right) = -\frac{1}{\rho}\vec{\nabla}p \tag{I.3.13}$$

Recordando la relación termodinámica entre la entropía y la entalpía (ec. I.3.7) y la expresión de la entalpía de estancamiento:

$$T\vec{\nabla}s = \vec{\nabla}h - \frac{1}{\rho}\vec{\nabla}p$$

$$h_0 = h + \frac{V^2}{2} \quad \rightarrow \quad \vec{\nabla}h_0 = \vec{\nabla}h + \vec{\nabla}\left(\frac{V^2}{2}\right)$$

e introduciendo estas ecuaciones en I.3.13:

$$2\left(\vec{\omega}\times\vec{V}\right) = -\vec{\nabla}h_0 + T\vec{\nabla}s \tag{I.3.14}$$

expresión que se conoce como la **ecuación de Crocco** y establece la vinculación entre variación de entropía y vorticidad.

Si ahora el movimiento además de estacionario es isoenergético ($\vec{\nabla} h_0 = 0$), y es aplicable la ec. I.3.12 (lo que implica que $\bar{\omega} = 0$). Queda finalmente:

$$T\vec{\nabla}s = 0$$

Se puede concluir entonces que:

a) si el campo de movimiento es estacionario, isoenergético y no posee vorticidad, entonces también es isoentrópico;

b) si el campo de movimiento es estacionario, isoenergético pero no es isoentrópico, entonces posee vorticidad y el campo de movimiento es **rotacional**.

I.3.5.   Valores de Estancamiento y Críticos

Se verá ahora como varían los parámetros físicos a lo largo de una línea de corriente en un flujo estacionario. Esencialmente se va a tratar de relacionar los valores locales o estáticos de las magnitudes físicas presión, temperatura, velocidad, etc. con los valores de estancamiento. Se entiende por valor de estancamiento al valor que adquiere cualquier magnitud física cuando la velocidad del fluido se hace nula. El proceso para pasar desde la condición de movimiento a la de estancamiento puede ser adiabático o isoentrópico. Como ya fuera especificado, todos los valores de estancamiento se identificarán con el subíndice 0.

Si las fuerzas másicas derivan del potencial gravitatorio, su contribución en aplicaciones corrientes de la dinámica de los gases no es significativa y puede prescindirse de ella. Por lo tanto la ec. I.3.9 se reduce a:

$$\frac{V^2}{2} + h = C_2$$

Para evaluar C_2 se hace $V = 0$, resultando $C_2 = h_0$, que coincide con la entalpía de estancamiento. En este caso coincide con la total porque la única energía interna que puede variar es la térmica. Entonces:

$$\frac{V^2}{2} + h = h_0 = h_t \tag{I.3.15}$$

Considerando que $h = c_p T$ y $h_0 = c_p T_0$ la ec. I.3.15 se escribe luego de tener en cuenta las relaciones I.3.2d, como:

$$\frac{V^2}{2} + \frac{\gamma}{\gamma-1}\Re T = \frac{\gamma}{\gamma-1}\Re T_0 \tag{I.3.16}$$

o sea

$$\frac{\gamma-1}{2}\frac{V^2}{\gamma\Re T} + 1 = \frac{T_0}{T}$$

la cual, luego de tener en cuenta las definiciones de velocidad del sonido y número de Mach, permite obtener:

$$\frac{T_0}{T} = 1 + \frac{\gamma-1}{2}M^2 \tag{I.3.17}$$

La ec. I.3.17 expresa que la temperatura de estancamiento T_0 puede relacionarse con la temperatura estática T mediante el número de Mach del movimiento. Nótese que la ec. I.3.17 ha sido derivada sin ninguna condición adicional a la de adiabaticidad.

Se supone ahora que el gas con velocidad V, es llevado al reposo ($V = 0$) sin que se produzcan cambios en la función entropía. De la ec. I.3.16 se obtiene:

$$\frac{V^2}{2} + \frac{\gamma}{\gamma-1}\frac{p}{\rho} = \frac{\gamma}{\gamma-1}\frac{p_0}{\rho_0}$$

donde con p_0 y ρ_0 se indican valores de estancamiento para la presión y la densidad. Una evolución isoentrópica implica:

$$\frac{p}{p_0} = \left(\frac{\rho}{\rho_0}\right)^{\gamma}$$

y por lo tanto:

$$\frac{V^2}{2} = \frac{\gamma}{\gamma-1}\frac{p_0}{\rho_0}\left(1 - \frac{p}{\rho}\frac{\rho_0}{p_0}\right)$$

de donde se puede obtener finalmente:

$$V = \left\{\frac{2\gamma}{\gamma-1}\frac{p_0}{\rho_0}\left[1 - \left(\frac{p}{p_0}\right)^{\frac{\gamma-1}{\gamma}}\right]\right\}^{\frac{1}{2}} \tag{I.3.18}$$

que es la **fórmula de Saint-Venant**. Esta fórmula permite calcular la velocidad que resulta al expandir el gas desde preestablecidas condiciones de estancamiento hasta una presión cualquiera p.

Cuando $p = 0$, resulta:

$$V_{\lim} = \sqrt{\frac{2\gamma}{\gamma-1}\frac{p_0}{\rho_0}} = \sqrt{2h_0} = \sqrt{2c_p T_0} \tag{I.3.19}$$

que es la **velocidad límite del gas**. Cuando $V = V_{\lim}$ se verifica que $M = V/a \to \infty$ puesto que $a = 0$. Obsérvese que la velocidad máxima de un gas que se expande indefinidamente es finita, aunque $M \to \infty$.

Por ser el movimiento isoentrópico vale:

$$\frac{p}{p_0} = \left(\frac{\rho}{\rho_0}\right)^{\gamma} = \left(\frac{T}{T_0}\right)^{\frac{\gamma}{\gamma-1}} \tag{I.3.20}$$

y sustituyendo la ec. I.3.20 en la ec. I.3.17 se pueden obtener las siguientes relaciones entre valores estáticos y de estancamiento para la presión y la densidad:

$$\frac{p_0}{p} = \left(1+\frac{\gamma-1}{2}M^2\right)^{\frac{\gamma}{\gamma-1}} \tag{I.3.21}$$

$$\frac{\rho_0}{\rho} = \left(1+\frac{\gamma-1}{2}M^2\right)^{\frac{1}{\gamma-1}} \tag{I.3.22}$$

Los valores particulares de la temperatura, presión y densidad cuando $M = 1$ se denominan **críticos**, y pueden obtenerse de las ec. I.3.17, I.3.21 y I.3.22, resultando:

$$\frac{T^*}{T_0} = \frac{a^{*2}}{a_0^2} = \frac{2}{\gamma+1} = 0{,}8333 \tag{I.3.23}$$

$$\frac{p^*}{p_0} = \left(\frac{2}{\gamma+1}\right)^{\frac{\gamma}{\gamma-1}} = 0{,}5283 \tag{I.3.24}$$

$$\frac{\rho^*}{\rho_0} = \left(\frac{2}{\gamma+1}\right)^{\frac{1}{\gamma-1}} = 0{,}6339 \tag{I.3.25}$$

Nótese que los valores críticos se individualizan con un asterisco.

Los valores numéricos dados corresponden a $\gamma = 1{,}4$. Se constata que la temperatura crítica es solamente 17% menor que la temperatura de estancamiento, mientras que la presión crítica es aproximadamente la mitad de la presión de estancamiento.

En el Apéndice A se presentan tabulados los valores de las funciones isoentrópicas que han sido derivadas en los párrafos precedentes. Son aplicables para $\gamma = 1,4$ y se utiliza el número de Mach como argumento de dichas funciones.

I.3.6. Caudal por Unidad de Área

Se derivarán ahora algunas relaciones unidimensionales entre el flujo por unidad de área y el número de Mach. Comenzando con la ecuación de continuidad, pueden efectuarse los siguientes arreglos:

$$\frac{\dot{m}}{A} = \rho V = \frac{p}{\Re T} V = \frac{pV}{\sqrt{\gamma \Re T}} \sqrt{\frac{\gamma}{\Re}} \sqrt{\frac{T_0}{T}} \frac{1}{\sqrt{T_0}}$$

Si el flujo es adiabático, resulta:

$$\frac{\dot{m}}{A} = \sqrt{\frac{\gamma}{\Re}} \frac{p}{\sqrt{T_0}} M \sqrt{1 + \frac{\gamma - 1}{2} M^2} \qquad (I.3.26)$$

es decir, el caudal en masa por unidad de área se puede expresar como una función del número de Mach, la presión estática y la temperatura de estancamiento. Siempre debe tenerse presente que los valores de γ y $\Re$ son datos particulares del gas cuya evolución se está considerando. Si la expansión del gas desde la condición de reposo se realiza isoentrópicamente, entonces, utilizando la ec. I.3.21 la presión estática p puede sustituirse por la presión de impacto p_0, resultando:

$$\frac{\dot{m}}{A} = \sqrt{\frac{\gamma}{\Re}} \frac{p_0}{\sqrt{T_0}} M \left(1 + \frac{\gamma - 1}{2} M^2\right)^{\frac{\gamma+1}{2(1-\gamma)}} \qquad (I.3.27)$$

La ec. I.3.27 muestra que para un número de Mach dado, el caudal másico es proporcional a la presión de estancamiento e inversamente proporcional a la raíz cuadrada de la temperatura de estancamiento. Por esta razón, en sistemas que operan con temperaturas y presiones que varían ampliamente, los resultados que se obtienen con las mediciones de caudal suelen representarse utilizando la combinación:

$$\dot{m} \frac{\sqrt{T_0}}{p_0}$$

como una de las variables. De esta manera los resultados son aplicables a operaciones con niveles de presión y temperatura diferentes.

El caudal máximo por unidad de área se encuentra derivando la ec. I.3.27 con respecto a M y luego se busca el valor de M que anula la derivada. La condición de derivada nula corresponde a $M = 1$. Por lo tanto para encontrar $(\dot{m}/A)_{max}$ sólo se requiere hacer $M = 1$ en la ec. I.3.27.

$$\left(\frac{\dot{m}}{A}\right)_{max} = \frac{\dot{m}}{A^*} = \left[\sqrt{\frac{\gamma}{\Re}\left(\frac{2}{\gamma+1}\right)^{\frac{\gamma+1}{\gamma-1}}}\right]\frac{p_0}{\sqrt{T_0}} \qquad (I.3.28)$$

Se observa que para un determinado gas, el caudal máximo por unidad de área depende solamente de la relación $p_0/\sqrt{T_0}$.

I.3.7.   La Relación de Áreas

Así como se expresaron las relaciones adimensionales p/p_0, p/p^*, etc., en función únicamente del número de Mach, es también conveniente introducir una relación adimensional para las áreas. Es obvio que el área de referencia apropiada es el área crítica A^*. Combinando la ec. I.3.28 con la ec. I.3.27 se puede deducir la siguiente relación entre el área A de cualquier sección del flujo y el área donde el Mach del flujo es unitario ($A = A^*$):

$$\frac{A}{A^*} = \frac{\left(\dfrac{\dot{m}}{A^*}\right)}{\left(\dfrac{\dot{m}}{A}\right)} = \frac{1}{M}\left[\left(\frac{2}{\gamma+1}\right)\left(1+\frac{\gamma-1}{2}M^2\right)\right]^{\frac{\gamma+1}{2(\gamma-1)}} \qquad (I.3.29)$$

El comportamiento de A/A^* en función del número de Mach es como se ilustra en la Fig. I.3.1.

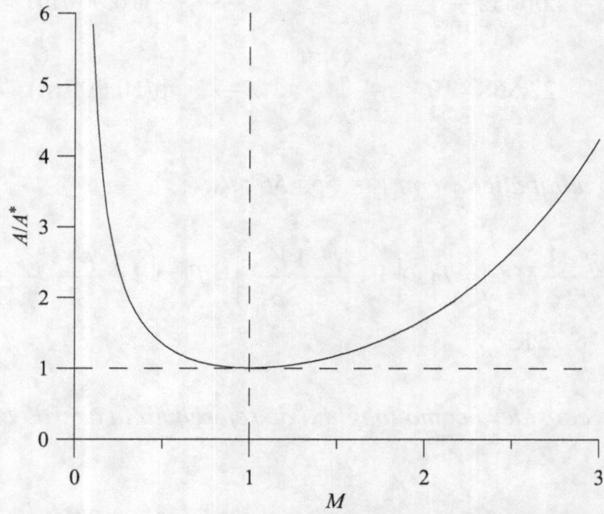

Fig. I.3.1 – Relación A/A^* en función del número de Mach ($\gamma = 1,4$).

Se constata que para cada valor de A/A^* siempre corresponden dos valores de M, uno para flujo subsónico y el otro para flujo supersónico. La relación de áreas A/A^* es siempre mayor que la unidad salvo cuando $M = 1$. Por lo tanto, en un flujo isoentrópico el área donde se alcanza el Mach unitario es mínima. Se puede demostrar que se trata de un mínimo absoluto.

En el Apéndice A se encuentran las tablas de flujo isoentrópico donde los valores de A/A^* están relacionados con otros parámetros del flujo.

I.4. EJERCICIOS

Flujo Isoentrópico (Empleo de Fórmulas)

1. Un avión vuela a 2.000 Km/hr a una altura de 10.000 m. Se pide determinar la temperatura de estancamiento en el borde de ataque del ala y el número de Reynolds Re, conociendo que la superficie alar y la envergadura son: $S = 30$ m^2 y $b = 15$ m.

Hipótesis
> *Atmósfera en condiciones standard;*
> *Flujo adiabático;*
> *Flujo estacionario;*
> *Aire como gas perfecto.*

Solución

Hasta los 12.000 m se puede considerar para la troposfera que: $\gamma = 1,4$ *y* $\Re = 287,06$ J/(Kg·K). *Las leyes de variación de T y ρ (estáticas) con la altura son:*

$$T(z) = \left(288,15\,\text{K} - 0,0065 z \frac{\text{K}}{\text{m}} \right) \qquad \rightarrow \qquad T(10.000\,\text{m}) = 223,15\,\text{K}$$

$$\rho(z) = 1,225 \frac{\text{Kg}}{\text{m}^3} \left(1 - 22,558 \times 10^{-6}\, z \frac{1}{\text{m}} \right)^{4,25575} \qquad \rightarrow \qquad \rho(10.000\,\text{m}) = 0,4127 \frac{\text{Kg}}{\text{m}^3}$$

Bajo la hipótesis de flujo adiabático y con V = 555,56 m/s:

$$T_0(z) = T(z)\left(1 + \frac{\gamma - 1}{2} M^2 \right) = T(z)\left(1 + \frac{\gamma - 1}{2}\frac{V^2}{a^2} \right) = T(z)\left(1 + \frac{\gamma - 1}{2}\frac{V^2}{\gamma \Re T(z)} \right)$$

$$T_0(10.000\,\text{m}) = 376,75\,\text{K}$$

Para el cálculo del Re se considera como longitud de referencia la cuerda c:

$$c = \frac{S}{b} = 2\,\text{m}$$

Buscando en una tabla de atmósfera standard, para la altura de 12.000 m se encuentra que $\mu = 1{,}458 \times 10^{-5}$ Kg/(m·seg). *Resultando:*

$$\mathrm{Re} = \frac{\rho(z)Vc}{\mu} = 3{,}1451 \times 10^{7}$$

2. Considere un vehículo espacial que reingresa a la atmósfera terrestre con una velocidad de 15.000 Km/hr. Suponiendo aire y que la temperatura estática del mismo es de –50°C. Calcular la temperatura de estancamiento de la nave.

Hipótesis

 Flujo isoentrópico;
 Flujo estacionario;
 Aire como gas perfecto.

Solución

$$T = \left[273{,}15 + (-50)\right] = 223{,}15\,\mathrm{K}$$

Bajo la hipótesis de flujo adiabático y con V = 4166,67 m/s:

$$\frac{T_0}{T} = 1 + \frac{\gamma - 1}{2} M^2 = 1 + \frac{\gamma - 1}{2}\left(\frac{V^2}{\gamma \Re T}\right)$$

Entonces:

$$T_0 = T + \frac{\gamma - 1}{2}\left(\frac{V^2}{\gamma \Re}\right) = 8863{,}03\,\mathrm{K}$$

3. En un avión que vuela a una altura de 500 m se midió la temperatura de estancamiento en el borde de ataque del ala, $T_0 = 180°C$. Se pide calcular la velocidad y el número de Mach de vuelo del avión.

4. La presión y temperatura de estancamiento medidas en un túnel de viento supersónico son: $p_0 = 200$ mmHg y $T_0 = 423$ K. La presión estática p medida en la cámara de ensayo posee una diferencia de 700 mmHg con la presión atmosférica. Calcular el número de Mach y la velocidad del flujo en la cámara de ensayo si la presión atmosférica es de 740 mmHg.

5. Para el perfil dibujado se dispone los siguientes datos:

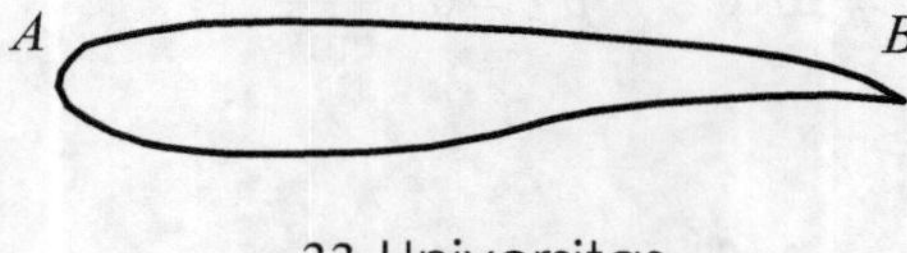

$$p_A = 9,8\,\frac{\text{N}}{\text{cm}^2} \qquad p_B = 5,1\,\frac{\text{N}}{\text{cm}^2} \qquad \rho_A = 12\,\frac{\text{Ns}^2}{\text{m}^4} \qquad V_A = 107\,\frac{\text{m}}{\text{s}}$$

Determinar M_A y M_B.

6. Se descarga aire desde un tanque por medio de una tobera al vacío. Calcular la velocidad de salida suponiendo las siguientes condiciones isoentrópicas:

a) $\qquad p_0 = 9,8\,\dfrac{\text{N}}{\text{cm}^2} \qquad\qquad T_0 = 288\,\text{K}$

b) $\qquad p_0 = 98\,\dfrac{\text{N}}{\text{cm}^2} \qquad\qquad T_0 = 288\,\text{K}$

c) $\qquad p_0 = 0,98\,\dfrac{\text{N}}{\text{cm}^2} \qquad\qquad T_0 = 1152\,\text{K}$

7. Calcular el caudal de aire que fluye por una tobera de diámetro mínimo igual a 7 cm. En esta sección se alcanza $M = 1$ y se conoce:

$$p = 4,67\,\frac{\text{N}}{\text{cm}^2} \qquad T = 21\,°\text{C}$$

8. Una tobera convergente es alimentada con aire a una presión de estancamiento igual a 10 atm y temperatura también de estancamiento igual a 250°C y descarga al medio ambiente con una presión de 1 atm. Si el fluido es ideal y el flujo adiabático y sin fricción, se pide calcular la temperatura, la velocidad y el área en la sección de salida, conociendo que el caudal es de 0,6 Kg/s.

9. Si un avión vuela a una altura $z = 1.200$ m, la temperatura de estancamiento en el borde de ataque del ala es $T_0 = 200$°C. Asumiendo flujo adiabático y gas perfecto: ¿cuáles serán: la velocidad V, el número de Mach M y la relación de presiones $p_0\,/\,p$?

Flujo Isoentrópico (Empleo de Tablas)

1. En la cámara de ensayos de un túnel de viento supersónico se midió la presión estática, la presión y la temperatura de estancamiento. Determinar:

a) Propiedades del fluido en la garganta;
b) Propiedades del fluido en la cámara de ensayos.

$$p_0 = 3,53\,\frac{\text{N}}{\text{cm}^2} \qquad T_0 = 30\,°\text{C} \qquad p_{ce} = 0,8\,\frac{\text{N}}{\text{cm}^2}$$

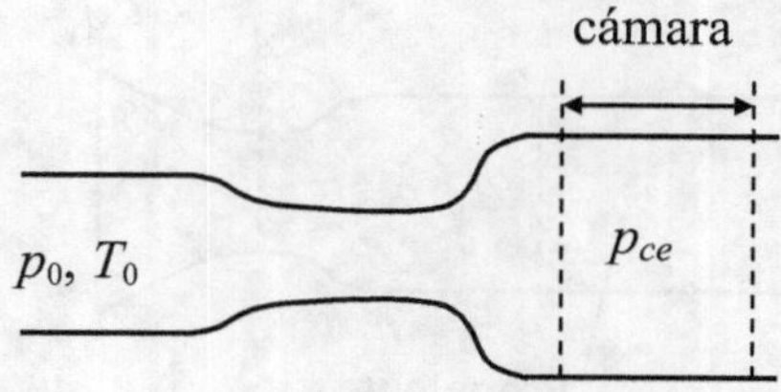

2. Determinar la longitud del conducto dibujado, dados los siguientes datos:

$$T_0 = 25\,°C \qquad M_i = 0,5 \qquad \beta = 3°$$

$$p_0 = 1176\,\frac{N}{cm^2} \qquad p_s = 885,3\,\frac{N}{cm^2} \qquad d_i = 100\,cm$$

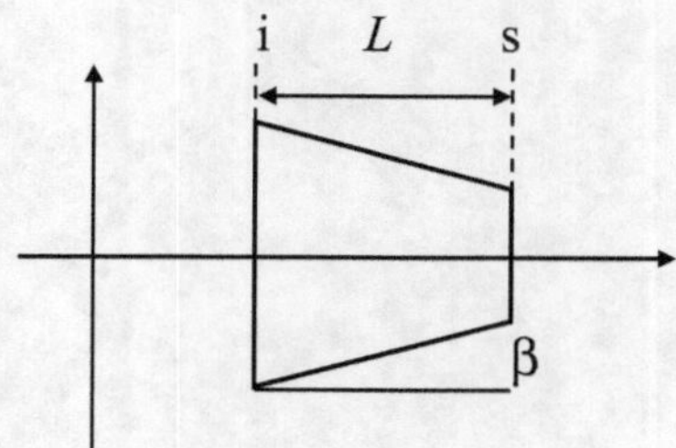

3. Un difusor supersónico difunde aire desde $M = 3$ en la entrada, hasta $M = 1,5$ en la salida. La presión de estancamiento del aire que ingresa es de 6,86 N/cm² y la temperatura de estancamiento es de 6°C. Si fluye un caudal de aire de 127 Kg/seg, hallar las áreas de entrada y de salida, la velocidad y la temperatura de salida.

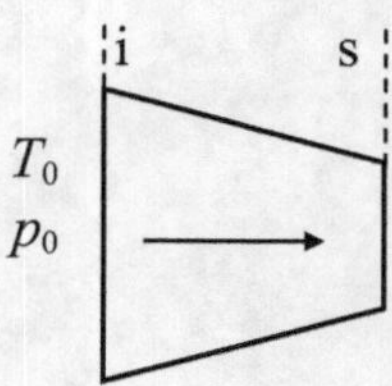

4. Si se tiene un conducto cuya área es de 0,5 m² por el cual circula aire isoentropicamente con $M = 0,6$, con una presión de 137,2 N/cm² y un caudal de 10 Kg/seg, se pide determinar la temperatura de estancamiento y la velocidad que lleva el aire.

5. Un cohete tiene una relación de áreas $A_s/A^* = 3,5$ para la tobera. La presión y temperatura de estancamiento son respectivamente de 506,64 N/cm² y 2870°C. Si el caudal de propelente es de 45,4 Kg/seg, determinar el área de garganta y el de salida.

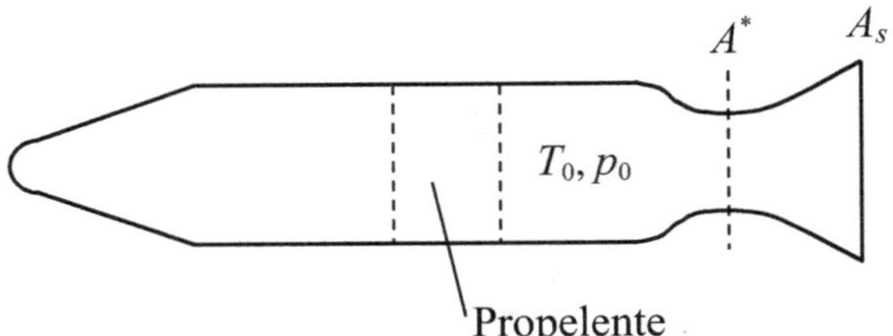

A^*
A_s
T_0, p_0
Propelente

Capítulo II
Ondas de Choque Normales

II.1. ONDAS DE CHOQUE NORMALES

II.1.1. Introducción

Al analizar la vinculación entre entropía y vorticidad en la Sección I.3.3, se concluyó que en todo movimiento de un gas ideal y perfecto sin radiación, la entropía permanece constante sobre cada línea de corriente aunque puede variar de una línea a otra. Por otra parte la ecuación de Crocco aplicable al caso isoenergético, establece que de no mediar generación de vorticidad no se producirá variación de entropía. Estas conclusiones son validas si no se presentan fenómenos que introduzcan cambios abruptos (discontinuidades) en las propiedades del fluido.

Una indicación de la existencia, en ciertos tipos de flujo, de estos fenómenos está dada por fotografías Schlieren del flujo interno en toberas supersónicas y de movimientos externos también supersónicos. Estas fotografías, junto con otras comprobaciones experimentales, muestran que cuando la velocidad es supersónica se pueden producir cambios muy rápidos en las propiedades del fluido, inclusive con generación de vorticidad.

Tales cambios tienen lugar sobre una distancia tan pequeña comparada con una dimensión característica del movimiento que, desde el punto de vista de las aplicaciones prácticas, pueden ser consideradas como una verdadera discontinuidad. Estas discontinuidades, a través de las cuales se produce una variación finita de las magnitudes físicas del movimiento, se denominan **ondas de choque**. Las ondas de choque en un fluido ideal y perfecto, son responsables de la evolución no isoentrópica a lo largo de líneas de corriente del movimiento, como así también de la generación de vorticidad en campos isoenergéticos.

El estudio que sobre las ondas de choque se presenta en este capítulo, tiene por objeto determinar las relaciones existentes entre las magnitudes físicas de la corriente fluida a ambos lados de la discontinuidad. Aunque los experimentos muestran que las ondas de choque son en su mayoría oblicuas respecto de la dirección del fluido [Fig. II.1.1(a)], aquí solamente se estudiarán las discontinuidades normales a la dirección del flujo [Fig. II.1.1(b)]. Una extensión del análisis de los choques normales permite tratar las ondas oblicuas.

En todo fluido real, los efectos conductivos y difusivos tienden a suavizar las discontinuidades. Cálculos teóricos y verificaciones experimentales han confirmado el espesor finito de la onda de choque. Pero éste es del orden de 2×10^{-5} cm o sea comparable con el camino libre medio de las moléculas a la presión de una atmósfera y temperatura de 15°C. Por lo tanto, en cálculos prácticos de ingeniería es correcto ignorar los mecanismos íntimos de la onda de choque y emplear un modelo simplificado que, basado en el concepto de discontinuidad permita evaluar los cambios netos de las propiedades del fluido a través del choque.

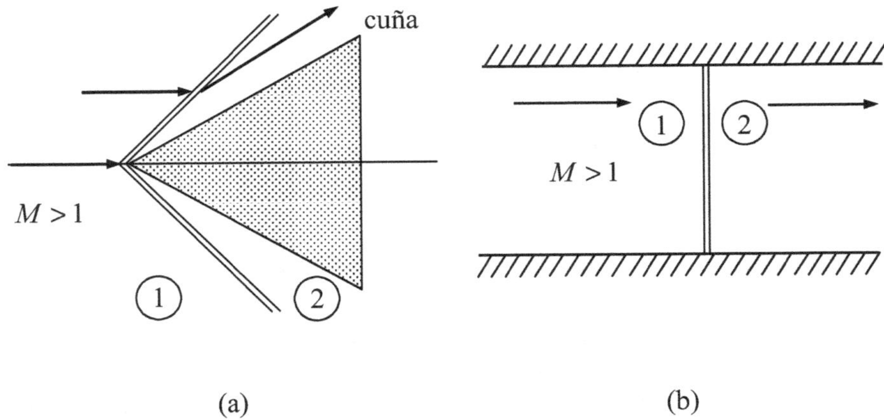

Fig. II.1.1 – (a) Choque Oblicuo 2-D; (b) Choque Normal 1-D.

II.1.2. Ecuaciones Físicas. Ondas Adiabáticas

Indíquese con los subíndices 1 y 2 las condiciones corriente arriba y corriente abajo de la discontinuidad, respectivamente.

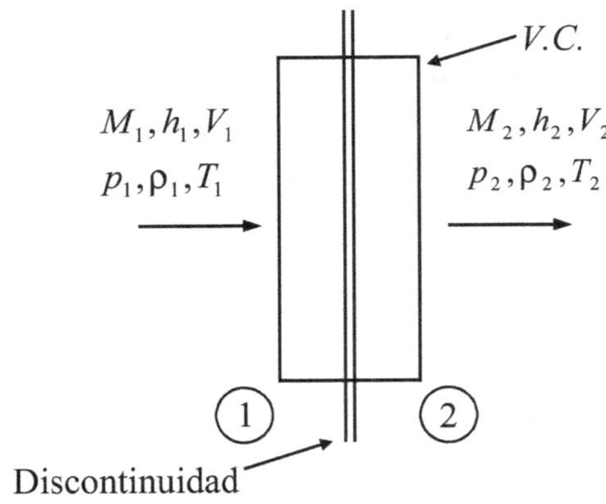

Fig. II.1.2 – Representación de la onda de choque como una discontinuidad.

La conservación de la energía a través de la superficie de control estacionaria trazada a ambos lados de la discontinuidad, permite escribir:

$$h_1 + \frac{V_1^2}{2} = h_2 + \frac{V_2^2}{2} = h_0 \tag{II.1.1}$$

donde h_0 es la entalpía de estancamiento a ambos lados de la onda de choque. Como el área transversal a ambos lados es la misma, la ecuación de continuidad se reduce a:

$$\frac{\dot{m}}{A} = \rho_1 V_1 = \rho_2 V_2 \tag{II.1.2}$$

La conservación de la cantidad de movimiento a través de la discontinuidad, permite concluir que:

$$p_2 A_2 + \dot{m}V_2 = p_1 A_1 + \dot{m}V_1 \tag{II.1.3}$$

Combinando la ec. II.1.2 con la ec. II.1.3 resulta:

$$p_1 + \rho_1 V_1^2 = p_2 + \rho_2 V_2^2 \tag{II.1.4}$$

A las ec. II.1.1, II.1.2 y II.1.4 puede agregarse la ecuación de estado:

$$p_1 = \rho_1 \Re T_1; \qquad p_2 = \rho_2 \Re T_2$$

con la cual el sistema está perfectamente determinado, es decir fijadas las condiciones en 1 pueden encontrarse las condiciones en 2. Téngase presente que las ec. II.1.1, II.1.2 y II.1.4 implican la conservación de la energía, de la masa y del impulso a través de la onda de choque. Como se verá en los Cap. V y VI se habrá de verificar que los estados del fluido correspondientes a las secciones 1 y 2 se encontrarán en las intersecciones de las líneas de Fanno y Rayleigh en el diagrama $h - s$ (entalpía-entropía) del gas considerado.

II.1.3. Onda de Choque Normal en un Gas Perfecto

Si se introducen las variables:

$$\Psi = \frac{p_2}{p_1}; \quad \sigma = \frac{\rho_2}{\rho_1} = \frac{V_1}{V_2} \tag{II.1.5}$$

y entre las ecuaciones II.1.1, II.1.2 y II.1.4 se eliminan las velocidades V_1 y V_2 previo reemplazo de la entalpía por $h = c_p T$, se encuentra que:

$$\Psi = \frac{(\gamma+1)\sigma - (\gamma-1)}{(\gamma+1) - (\gamma-1)\sigma} \tag{II.1.6}$$

esta relación, que vincula el salto de presiones con el de densidades a través de la onda de choque, se conoce como **relación de Rankine-Hugoniot**. Del análisis de la ec. II.1.6 se ve de inmediato que σ puede variar entre:

$$\frac{\gamma-1}{\gamma+1} \leq \sigma \leq \frac{\gamma+1}{\gamma-1} \tag{II.1.7}$$

El límite inferior de σ implica $\Psi = 0$ y el límite superior $\Psi \to \infty$. Además cuando $\sigma = 1$ resulta $\Psi = 1$.

Si se define la intensidad de la onda de choque como la relación entre el incremento de presión y la presión antes de la onda se obtiene:

$$\mathbf{P} = \frac{p_2 - p_1}{p_1} = \Psi - 1 \tag{II.1.8}$$

Teniendo en cuenta la relación de Rankine-Hugoniot, esta última ecuación se transforma en:

$$\mathbf{P} = \frac{\dfrac{2\gamma}{\gamma-1}(\sigma-1)}{\dfrac{\gamma+1}{\gamma-1} - \sigma} \tag{II.1.9}$$

Ahora bien, si el choque es débil $\mathbf{P} \to 0$ y la ec. II.1.9 indica que la relación de densidades $\sigma \to 1$. Por lo tanto como medida de la intensidad del choque pueden tomarse a $\mathbf{P}$ o σ alternativamente.

Por ser la onda de choque un fenómeno adiabático, los cambios de entropía se deben a procesos que ocurren dentro del sistema mismo. Como Δs_{int} no puede ser negativo, se deduce teniendo en cuenta la expresión de la entropía en términos de presiones y densidades:

$$\Delta s = c_v \ln\left[\left(\frac{p_2}{p_1}\right)\left(\frac{\rho_1}{\rho_2}\right)^{\gamma}\right] = c_v \ln\left(\Psi\sigma^{-\gamma}\right) \geq 0 \tag{II.1.10}$$

Se constata que la ec. II.1.10 se satisface si la variación de σ está comprendida entre:

$$1 \leq \sigma \leq \frac{\gamma+1}{\gamma-1} \tag{II.1.11}$$

y por consiguiente Ψ lo estará entre:

$$1 \le \Psi \le \infty \tag{II.1.12}$$

es decir, solo son factibles **discontinuidades de compresión** y la presión corriente abajo de la onda de choque será mayor que la presión corriente arriba.

La relación entre presión y densidad de Rankine-Hugoniot (ec. II.1.6) está representada junto con la isoentrópica en la Fig. II.1.3. Se ve que a través de la onda de choque la densidad no puede exceder el valor de:

$$\sigma = \frac{\gamma + 1}{\gamma - 1}$$

puesto que la relación de presiones se hace infinita. La Fig. II.1.3 pone en evidencia que cuando el choque es débil (σ próximo a 1) es casi isoentrópico.

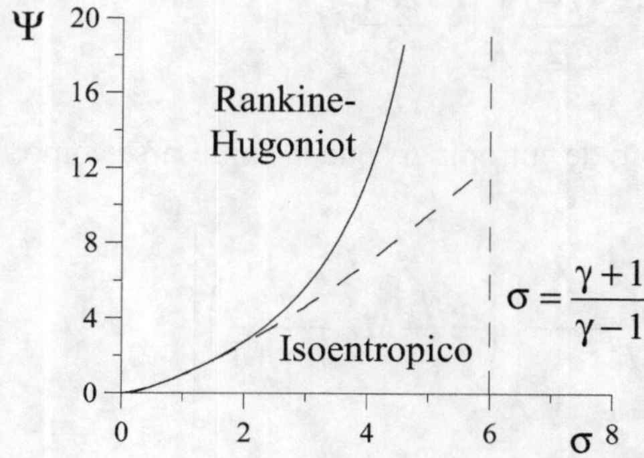

Fig. II.1.3 – Relación entre presión y densidad de Rankine-Hugoniot.

Seguidamente se expresarán los cambios que experimentan las magnitudes físicas a través de la onda de choque normal en función del número de Mach corriente arriba de la discontinuidad. Si se combina la ecuación de cantidad de movimiento II.1.4 con la ecuación de continuidad II.1.2, se puede obtener:

$$M_1^2 \left(1 - \frac{1}{\sigma} \right) = \frac{1}{\gamma} \left(\Psi - 1 \right) \tag{II.1.13}$$

Utilizando la ecuación de Rankine-Hugoniot para reemplazar Ψ por σ, se consigue luego de explicitar σ:

$$\sigma = \frac{\rho_2}{\rho_1} = \frac{V_1}{V_2} = \frac{\gamma + 1}{2} \frac{M_1^2}{1 + \frac{\gamma - 1}{2} M_1^2} \tag{II.1.14}$$

Al considerar los límites de σ impuestos por la relación II.1.11 se verifica que si:

$$\sigma = 1; \quad M_1 = 1 \qquad \text{(onda de choque débil)}$$

$$\sigma = \frac{\gamma+1}{\gamma-1}; \quad M_1 \to \infty \qquad \text{(onda de choque fuerte)}$$

es decir, <u>las ondas de choque pueden producirse solamente en flujos supersónicos</u>.

Si ahora en la ec. II.1.13 se sustituye σ por Ψ se obtiene:

$$\Psi = \frac{p_2}{p_1} = \frac{2\gamma}{\gamma+1} M_1^2 - \frac{\gamma-1}{\gamma+1} = 1 + \frac{2\gamma}{\gamma+1}\left(M_1^2 - 1\right) \tag{II.1.15}$$

Combinando las ec. II.1.14 y II.1.15, con las ecuaciones de estado a uno y otro lado de la onda de choque se deduce que:

$$\frac{T_2}{T_1} = \frac{4}{(\gamma+1)^2} \frac{1}{M_1^2} \left(\gamma M_1^2 - \frac{\gamma-1}{2}\right)\left(1 + \frac{\gamma-1}{2} M_1^2\right) \tag{II.1.16}$$

Por su parte el incremento de entropía Δs puede expresarse como:

$$\Delta s = c_v \ln\left[\left(\frac{2}{\gamma+1} \frac{1 + \frac{\gamma-1}{2} M_1^2}{M_1^2}\right)^{\gamma}\left(\frac{2\gamma}{\gamma+1} M_1^2 - \frac{\gamma-1}{\gamma+1}\right)\right] \tag{II.1.17}$$

Cabe preguntarse ahora que relación existe entre el número de Mach M_2 corriente abajo de la onda y M_1. Partiendo de:

$$\frac{M_2}{M_1} = \frac{V_2 a_1}{a_2 V_1} = \frac{\rho_1}{\rho_2}\sqrt{\frac{T_1}{T_2}}$$

y reemplazando ρ_2/ρ_1, según la ec. II.1.14 y T_2/T_1 de acuerdo con la ec. II.1.16 resulta:

$$M_2^2 = \frac{1 + \frac{\gamma-1}{2} M_1^2}{\gamma M_1^2 - \frac{\gamma-1}{2}} \tag{II.1.18}$$

Se deduce de la ec. II.1.18 que el rango de M_2 es:

$$\left(\frac{\gamma-1}{2\gamma}\right)^{1/2} \leq M_2 \leq 1 \tag{II.1.19}$$

lo cual implica que <u>detrás de una onda de choque normal el flujo es subsónico</u>. En particular para el aire con $\gamma = 1,4$ se obtiene:

$$0,378 \leq M_2 \leq 1$$

La relación de presiones de estancamiento puede derivarse observando que:

$$\frac{p_{02}}{p_{01}} = \frac{p_{02}}{p_2} \frac{p_2}{p_1} \frac{p_1}{p_{01}}$$

Ahora, p_2/p_1 está dado por la ec. II.1.15, p_{02}/p_2 y p_{01}/p_1 pueden determinarse a partir de la ec. I.3.21 y utilizando la ec. II.1.18 para relacionar M_2 con M_1, se puede obtener luego de cierta álgebra:

$$\frac{p_{02}}{p_{01}} = \left[\frac{\frac{\gamma+1}{2} M_1^2}{1 + \frac{\gamma-1}{2} M_1^2} \right]^{\frac{\gamma}{\gamma-1}} \left[\frac{2\gamma}{\gamma+1} M_1^2 - \frac{\gamma-1}{\gamma+1} \right]^{\frac{-1}{\gamma-1}} \qquad (II.1.20)$$

Las presiones de estancamiento están directamente vinculadas con el salto de entropía y por lo tanto constituyen una medida de la irreversibilidad del proceso. Esto se deduce considerando que en un gas perfecto la entropía también puede escribirse en términos de las condiciones de estancamiento. Resulta así:

$$\frac{\Delta s}{c_p} = \ln \left[\frac{\left(\dfrac{T_{02}}{T_{01}} \right)}{\left(\dfrac{p_{02}}{p_{01}} \right)^{\frac{(\gamma-1)}{\gamma}}} \right] \qquad (II.1.21a)$$

y como las temperaturas de estancamiento no cambian a través del choque, resulta finalmente:

$$\frac{\Delta s}{\Re} = -\ln \left(\frac{p_{02}}{p_{01}} \right) \qquad (II.1.21b)$$

Nótese que el incremento de entropía que se produce a través del choque es consistente con la disminución de la presión de estancamiento que siempre ocurre a través del choque.

Como en el caso de flujo isoentrópico, es conveniente considerar al número de Mach M_1 como el parámetro más importante de las ecuaciones del choque normal.

Entonces para cualquier valor dado de M_1 los correspondientes valores de las funciones inmediatamente detrás de la onda de choque:

$$M_2, \quad \frac{\rho_2}{\rho_1}, \quad \frac{p_2}{p_1}, \quad \frac{T_2}{T_1}, \quad \frac{V_2}{V_1} \quad \text{y} \quad \frac{p_{02}}{p_{01}}$$

pueden calcularse fácilmente a partir de las ecuaciones presentadas. Valores numéricos de dichas funciones calculados con $\gamma = 1,4$ se presentan en la Tabla A.2 del Apéndice A.

II.1.4. Sobre las Ondas de Choque Débiles

La ec. II.1.8 que define la intensidad de la onda de choque puede escribirse teniendo en cuenta la ec. II.1.15, como:

$$\mathbf{P} = \frac{2\gamma}{\gamma+1}\left(M_1^2 - 1\right) \tag{II.1.22}$$

Si $\mathbf{P} \to 0$, entonces $M_1 \to 1$; $M_2 \to 1$ y los cambios de densidad a través del choque tienden a ser nulos. Por lo tanto, el comportamiento de un choque de intensidad muy pequeña es análogo al de una onda acústica. Es de interés examinar la irreversibilidad asociada con un choque débil. Por definición, el salto de entropía a través de la discontinuidad también puede escribirse como:

$$\frac{\Delta s}{c_v} = \ln\left[\left(\frac{p_2}{p_1} - 1\right) + 1\right] - \gamma \ln\left(\frac{\rho_2}{\rho_1}\right)$$

La ec. II.1.9 puede arreglarse de manera tal que:

$$\sigma = \frac{\rho_2}{\rho_1} = \frac{1 + \dfrac{\gamma+1}{2\gamma}\mathbf{P}}{1 + \dfrac{\gamma-1}{2\gamma}\mathbf{P}}$$

Insertando esta expresión de ρ_2/ρ_1 en la relación previa se obtiene:

$$\frac{\Delta s}{c_v} = \ln(1+\mathbf{P}) - \gamma \ln\left(1 + \frac{\gamma+1}{2\gamma}\mathbf{P}\right) + \gamma \ln\left(1 + \frac{\gamma-1}{2\gamma}\mathbf{P}\right) \tag{II.1.23}$$

Ahora bien, cada uno de los términos del segundo miembro de la ec. II.1.23 es de la forma

$$\ln(1+\varepsilon) \quad \text{con} \quad k\mathbf{P} = \varepsilon$$

siendo $\varepsilon \ll 1$. Empleando el desarrollo en serie:

$$\ln(1+\varepsilon) = \varepsilon - \frac{1}{2}\varepsilon^2 + \frac{1}{3}\varepsilon^3 - \frac{1}{4}\varepsilon^4 + \cdots$$

para cada término del segundo miembro de la ec. II.1.23 se encuentra que:

$$\frac{\Delta s}{c_v} = \frac{\gamma^2 - 1}{12\gamma^2}\mathbf{P}^3 - \frac{\gamma^2 - 1}{8\gamma^2}\mathbf{P}^4 + \cdots \tag{II.1.24a}$$

o también:

$$\frac{\Delta s}{\Re} = \frac{\gamma+1}{12\gamma^2}\mathbf{P}^3 - \frac{\gamma+1}{8\gamma^2}\mathbf{P}^4 + \cdots \tag{II.1.24b}$$

donde se constata que los términos de 1er. y 2do. orden no aparecen. Mediante la ec. II.1.22 la ec. II.1.24 puede expresarse en términos de $(M_1^2 - 1)$, resultando finalmente:

$$\frac{\Delta s}{\Re} = \frac{2}{3}\frac{\gamma}{(\gamma+1)^2}\left(M_1^2 - 1\right)^3 - \frac{2\gamma^2(\gamma-1)}{(\gamma+1)^3}\left(M_1^2 - 1\right)^4 + \cdots \tag{II.1.25}$$

Así para choques débiles, el incremento de entropía es de tercer orden con respecto a la intensidad del choque. Por lo tanto, y como primera aproximación, la irreversibilidad conectada con choques débiles puede ser ignorada y las relaciones isoentrópicas entre magnitudes físicas pueden utilizarse para relacionar los estados del fluido a ambos lados del choque. Esto confirma porque para choques débiles (σ próximo a 1) la curva isoentrópica y la de Rankine-Hugoniot son casi coincidentes en el diagrama Ψ, σ.

II.1.5. La Fórmula de Prandtl

De la definición de caudal másico se puede obtener:

$$pA = \dot{m}\sqrt{\Re T_0}\left(\frac{\gamma-1}{2\gamma}\right)^{1/2}\frac{T}{T_0}\frac{\sqrt{2h_0}}{V} \tag{II.1.26}$$

y teniendo en cuenta que:

$$\frac{T}{T_0} = 1 - \frac{V^2}{2h_0}$$

resulta:

$$pA = \dot{m}\sqrt{\Re T_0}\left(\frac{\gamma-1}{2\gamma}\right)^{1/2}\left(\frac{\sqrt{2h_0}}{V} - \frac{V}{\sqrt{2h_0}}\right)$$ (II.1.27)

Además, la cantidad de movimiento del flujo se puede expresar por:

$$\dot{m}V = \dot{m}\sqrt{\Re T_0}\left(\frac{2\gamma}{\gamma-1}\right)^{1/2}\frac{V}{\sqrt{2h_0}}$$ (II.1.28)

Combinando las ec. II.1.27 y II.1.28 se consigue:

$$pA + \dot{m}V = \dot{m}\sqrt{\Re T_0}\left(\frac{\gamma-1}{2\gamma}\right)^{1/2}\left(\frac{\gamma+1}{\gamma-1}\frac{V}{\sqrt{2h_0}} + \frac{\sqrt{2h_0}}{V}\right)$$ (II.1.29)

Por conservación de la cantidad de movimiento a través del choque se debe cumplir la ec. II.1.3 y por consiguiente se debe verificar que:

$$\frac{\gamma+1}{\gamma-1}\frac{V_1}{\sqrt{2h_0}} + \frac{\sqrt{2h_0}}{V_1} = \frac{\gamma+1}{\gamma-1}\frac{V_2}{\sqrt{2h_0}} + \frac{\sqrt{2h_0}}{V_2}$$ (II.1.30)

Esta relación entre V_1 y V_2 es satisfecha cuando $V_1 = V_2$, es decir la solución trivial que implica que no sucede nada y por lo tanto carece de interés, y también cuando se cumple que:

$$\frac{V_1}{\sqrt{2h_0}} = \frac{\gamma-1}{\gamma+1}\frac{\sqrt{2h_0}}{V_2}$$

o sea:

$$V_1 V_2 = \frac{\gamma-1}{\gamma+1}2h_0 = \frac{\gamma-1}{\gamma+1}\frac{2\gamma\Re T_0}{\gamma-1} = \frac{2}{\gamma+1}a_0^2$$

y finalmente:

$$V_1 V_2 = (a^*)^2$$ (II.1.31)

luego de tener en cuenta la relación entre el valor crítico de la velocidad del sonido y el correspondiente a las condiciones de estancamiento (ec. I.3.23). La expresión II.1.31 se conoce como la **fórmula de Prandtl**.

II.2. ONDAS DE CHOQUE NORMALES CON CAMBIOS EN LA TEMPERATURA DE ESTANCAMIENTO

El choque normal adiabático discutido en la Sección II.1 es un caso especial de discontinuidad. Otros tipos que involucran efectos tales como reacciones químicas y cambios de estado en el flujo (p.ej. condensación), también pueden ocurrir en la naturaleza.

El problema de la condensación fue considerado por primera vez en relación con el flujo en las toberas de las turbinas de vapor. En muchos casos, las condiciones de funcionamiento de dichas toberas son tales que en alguna sección se alcanza la condición de saturación y desde allí la expansión continúa como una mezcla de líquido y vapor. Debido al fenómeno de supersaturación, la precipitación de la humedad tiene lugar a temperaturas inferiores (hasta 40°C) de la que en función de las condiciones estáticas del vapor correspondería a la saturación, pero eventualmente ocurrirá. Cuando ocurre, lo hace muy rápidamente y el proceso puede ser tratado como una discontinuidad. El efecto más importante de la condensación del vapor se debe a la liberación del calor latente de la porción condensable. Por lo tanto, el análisis de las condiciones del flujo antes y después de la discontinuidad, puede realizarse como el de un proceso al cual simplemente se le agrega calor.

Otro problema de importancia práctica, relacionado con el diseño de cámaras de combustión y la detonación en motores de combustión interna, es la propagación de una onda explosiva en una mezcla combustible. Se considerarán solamente ondas explosivas en las cuales el flujo a ambos lados es estacionario respecto de un observador que se mueve con el frente de onda. Dicho en otros términos, la onda se propaga en el medio que existe delante de ella con velocidad constante. También en este caso se mantendrá la hipótesis de simple cambio de la temperatura de estancamiento T_0 para el análisis, lo cual implica que las variaciones en la composición química, el peso molecular y los calores específicos no serán consideradas.

Indudablemente, este tipo de análisis, basado en el agregado de una determinada cantidad de calor a una corriente unidimensional, solamente suministrará información aproximada del fenómeno verdadero. No obstante, es muy descriptivo de los efectos que las reacciones químicas y la condensación pueden producir en el flujo.

II.2.1. Análisis

El tratamiento teórico es el mismo que para un choque normal adiabático excepto por el término adicional en la ecuación de la energía que representa el calor que se añade al gas. Utilizando subíndices 1 y 2 para identificar el fluido antes y después de la discontinuidad y el subíndice 0 para las condiciones de estancamiento, las ecuaciones de continuidad, de cantidad de movimiento, de energía y de estado son:

Continuidad:

$$\rho_1 V_1 = \rho_2 V_2 \tag{II.2.1}$$

Cantidad de movimiento:

$$p_1 + \rho_1 V_1^2 = p_2 + \rho_2 V_2^2 \tag{II.2.2}$$

Energía:

$$Q + \frac{\gamma}{\gamma-1}\frac{p_1}{\rho_1} + \frac{V_1^2}{2} = \frac{\gamma}{\gamma-1}\frac{p_2}{\rho_2} + \frac{V_2^2}{2} \tag{II.2.3}$$

Ecuación de Estado:

$$\frac{p_1}{\rho_1 T_1} = \frac{p_2}{\rho_2 T_2} \tag{II.2.4}$$

Q es el calor añadido (en unidades de energía), p, ρ, T y V son la presión, densidad, temperatura y velocidad respectivamente. γ es la relación de calores específicos.

Las temperaturas de estancamiento para el estado 1 y 2 son T_{01} y T_{02} respectivamente. Están dadas por:

$$c_p T_{01} = c_p T_1 + \frac{V_1^2}{2} = \frac{\gamma}{\gamma-1}\frac{p_1}{\rho_1} + \frac{V_1^2}{2} \tag{II.2.5}$$

y

$$c_p T_{02} = c_p T_2 + \frac{V_2^2}{2} = c_p T_{01} + Q \tag{II.2.6}$$

de donde:

$$Q' = \frac{Q}{c_p T_{01}} = \frac{T_{02}}{T_{01}} - 1 \tag{II.2.7}$$

Después de cierta álgebra, se puede obtener para la presión, temperatura, densidad y número de Mach corriente abajo de la discontinuidad, las siguientes soluciones en términos de las condiciones del flujo corriente arriba:

$$\frac{p_2}{p_1} = \frac{\gamma}{\gamma+1}\left(M_1^2 - 1\right)\left[1 \pm \sqrt{1-A}\right] + 1 \tag{II.2.8}$$

$$\frac{\rho_1}{\rho_2} = \frac{V_2}{V_1} = 1 - \frac{1}{\gamma+1}\left(\frac{M_1^2-1}{M_1^2}\right)\left[1 \pm \sqrt{1-A}\,\right] \qquad (II.2.9)$$

$$\frac{T_2}{T_1} = \frac{p_2}{p_1}\frac{\rho_1}{\rho_2} \qquad (II.2.10)$$

$$M_2^2 = \left(\frac{\rho_1}{\rho_2}\right)^2 \frac{T_1}{T_2} M_1^2 = \left(\frac{\rho_1}{\rho_2}\right)^2 \frac{T_1}{T_{01}}\frac{T_{02}}{T_2}\frac{M_1^2}{(1+Q')}$$

de donde

$$M_2 = \left[(1+Q')\left(\frac{1}{M_1^2}+\frac{\gamma-1}{2}\right)\left(\frac{V_1}{V_2}\right)^2 - \frac{\gamma-1}{2}\right]^{-1/2} \qquad (II.2.11)$$

El valor correspondiente a la cantidad designada por A es:

$$A = \frac{M_1^2}{\left(M_1^2-1\right)^2}\left(M_1^2 + \frac{2}{\gamma-1}\right)\left(\gamma^2-1\right)Q' \qquad (II.2.12)$$

En la Fig. II.2.1 se muestra gráficamente que ocurre cuando se agrega calor a un fluido compresible. La ecuación que vincula los números de Mach M_1 y M_2 antes y después del agregado de calor, está graficada para dos valores de Q'. Estos valores son 0 y 0,2. La ubicación de las curvas solución para otros valores de Q' resulta obvia.

La región con Mach inicial subsónico $(M_1 < 1)$ y Mach final supersónico se excluye en base a consideraciones físicas, porque es una región donde se produce una disminución de la entropía. La rama de la curva $Q'= 0$ donde $M_2 = M_1$ se muestra para indicar que no se producen cambios en el flujo, la otra rama de $Q'= 0$ representa el choque recto adiabático con $M_1 > 1$ antes del choque y $M_2 < 1$ después del choque.

Existen dos regiones aplicables a $Q' > 0$. En la subsónica se produce un incremento del número de Mach. Dado M_1, existe una cantidad de calor máxima que se puede agregar y hace que $M_2 = 1$. Si se pretende añadir más calor, el flujo ya no permanece estacionario. Cuando el Mach inicial es próximo a uno, no es posible agregar calor y a la vez pretender que el flujo continúe estacionario. Para el caso subsónico en discusión, si bien se produce una disminución de la presión de estancamiento también disminuye la presión estática. Por lo tanto no puede hablarse de un choque, sino de un estado final que se consigue a partir de cierto estado inicial por el agregado de una determinada cantidad de energía en forma de calor.

En la región supersónica, esto es donde $M_1 > 1$ y $Q' > 0$ la situación es más compleja. No obstante para cada número de Mach inicial, existe una máxima cantidad de calor que se puede añadir. Este máximo se obtiene cuando la rama supersónica y subsónica convergen a un único valor, o sea cuando:

$$\sqrt{(1-A)} = 0 \quad \rightarrow \quad A = 1$$

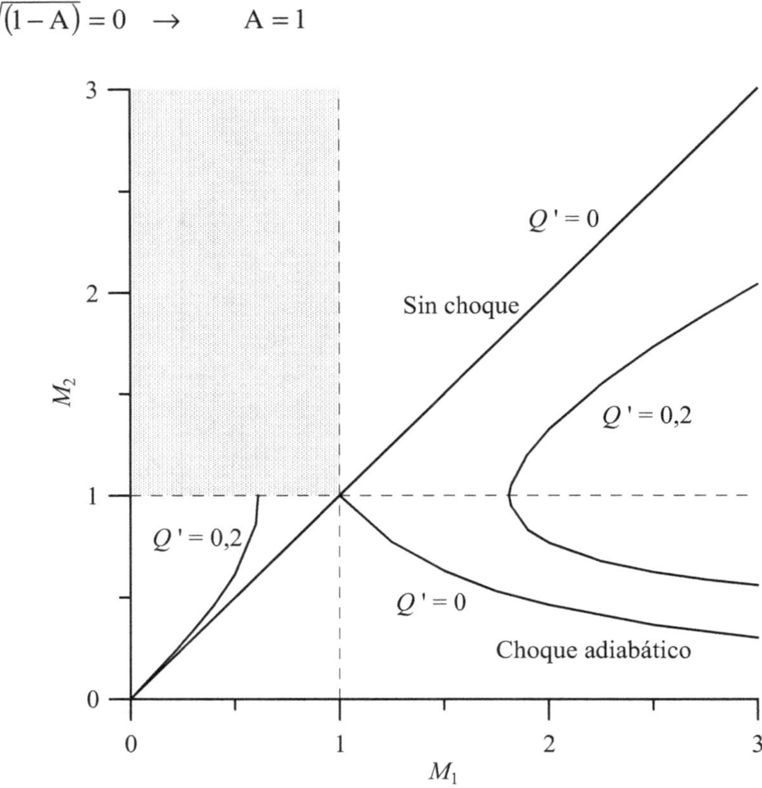

Fig. II.2.1 – Efectos inducidos por el agregado de calor en un fluido compresible.

Por lo tanto, el máximo de Q' estará dado por:

$$Q'_{max} = \frac{Q_{max}}{c_p T_{01}} = \frac{\left(M_1^2 - 1\right)^2}{M_1^2\left(M_1^2 + \dfrac{2}{\gamma-1}\right)\left(\gamma^2 - 1\right)} \tag{II.2.13}$$

y ocurre cuando $M_2 = 1$.

Si, dado M_1, el calor agregado es menor que el máximo, dos soluciones son posibles, una con $M_2 < 1$ y otra con $M_2 > 1$. Si $Q' > Q'_{max}$ no existe una solución estacionaria para el M_1 dado. Se puede demostrar que en el caso supersónico la presión de estancamiento siempre disminuye cuando se agrega calor mientras que la presión estática siempre se incrementa. Este incremento es mayor para el caso de cambio a flujo subsónico que cuando permanece supersónico. Obsérvese que cuando M_2 permanece supersónico, no puede existir un choque normal. A lo sumo existirán ondas de choque oblicuas débiles o simplemente ondas de compresión.

Si M_2 es subsónico, la transición podrá ser producida por una única discontinuidad (p.ej. la onda detonativa en una mezcla combustible) o por un tren de ondas con múltiples reflexiones no regulares.

II.3. MEDICIÓN DE PRESIÓN Y TEMPERATURA

Para determinar las propiedades del flujo en un punto determinado del campo de movimiento, se necesitan conocer la presión estática p y la presión de estancamiento p_0 en ese punto. Si se suponen ambas presiones conocidas, las otras características pueden deducirse aplicando las fórmulas descritas en la Sección I.3.4. Así se puede obtener:

$$M^2 = \frac{2}{\gamma-1}\left[\left(\frac{p_0}{p}\right)^{\frac{\gamma-1}{\gamma}} - 1\right] \tag{II.3.1}$$

$$\frac{\rho}{\rho_0} = \left(\frac{p}{p_0}\right)^{1/\gamma} \;;\quad \frac{T}{T_0} = \left(\frac{p}{p_0}\right)^{\frac{\gamma-1}{\gamma}} \;;\quad \frac{a}{a_0} = \left(\frac{T}{T_0}\right)^{1/2} = \left(\frac{p}{p_0}\right)^{\frac{\gamma-1}{2\cdot\gamma}} \tag{II.3.2}$$

$$\frac{1}{2}\rho V^2 = \frac{\gamma}{2}\, p M^2 \tag{II.3.3}$$

Si por otra parte, se supone que puede medirse la temperatura de estancamiento T_0, entonces las relaciones:

$$a_0^2 = \gamma \Re T_0 ;\quad a^2 = \left(\frac{p}{p_0}\right)^{\frac{\gamma-1}{\gamma}} a_0^2 \tag{II.3.4}$$

pueden utilizarse para calcular la velocidad:

$$V = aM \tag{II.3.5}$$

Los métodos utilizados para medir presiones y temperaturas serán descritos en los párrafos siguientes.

II.3.1. Medición de la Presión de Estancamiento

En flujo subsónico la presión de estancamiento es igual a la presión de impacto. Mediante la utilización de un tubo *pitot* la presión de impacto puede medirse con exactitud hasta $M \cong 0{,}99$ aún cuando no se conozca exactamente la dirección de la corriente.

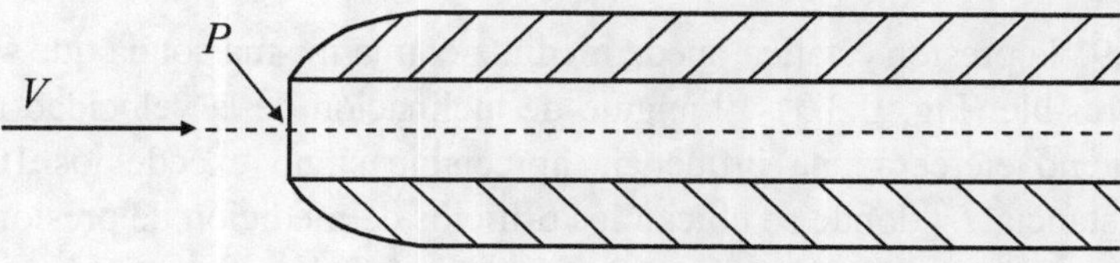

Fig. II.3.1 – Tubo *pitot*.

Experimentos han demostrado que la influencia de la inclinación de la corriente con respecto al eje de la sonda es insignificante hasta 10° y da un error de aproximadamente 1% cuando la inclinación llega a los 15°. La sonda *pitot* (Fig. II.3.1) es el instrumento más simple y efectivo para la medición de la presión que resulta en el punto de impacto P.

El tubo *pitot* también puede usarse en flujo supersónico, si se tiene en cuenta la onda de choque que siempre se forma delante de la sonda (Fig. II.3.2).

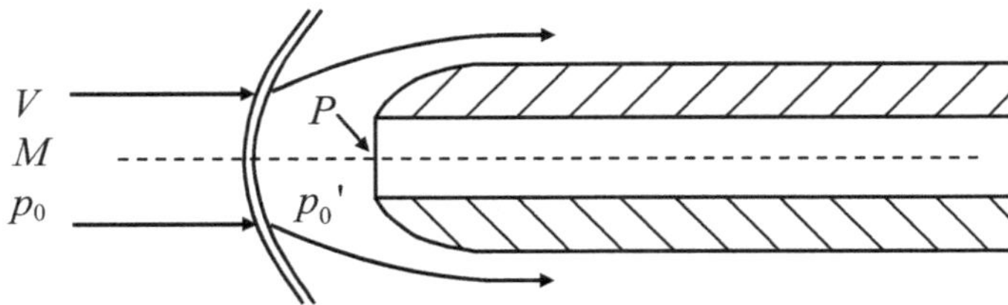

Fig. II.3.2 – Onda de choque formada por flujo supersónico.

Para el tubo de corriente de sección pequeña que posee la dirección del eje de la sonda *pitot*, la onda de choque es normal y por lo tanto puede utilizarse la ec. II.1.20 que da la relación entre la presión de estancamiento p_0 delante de la onda de choque y la presión p_0' medida en el punto de impacto P. Dicha relación es:

$$\frac{p_0}{p_0'} = \frac{p_{01}}{p_{02}} = \left[\frac{2\gamma}{\gamma+1} M^2 - \frac{\gamma-1}{\gamma+1} \right]^{\frac{1}{\gamma-1}} \left[\frac{2+(\gamma-1)M^2}{(\gamma+1)M^2} \right]^{\frac{\gamma}{\gamma-1}} \tag{II.3.6}$$

Si se mide la presión estática p en el mismo punto en que se mide la presión de impacto p_0' y se aplica la ec. I.3.21, se puede obtener:

$$\frac{p}{p_0'} = \frac{p}{p_0} \frac{p_0}{p_0'} = \left[\frac{2\gamma}{\gamma+1} M^2 - \frac{\gamma-1}{\gamma+1} \right]^{\frac{1}{\gamma-1}} \left(\frac{\gamma+1}{2} M^2 \right)^{\frac{-\gamma}{\gamma-1}} \tag{II.3.7}$$

que permite deducir el numero Mach y subsecuentemente pueden calcularse todas las características del flujo en la zona de interés anterior a la onda de choque.

II.3.2. Medición de Presión Estática

Para $M < 0{,}9$, la presión estática puede medirse con la misma sonda que se utiliza en el fluido incompresible (Fig. II.3.3). El ángulo de inclinación de la velocidad respecto del eje de la sonda no ejercerá una influencia apreciable si no excede los 10°. Más significativa es la distancia L, donde se ubican los orificios de medición de presión. Dicha distancia debe ser lo suficientemente grande como para eliminar la influencia de la sección frontal roma. Cuando por razones de practicidad esto no es posible se procede a efectuar calibraciones de la sonda y se determina un coeficiente de corrección que permite deducir del valor medido la presión estática verdadera.

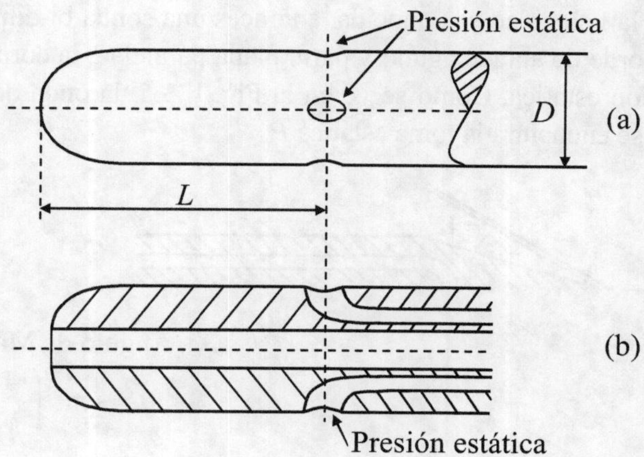

Fig. II.3.3 – Medición de presión estática.

La combinación tubo *pitot* y tomas de presión laterales que ilustra la Fig. II.3.3(b) se utiliza para medir simultáneamente las presiones de estancamiento y estática. La sonda con sección frontal roma y que posee únicamente tomas estáticas [Fig. II.3.3(a)] se utiliza principalmente en altas velocidades subsónicas.

Cuando $M > 0,9$, en las sondas de la Fig. II.3.3, el flujo se acelera hasta alcanzar velocidades supersónicas por efecto de la nariz. Como necesariamente debe desacelerarse ya que el flujo principal es subsónico, se producen ondas de choque que alteran la presión estática en las tomas correspondientes. Se utiliza entonces un tubo con una nariz cónica (Fig. II.3.4) cuya función es demorar la formación de las ondas de choque. Con estas sondas de nariz cónica es posible extender el rango de medición hasta $0,95 \leq M \leq 0,97$.

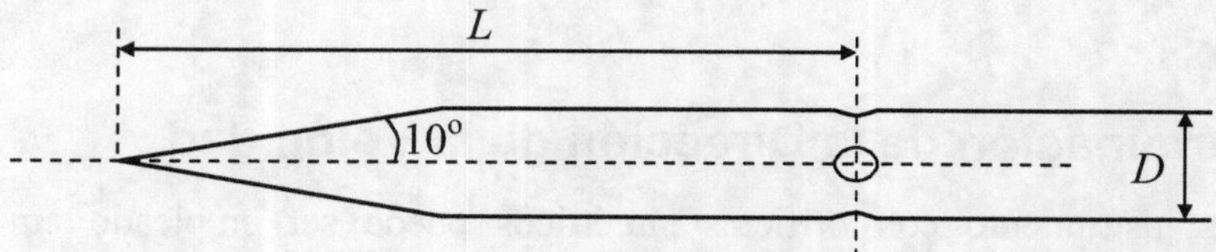

Fig. II.3.4 – Sonda de nariz cónica para medición de presión estática.

Este mismo tipo de sonda se utiliza para medir la presión estática en una corriente supersónica. La distancia L desde el vértice del cono hasta los orificios, debe ser suficiente como para garantizar que la perturbación introducida en la corriente por la presencia del cono resulte menor que los limites impuestos por la precisión deseada en las mediciones.

Se verá más adelante en conexión con el análisis del flujo supersónico alrededor del cono, que si se cumple que $6D < L < 12D$, las mediciones de presión estática en un flujo supersónico pueden efectuarse con exactitud casi perfecta. Dicha exactitud se mantiene aún cuando la inclinación de la corriente sea próxima a 10°, si el ángulo del cono no excede este valor.

Si la dirección de la velocidad es conocida, entonces una sonda bi-dimensional en forma de semicuña, con borde de ataque agudo y parte plana paralela a la corriente, puede usarse para medir la presión estática. Como se ve en la Fig. II.3.5, la onda de choque no afecta la superficie donde se encuentra la toma estática P.

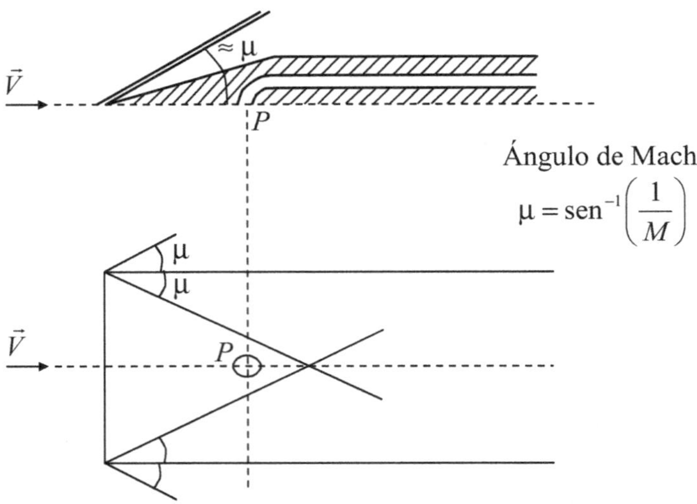

Fig. II.3.5 – Sonda bi-dimensional en forma de semicuña para medir la presión estática.

Por otra parte, el ancho de la sonda está determinado por la condición de que el orificio P se encuentre fuera de la zona de influencia de las ondas de Mach emergentes de los extremos. Este instrumento es útil únicamente cuando la dirección de la velocidad es conocida, porque la presión estática en P es muy sensible a cualquier desviación de la corriente.

II.3.3. Determinación de la Dirección de la Velocidad

Cualquier instrumento con orificios simétricos puede ser empleado en flujo subsónico. Pero en una corriente supersónica debe tenerse cierto cuidado. Se utiliza una placa con el extremo que enfrenta a la corriente en forma de cuña y borde de ataque agudo (Fig. II.3.6). Dos orificios P_s y P_i se colocan sobre las superficies superior e inferior de la cuña, exactamente en la intersección con el plano que, siendo perpendicular al borde de ataque, divide a la placa por mitades. Dicho plano también contiene al eje de la sonda.

Cuando el eje es paralelo a la velocidad, las presiones en P_s y P_i son iguales, sin importar las ondas que se producen en el borde de ataque. Si no son iguales, la placa se rota hasta que lo sean, y de esta manera se determina la dirección de la velocidad. Aún cuando los orificios estáticos se vean afectados por las ondas emergentes desde los extremos de la placa, la dirección de la corriente individualizada por la rotación de la placa con respecto a una orientación de referencia, continua siendo correcta.

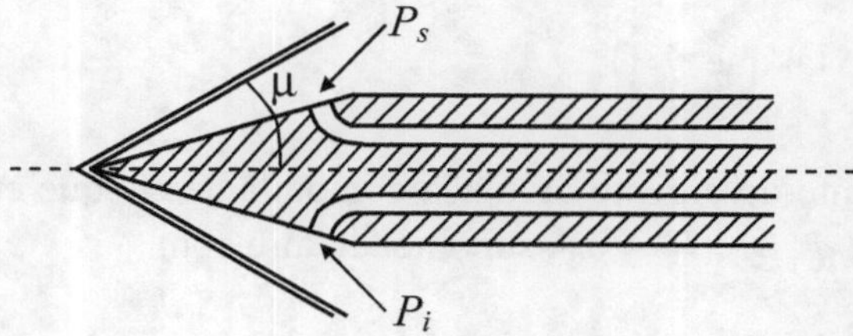

Fig. II.3.6 – Determinación de la dirección de la velocidad.

II.3.4. Medición de la Temperatura de Estancamiento

La temperatura estática de una corriente fluida es imposible de medir, debido a que por efecto de la viscosidad del fluido la velocidad es nula sobre el bulbo del termómetro o termocupla. Por lo tanto la temperatura que se mide tiende a aproximarse al valor de la temperatura de estancamiento T_0. Diferirá de la misma debido a perdidas por radiación, conducción y convección. Para determinar T_0 con mayor exactitud se utilizan instrumentos apropiados. Uno de ellos (Fig. II.3.7) consiste de un tubo difusor por el cual se hace circular la corriente a muy baja velocidad, de modo que su temperatura es prácticamente igual a la de estancamiento. Para registrar esa temperatura, se coloca próximo a la salida del difusor una termocupla normal a la corriente. Nótese que la circulación se consigue mediante agujeros convenientemente ubicados al final del conducto para lograr el efecto difusor. Este instrumento puede utilizarse tanto en una corriente subsónica como supersónica.

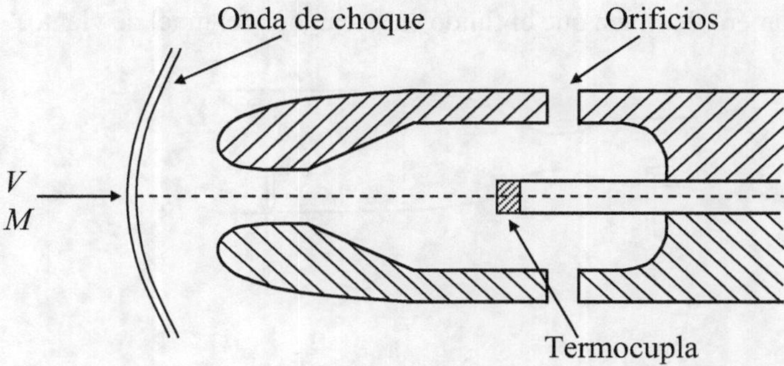

Fig. II.3.7 – Medición de la temperatura de estancamiento.

II.4. EJERCICIOS

1. Calcular las propiedades del flujo después de una onda de choque recta, si las condiciones delante de la onda son:

$$M_1 = 2 \qquad p_1 = 9{,}8\,\frac{\text{N}}{\text{cm}^2} \qquad T_0 = 15\,^{\circ}\text{C}$$

a) suponer aire;
b) suponer un flujo tal que $\gamma = 1{,}3$.

2. Para la tobera convergente-divergente dibujada con onda de choque en el divergente determinar T_2, p_2, ρ_2, V_2, a_2, M_2, T_{02} y p_{02}, suponiendo aire con:

$$\gamma = 1{,}4 \qquad A_n = 20\,\text{cm}^2 \qquad A^* = 12\,\text{cm}^2$$

$$p_{01} = 9{,}8\,\frac{\text{N}}{\text{cm}^2} \qquad T_{01} = 190\,\text{K} \qquad \Re = 287\,\frac{\text{Joule}}{\text{Kg}\cdot\text{K}}$$

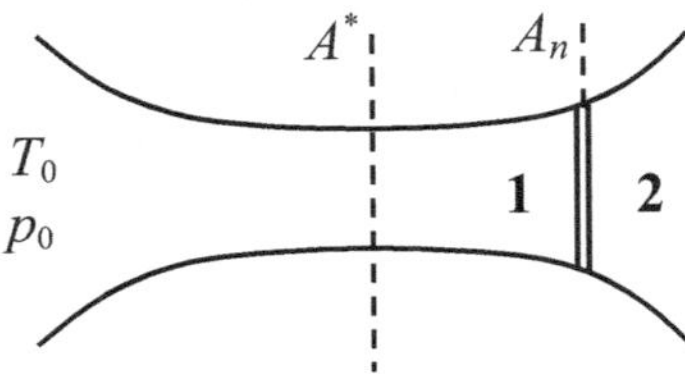

3. En un túnel supersónico la presión de estancamiento medida por un *pitot* es 2,67 N/cm². Otro *pitot* ubicado en la cámara de ensayo indica 1,28 N/cm². Si la temperatura en la cámara de ensayo es de 25°C se pide:

a) Explicar a que se atribuye las diferentes mediciones de p_0;
b) Calcular la presión estática en la cámara de ensayos;
c) Determinar el valor de la temperatura de estancamiento para un avión que se desplaza al mismo número de Mach que el fluido en la cámara del túnel de viento.

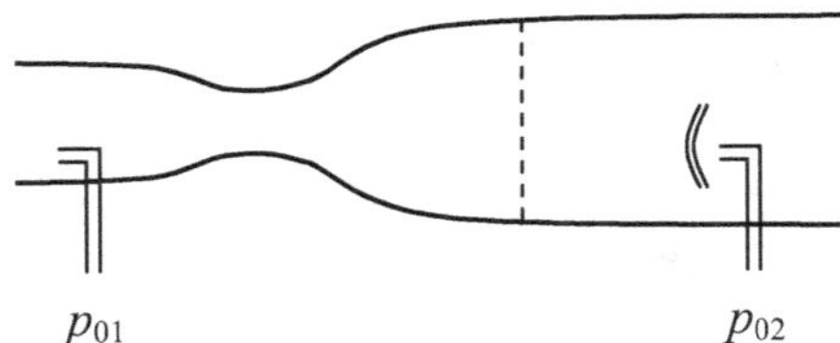

Capítulo III
Tratamiento Unidimensional de la
Dinámica de Gases Estacionaria

III.1. TRATAMIENTO UNIDIMENSIONAL

III.1.1. Significado de la Aproximación Unidimensional

El método más simple para el estudio del flujo de gases en conductos es la aproximación unidimensional. Para que su aplicación sea válida se requiere que la divergencia del conducto y su curvatura sean pequeñas. La divergencia pequeña implica una configuración de flujo donde las velocidades en cada punto de cada sección son aproximadamente paralelas. Si se define un eje de la sección, las componentes de las velocidades normales a dicho eje comparadas con las componentes axiales serán mucho menores y también lo serán las aceleraciones transversales. Si además el diámetro del conducto es pequeño comparado con el radio de curvatura del eje, los gradientes de presión transversales también serán pequeños y la presión podrá suponerse constante en cada sección y por lo tanto función de una sola coordenada axial.

La hipótesis de velocidades transversales pequeñas comparadas con la velocidad axial, más el hecho de que la cantidad de fluido que participa en cada proceso está bien definida, constituyen grandes ventajas del tratamiento unidimensional. En efecto, la hipótesis de uniformidad de la velocidad en cada sección hace posible que efectos viscosos, de conducción de calor, de difusión y otros sean tenidos en cuenta de una manera más simple que en cualquier otro tipo de análisis. Similarmente, la curvatura pequeña hace que no solo la presión sea la misma en cada punto de la sección, sino que también la temperatura, la concentración de diferentes especies, y cualquier otro parámetro relacionado con las condiciones físicas y químicas del flujo, esté uniformemente distribuido. La hipótesis de uniformidad permite ignorar dentro del conducto cualquier fenómeno de transporte perpendicular al eje del mismo, ya que todos los efectos de fricción, de intercambio de calor y materia tienen lugar a través de las paredes del conducto y, se supone, se distribuyen de inmediato en cada sección.

En el caso real, la hipótesis de uniformidad es imposible de satisfacer, aún cuando se trate de un conducto de curvatura nula. La velocidad nunca es uniforme porque necesariamente debe ser nula sobre las paredes. Similarmente, el intercambio de calor y masa se produce si existen gradientes transversales de temperatura o concentración sobre las paredes y dentro del conducto. Sin embargo, resulta intuitivo definir valores medios de velocidad, temperatura y otros parámetros físicos los cuales se pueden utilizar para aproximar el flujo actual no uniforme por otro equivalente uniforme. La validez y limitaciones de esta sustitución del flujo real, se discutirán luego y además, se mostrará como se puede proceder cuando la presión carece de uniformidad. La conclusión fundamental de la hipótesis de uniformidad es que los cambios físicos y químicos pueden expresarse como funciones de una única coordenada espacial definida según un eje del conducto.

En algunos tipos de flujo, las componentes normales de la velocidad adquieren un valor apreciable si se las compara con la componente axial y ciertamente, las aceleraciones transversales también son fuertes. Ejemplos típicos están dados por conductos con cambios abruptos de la sección, o con fuertes curvaturas. Otro caso importante está representado por el proceso de mezcla de un chorro supersónico con un flujo secundario cuando la tobera supersónica no está completamente expandida generándose a la salida velocidades transversales importantes y fuertes gradientes de presión. Además de aquellos casos en los cuales por la geometría del conducto resulta evidente que la condición de pequeñas componentes normales no se cumple, existen otros donde la presencia de importantes velocidades transversales no es tan evidente. Tal es el caso cuando, por razones fluido-dinámicas se produce la separación del flujo dentro del conducto. Por lo general, cuando la hipótesis de carencias de las velocidades transversales falla, cualquier método unidimensional, no es aplicable. Sin embargo todavía pueden obtenerse resultados útiles, especialmente si se presta atención al efecto global entre dos secciones donde las hipótesis más o menos se satisfacen, sin pretender obtener información detallada de la zona intermedia donde las velocidades transversales llegan a ser comparables con la axial.

Otra ventaja importante de las simplificaciones inherentes al tratamiento unidimensional es que la forma de la sección del conducto y su distribución pueden ser muy variadas (por supuesto sin contradecir las hipótesis fundamentales). Secciones simples o múltiplemente conexas pueden ser consideradas. Entre estas últimas, los conductos de sección anular son de especial interés por su aplicación a la propulsión por reacción. En estos conductos axisimétricos puede existir una componente tangencial importante, en cuyo caso la hipótesis de velocidad transversal pequeña debe ser satisfecha únicamente por la componente de la velocidad axial. Esta componente tangencial puede ya estar presente en el flujo que entra al conducto, o ser inducida por la presencia de alabes o venas que subdividen el área total en un número dado de conductos simétricamente dispuestos alrededor del eje de simetría. Finalmente el conducto con alabes puede rotar como ocurre en compresores y turbinas, y el método unidimensional puede extenderse para cubrir estos casos.

En este capítulo se considerarán solamente casos estacionarios donde los parámetros físicos son funciones únicamente de una variable espacial. Obsérvese que la distinción entre movimiento estacionario y no estacionario es aplicable a valores medios de las magnitudes físicas y no incluyen al movimiento asociado con las fluctuaciones turbulentas.

III.1.2. Las Leyes de Conservación

Cualesquiera sean el tipo de flujo y la superficie de control elegida, los balances de masa, cantidad de movimiento y energía pueden expresarse por las leyes de conservación siguientes:

a) La acumulación (o disminución) que en la unidad de tiempo experimenta la masa de fluido contenida en el volumen limitado por la superficie de control, es igual al flujo neto de masa que atraviesa la superficie de control;

b) Los cambios que en la unidad de tiempo experimenta la cantidad de movimiento del fluido contenido en el volumen limitado por la superficie de control, dependen del flujo neto de cantidad de movimiento que atraviesa la superficie de control, además de: (i) la resultante de todas las fuerzas actuantes sobre la superficie; (ii) las fuerzas másicas que actúan sobre el fluido contenido en el volumen; y (iii) las fuerzas que sobre dicho fluido ejercen los cuerpos sumergidos;

c) El incremento (o disminución) que en la unidad de tiempo experimenta la energía interna más la energía cinética del fluido contenido en el volumen limitado por la superficie de control, está determinado por el flujo neto de entalpía total que atraviesa dicha superficie de control, además de: (i) la cantidad de calor que se transfiere al fluido por la superficie; (ii) el trabajo realizado por las fuerzas másicas sobre el fluido en la unidad de tiempo; (iii) cualquier cantidad de calor o trabajo suministrado al fluido desde cuerpos sumergidos; y (iv) el trabajo realizado en la unidad de tiempo por las fuerzas viscosas actuantes sobre la superficie de control misma. Esta última contribución se anula sobre paredes sólidas donde la velocidad del fluido es nula.

Estas leyes pueden aplicarse en un conducto mediante la elección de una superficie de control constituida por dos secciones arbitrarias (entrada y salida), más la porción de conducto comprendida entre ambas. Si se consideran flujos **verdaderamente estacionarios** la acumulación (o disminución) de masa, de cantidad de movimiento o de energía dentro del volumen de control **son nulas**. Las leyes de conservación se expresan en la siguiente sección.

III.1.3. Balance Másico

La masa m que atraviesa una sección A del conducto está dada por:

$$\dot{m} = \int_{\dot{m}} d\dot{m} = \int_{A} \rho u\, dA \quad \left[\frac{\text{Kg}}{\text{s}} \right] \tag{III.1.1}$$

En esta expresión la masa elemental $d\dot{m}$ que atraviesa la superficie elemental dA se calcula usando la componente de la velocidad normal a la superficie. Puesto que la componente transversal $v \ll u$, la componente normal u se usa para representar la magnitud total de la velocidad local V. Solamente en casos muy especiales se distinguirá entre V y u. Otra expresión complementaria de la ec. III.1.1 es:

$$A = \int_A dA = \int_{\dot{m}} \frac{d\dot{m}}{\rho u} \qquad \text{(III.1.2)}$$

El balance que expresa que el flujo neto de masa que atraviesa la superficie de control es nulo, puede escribirse como:

$$\dot{m}_1 - \dot{m}_2 + \dot{m}_i = 0 \qquad \text{(III.1.3)}$$

donde:

$\dot{m}_1$ representa la masa que entra por el área A_1;

$\dot{m}_2$ representa la masa que sale por el área A_2;

$\dot{m}_i$ representa la masa que se inyecta (positiva) o extrae (negativa) por las paredes laterales del conducto (Fig. III.1.1).

III.1.4. Balance de la Cantidad de Movimiento

La cantidad de movimiento es una cantidad vectorial y la ley de su conservación expresa una igualdad entre vectores. Pero en un conducto donde todos los vectores están dirigidos según su eje, esta ley puede expresarse por una única ecuación escalar. La cantidad de movimiento que atraviesa cada sección transversal del conducto puede expresarse por:

$$I = \int_{\dot{m}} u\, d\dot{m} = \int_A \rho u^2 dA \quad [\text{N}] \qquad \text{(III.1.4)}$$

La fuerza actuante sobre cada sección transversal se debe a la presión estática y, si esta se supone constante en esta superficie, dicha fuerza está dada por pA.

La presión estática también actúa sobre las paredes laterales y genera fuerzas que están dirigidas según la normal a cada elemento de la pared. Considérese dos secciones de áreas A y $A + dA$, separadas por una distancia axial dx. Es conveniente definir un diámetro hidráulico D_h tal que:

$$dA_w = \pi D_h \qquad y \qquad A = \frac{\pi D_h^2}{4}$$

$$dA_w = 4A \frac{dx}{D_h}$$

siendo dA_w el área lateral entre A y $A + dA$. La proyección de dA_w sobre el plano transversal es obviamente dA.

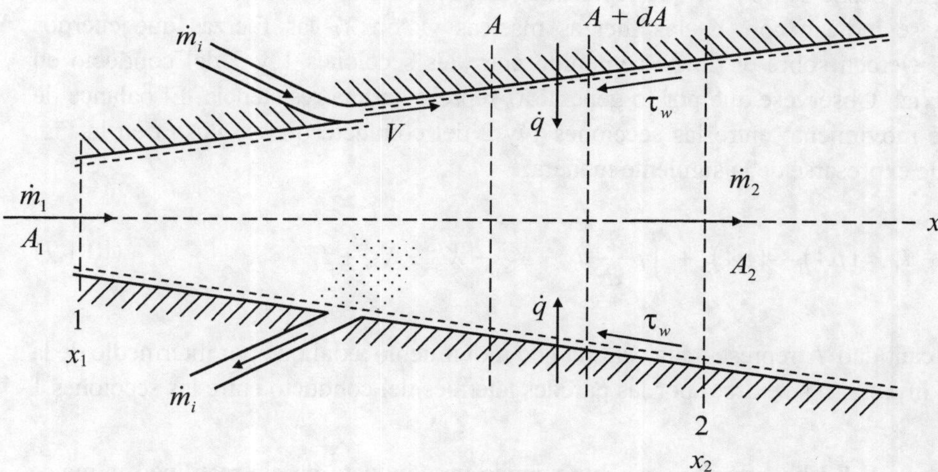

Fig. III.1.1 – Superficie y volumen de control para el estudio unidimensional del flujo en conductos.

La resultante en la dirección axial de la presión uniforme que actúa sobre dA_w puede obtenerse proyectando desde la normal al elemento en la dirección axial. Por lo tanto, la resultante axial de las presiones actuantes sobre cada elemento dA_w o de la fuerza ejercida por dA_w sobre el fluido es pdA, y la fuerza correspondiente que actúa sobre el fluido entre las secciones 1 y 2 es obtenida por la integral:

$$\int_{A_1}^{A_2} pdA = \int_{x_1}^{x_2} p\frac{dA}{dx}dx \tag{III.1.5}$$

y está dirigida desde x_1 a x_2 (ver Fig. III.1.1).

Además de la presión estática que actúa en forma normal, existe una tensión tangencial τ debido a las fuerzas viscosas. Si τ representa el valor medio sobre dA_w, de conformidad con la hipótesis de pequeña divergencia que permite igualar el esfuerzo tangencial sobre la pared con su componente axial, la expresión:

$$\tau dA_w = 4\tau_w A\frac{dx}{D_h}$$

representa la fuerza axial elemental que debido a las fuerzas viscosas actúa sobre la pared o sobre el fluido en la dirección opuesta. Por lo tanto, la fuerza viscosa total que actúa sobre el fluido entre las secciones 1 y 2 es:

$$X_w = 4\int_{x_1}^{x_2}\tau_w A\frac{dx}{D_h} \tag{III.1.6}$$

y está dirigida desde x_2 a x_1 ya que representa una resistencia al movimiento del fluido. Finalmente se indican con X_m las fuerzas másicas y con X_b las fuerzas que cuerpos sumergidos ejercen sobre el fluido contenido entre las secciones 1 y 2 del conducto en dirección axial. Obsérvese que por lo general X_b representa una resistencia. El balance de cantidad de movimiento entre las secciones 1 y 2 del conducto que se ilustra en la Fig. III.1.1 puede expresarse de la siguiente manera:

$$I_2 - I_1 = (pA)_1 - (pA)_2 + \int_{x_1}^{x_2} p\frac{dA}{dx}dx - X_w - X_b - X_m + I_i \qquad \text{(III.1.7)}$$

La cantidad I_i representa la cantidad de movimiento axial que por intermedio de la masa m_i se inyecta (o se extrae) por las paredes laterales del conducto entre las secciones 1 y 2.

La ec. III.1.7 ha sido derivada suponiendo un conducto de eje rectilíneo y que se verifiquen ciertas condiciones de simetría. Si estas suposiciones no se satisfacen, los vectores de la ley de conservación de cantidad de movimiento no serán necesariamente paralelos al eje, de modo que dicha ley no podrá expresarse por una única relación escalar. No obstante, la ec. III.1.7 todavía es válida si se acepta que la presión sobre cada sección transversal es aproximadamente uniforme. Por otra parte, las cantidades X_m, X_b, I_i representarán solamente la componente axial de los vectores correspondientes.

Si la distribución de la presión sobre la sección transversal no es uniforme, se introduce la presión media:

$$\bar{p} = \frac{1}{A}\int_A pdA \qquad \text{(III.1.8)}$$

y en lugar de pA puede usarse $\bar{p}A$. La fuerza axial correspondiente a la presión que actúa sobre la pared y a ser insertada en la ec. III.1.7 ahora es:

$$\int_{x_1}^{x_2} \bar{p}_w \frac{dA}{dx}dx \qquad \text{(III.1.9)}$$

donde $\bar{p}_w$ representa el valor medio de la presión sobre la pared que puede ser diferente de $\bar{p}$. Es posible en ciertos casos satisfacer la condición $\bar{p}_w = \bar{p}$.

III.1.5. Balance Energético

El flujo de entalpía que atraviesa cualquier sección transversal está dado por el término:

$$H = \int_{\dot{m}} h d\dot{m} = \int_A h\rho u dA \quad [\text{W}] \qquad \text{(III.1.10)}$$

donde

$$\underset{\sim}{h} = e_{tot} + \frac{p}{\rho} \quad [\text{J/Kg}]$$

y el flujo de energía cinética está dado por:

$$E_c = \frac{1}{2}\int_{\dot{m}} u^2 \, d\dot{m} = \frac{1}{2}\int_A \rho u^3 \, dA \quad [\text{W}] \tag{III.1.11}$$

El flujo de entalpía total es la suma de los dos términos:

$$H_t = \int_{\dot{m}} h_t \, d\dot{m} = H + E_c \tag{III.1.12}$$

Para formular el balance energético, debe conocerse la cantidad de calor que se suministra al fluido. Considérese por ahora, solamente la cantidad de calor que el conducto intercambia con el medio que lo rodea por las paredes laterales. Este se puede expresar como:

$$\dot{Q}_w = \pm \int_{x_1}^{x_2} \dot{q}_w \, dA_w = \pm 4 \cdot \int_{x_1}^{x_2} \dot{q}_w A \frac{dx}{D_h} \tag{III.1.13}$$

donde $\dot{q}_w$ representa la cantidad de calor que se añade (o quita) al fluido en la unidad de tiempo y por unidad de área lateral. Las unidades de $\dot{q}_w$ son: $\text{J/m}^2\text{/s}$, W/m^2, $\text{BTU/ft}^2\text{/s}$.

El trabajo realizado por las fuerzas viscosas que actúan sobre la superficie de control es nulo, porque sobre paredes sólidas la velocidad es nula. Entonces, el balance energético para el caso estacionario puede escribirse como:

$$H_{t2} - H_{t1} = E_m + \dot{Q}_w + \dot{Q}_b + \dot{W}_b + H_{ti} \tag{III.1.14}$$

Aquí E_m representa el trabajo que efectúan las fuerzas másicas. Si estas fuerzas derivan de un potencial, el trabajo realizado sobre el fluido puede obtenerse a partir de cambios en la energía potencial que el flujo experimenta cuando entra y sale por la superficie de control. $\dot{Q}_b$ y $\dot{W}_b$ representan el calor y la energía mecánica suministrada al fluido por cuerpos sumergidos, y H_{ti} la entalpía inyectada (o extraída) con la masa m_i que se agrega (o se sustrae) por la superficie de control del sistema. Obsérvese que con $\dot{W}_b$ puede representarse cualquier forma de energía mecánica entregada al fluido.

Con referencia a transformaciones químicas o cambios de estado del fluido, la cantidad de calor que se libera (o absorbe) está incluida en la evaluación del flujo de entalpía (ec. III.1.10). En efecto:

$$\underset{\sim}{h} = h_r + \int_{T_r}^{T} c_p \, dT$$

donde h_r representa el calor de formación de las especies químicas en un estado de referencia predeterminado. Cuando se produce una transformación química, por ej. una combustión, debido a la aparición de nuevas especies, h_r cambia. Si se indica con los subíndices RT (reactantes) y PR (productos) la sustancia antes y después de la reacción y con subíndices in y fn los estados de la sustancia antes y después de la transformación, respectivamente, se puede escribir:

$$\left(h_{PR}\right)_{fn} - \left(h_{RT}\right)_{in} = \left(h_r\right)_{PR} - \left(h_r\right)_{RT} + \int_{T_r}^{T_{fn}} \left(c_p\right)_{PR} dT - \int_{T_r}^{T_{in}} \left(c_p\right)_{RT} dT$$

o también:

$$\left(h_{PR}\right)_{fn} - \left(h_{RT}\right)_{in} = \left(h_r\right)_{PR} - \left(h_r\right)_{RT} + \int_{T_r}^{T_{in}} \left[\left(c_p\right)_{PR} - \left(c_p\right)_{RT}\right] dT + \int_{T_{in}}^{T_{fn}} \left(c_p\right)_{PR} dT \quad \text{(III.1.15a)}$$

Si se designa con $q_{tm}^{(T_{in})}$ el efecto térmico de la combustión (a presión constante y a la temperatura inicial T_{in}), se obtiene:

$$q_{tm}^{(T_{in})} = \left(h_r\right)_{RT} - \left(h_r\right)_{PR} + \int_{T_r}^{T_{in}} \left[\left(c_p\right)_{RT} - \left(c_p\right)_{PR}\right] dT$$

$$\therefore \quad \left(h_{PR}\right)_{fn} - \left(h_{RT}\right)_{in} = -q_{tm}^{(T_{in})} + \int_{T_{in}}^{T_{fn}} \left(c_p\right)_{PR} dT \quad \text{(III.1.15b)}$$

En general $\left(c_p\right)_{RT} \neq \left(c_p\right)_{PR}$ de modo que q_{tm} varía con T_{in}. No obstante, si T_{in} no difiere mayormente de T_r, las variaciones de c_p no son importantes y pueden no ser tenidas en cuenta. En este caso q_{tm} es igual a la diferencia entre los calores de formación de la sustancia antes y después de la transformación.

<u>Observación 1a:</u>

Por lo general, antes y después de la transformación la sustancia está formada por muchas especies químicas. Las expresiones III.1.15a y III.1.15b son aplicables a la entalpía resultante e incluyen a todas las especies presentes. Ahora bien, para cada especie j puede escribirse:

$$h_j = h_{rj} + \int_{T_r}^{T} \left(c_p\right)_j dT \quad \text{(III.1.15c)}$$

Nótese que las unidades de c_p son cal/(Kg·K), J/(Kg·K), BTU/(lb·°R), esta última en el sistema NIST (EEUU).

La entalpía resultante de la mezcla de todas las especies j es:

$$mh = \sum_j m_j h_j \quad \rightarrow \quad h = \sum_j \frac{m_j}{m} h_j = \sum_j Y_j h_j \qquad \text{(III.1.15d)}$$

donde $Y_j = m_j / m$ indica la fracción de la masa que corresponde a la especie j. Por lo tanto teniendo en cuenta la ec. III.1.15c se puede hacer:

$$h = \sum_j Y_j h_{rj} + \sum_j \int_{T_r}^{T} Y_j \left(c_p \right)_j dT \qquad \text{(III.1.15e)}$$

de donde

$$h_r = \sum_j Y_j h_{rj}$$

$$\int_{T_r}^{T} c_p \, dT = \sum_j \int_{T_r}^{T} Y_j \left(c_p \right)_j dT$$

<u>Observación 2a:</u>

La derivación de las ec. III.1.3, III.1.7 y III.1.14 ha sido basada en la hipótesis de un flujo completamente estacionario. Pero cuando el flujo es turbulento, se producen importantes fluctuaciones de velocidad, temperatura y composición respecto de valores medios supuestos estacionarios. Las integrales que se escriben para el flujo turbulento pueden separarse en una parte estacionaria que contendrá valores medios, y otra parte inestacionaria (no lineal) que contendrá términos debidos a las fluctuaciones. Por lo tanto si las ec. III.1.3, III.1.7 y III.1.14, se escriben en términos de las cantidades m, I, H_t calculadas con valores medios de ρ, u y h como si el flujo fuera totalmente estacionario, las fluctuaciones introducirían términos adicionales en las ecuaciones correspondientes representando esfuerzos o energía agregados al fluido. Los más importantes serían: (i) esfuerzos turbulentos X_t a ser introducidos en la ec. III.1.7; (ii) el trabajo debido a estos esfuerzos a incluirse en la ec. III.1.14; y (iii) la energía cinética de las fluctuaciones a ser añadida también en la ec. III.1.14. Si bien la inclusión de estos términos en las leyes de conservación añadiría cierta complejidad en la resolución de las ecuaciones, esto no constituye la dificultad principal. La dificultad está en el hecho de que, salvo excepciones, no se conoce lo suficiente acerca de la evaluación de estos términos como para ser incluidos en el contexto del tratamiento unidimensional presentado aquí. Por esta razón, los términos turbulentos adicionales no aparecen explícitamente y se usan las ecuaciones derivadas para un flujo completamente estacionario con la salvedad que se trata de valores medios. No obstante, es importante tener presente que existen y que, en ciertos casos, pueden influenciar los resultados de la teoría unidimensional de manera significativa.

III.2. SIMPLIFICACIONES APLICABLES A MOVIMIENTOS SIMPLES

Se hace la hipótesis de una distribución uniforme de velocidad, temperatura y composición en cada sección del conducto. Por lo tanto se puede escribir:

$$\dot{m} = \rho u A; \quad I = \dot{m}u = A\rho u^2; \quad H_t = \dot{m}h_t = \rho u A h_t$$

en términos de la densidad uniforme ρ, velocidad u y la entalpía total h_t de la sección que se considera. Si se supone que las fuerzas másicas no existen y no se efectúa trabajo mecánico alguno sobre el fluido, las ec. III.1.3, III.1.7 y III.1.14 se pueden escribir de la forma:

$$\dot{m}_2 - \dot{m}_1 = \dot{m}_i \tag{III.2.1}$$

$$I_2 - I_1 = -\int_{x_1}^{x_2} A\,dp - X_w - X_b + I_i \tag{III.2.2}$$

$$H_{t2} - H_{t1} = \dot{Q}_w + \dot{Q}_b + H_{ti} \tag{III.2.3}$$

donde en la ecuación de la cantidad de movimiento se ha hecho uso de la transformación:

$$\int_{x_1}^{x_2} p\,dA = pA\Big|_{x_1}^{x_2} - \int_{x_1}^{x_2} A\,dp = p_2 A_2 - p_1 A_1 - \int_{x_1}^{x_2} A\,dp$$

En lugar de la ec. III.2.2 también se podría haber escrito:

$$F_2 - F_1 = \int_{x_1}^{x_2} p\,dA - X_w - X_b + I_i \tag{III.2.4}$$

donde

$$F = I + pA \tag{III.2.5}$$

es una cantidad importante que suele denominarse la **función impulso**.

Estas ecuaciones pueden escribirse en forma diferencial como:

$$d\dot{m} = d\dot{m}_i \tag{III.2.6}$$

$$dI = -A\,dp - dX_w - dX_b + u_i\,d\dot{m}_i \tag{III.2.7}$$

$$dH_t = d\dot{Q}_w + d\dot{Q}_b + h_{ti}\,d\dot{m}_i \tag{III.2.8}$$

$$dF = pdA - dX_w - dX_b + u_i d\dot{m}_i \qquad\qquad\text{(III.2.9)}$$

Se ha introducido la componente axial u_i de la velocidad de inyección y la entalpía h_{ti} del gas inyectado. Respecto de estas cantidades algunas observaciones son necesarias.

Se supone que la inyección se efectúa de manera continua sin alterar la geometría del conducto (esto es a través de perforaciones, ranuras, o paredes porosas, etc.) y que cada elemento de gas inyectado se mezcla instantáneamente con el flujo de modo que la uniformidad (en velocidad, temperatura y composición) siempre está preservada. Naturalmente u_i y h_{ti} pueden ser funciones arbitrarias de x. Se puede hacer:

$$I_i = \int_{x_1}^{x_2} u_i d\dot{m}_i; \quad H_{ti} = \int_{x_1}^{x_2} h_{ti} d\dot{m}_i$$

y si u_i y h_{ti} son constantes, se puede escribir:

$$I_i = u_i \dot{m}_i; \quad H_{ti} = h_{ti} \dot{m}_i$$

La extracción de masa ($\dot{m}_i < 0$) debe considerarse con cuidado, debido a ambigüedades en la elección de u_i y h_{ti}. En efecto, podrían ser consideradas iguales al valor uniforme de u y h_t en cada sección. Sin embargo las condiciones con las que el fluido alcanza la pared de donde es extraído, no necesariamente coinciden con los valores medios del flujo. Por ejemplo, para una pared porosa o con agujeros normales al eje del conducto $u_i = 0$. Por otra parte la temperatura correspondiente a h_{ti} está determinada por la temperatura de la pared, la cual puede tomar valores arbitrarios independientemente de la temperatura total T_t del flujo.

III.2.1. Aplicación de la Segunda Ley de la Termodinámica

· Al escribir las ecuaciones de conservación no se ha mencionado la segunda ley de la termodinámica. Esta ley establece una desigualdad que no puede ser violada y por consiguiente introduce una limitación a posibles soluciones del movimiento en un sistema. Si se designa con:

$\dot{m}_1 s_1$ la entropía de la masa de fluido que ingresa al sistema por la sección A_1;

$\dot{m}_2 s_2$ la entropía de la masa de fluido que sale del sistema por la sección A_2;

$\displaystyle\int_{x_1}^{x_2} s_i d\dot{m}_i$ la entropía que se agrega al sistema con la masa que se inyecta (s_i representa su entropía específica);

$\int\limits_{x_1}^{x_2}\left(\dfrac{d\dot{Q}}{T}\right)_w$ el flujo de entropía vinculado con la cantidad de calor Q_w que desde el medio exterior se agrega al sistema;

$\int\limits_{x_1}^{x_2}\left(\dfrac{d\dot{Q}}{T}\right)_b$ el flujo de entropía relativo a Q_b. T_b representa la temperatura del cuerpo, supuesta ésta uniforme.

entonces la segunda ley puede escribirse de la forma:

$$\Delta S_{int} = \dot{m}_2 s_2 - \dot{m}_1 s_1 - \int\limits_{x_1}^{x_2} s_i d\dot{m}_i - \int\limits_{x_1}^{x_2}\left(\frac{d\dot{Q}}{T}\right)_w - \int\limits_{x_1}^{x_2}\left(\frac{d\dot{Q}}{T}\right)_b \geq 0 \qquad \text{(III.2.10)}$$

donde ΔS_{int} representa la variación de entropía asociada con los procesos que se producen en el flujo contenido dentro del volumen de control (reacciones químicas, efectos viscosos, ondas de choque, etc.).

La ec. III.2.10 se puede escribir en forma diferencial de la forma:

$$dS_{int} = d(\dot{m}s) - s_i d\dot{m}_i - \left(\frac{d\dot{Q}}{T}\right)_w - \left(\frac{d\dot{Q}}{T}\right)_b \geq 0 \qquad \text{(III.2.11)}$$

donde ahora $d(\dot{m}s)$ representa la variación de la entropía total del sistema.

Sí con

$$dS_{ext} = s_i d\dot{m}_i + \left(\frac{d\dot{Q}}{T}\right)_w + \left(\frac{d\dot{Q}}{T}\right)_b$$

se designa el cambio de entropía que resulta de la interacción con el medio externo y la presencia de cuerpos sumergidos en el flujo, entonces:

$$dS_{int} = d(\dot{m}s) - dS_{ext} \geq 0$$

refleja los cambios de entropía que se producen dentro del sistema mismo. En sistemas aislados se verifica que:

$dS_{int} = 0$ el proceso es reversible;

$dS_{int} > 0$ el proceso es irreversible.

Un proceso en el cual $dS_{int} < 0$, nunca se da en la naturaleza. En todos los procesos reales $dS_{int} > 0$ siempre. Este es el significado del segundo principio.

III.2.2. Casos Especiales con Masa Constante

Cuando $m_i = dm_i = 0$, las ecuaciones anteriores se reducen a:

$$\left.\begin{array}{l} \dot{m}_2 = \dot{m}_1 = \dot{m} = \rho u A = \text{constante} \\[2mm] d\dot{m} = 0 \end{array}\right\} \tag{III.2.12}$$

$$\left.\begin{array}{l} I_2 - I_1 = \dot{m}(u_2 - u_1) = -\int_{x_1}^{x_2} A\,dp - X_w - X_b \\[4mm] dI = \dot{m}du = -A\,dp - dX_w - dX_b \end{array}\right\} \tag{III.2.13}$$

$$\left.\begin{array}{l} H_{t2} - H_{t1} = \dot{m}(h_{t2} - h_{t1}) = \dot{Q}_w + \dot{Q}_b \\[2mm] dH_t = \dot{m}dh_t = d\dot{Q}_w + d\dot{Q}_b \end{array}\right\} \tag{III.2.14}$$

$$\left.\begin{array}{l} F_2 - F_1 = \int_{x_1}^{x_2} p\,dA - X_w - X_b \\[4mm] dF = p\,dA - dX_w - dX_b \end{array}\right\} \tag{III.2.15}$$

$$\left.\begin{array}{l} \Delta S_{\text{int}} = \dot{m}(s_2 - s_1) - \int_{x_1}^{x_2}\left(\dfrac{d\dot{Q}}{T}\right)_w - \int_{x_1}^{x_2}\left(\dfrac{d\dot{Q}}{T}\right)_b \geq 0 \\[5mm] dS_{\text{int}} = \dot{m}ds - \left(\dfrac{d\dot{Q}}{T}\right)_w - \left(\dfrac{d\dot{Q}}{T}\right)_b \geq 0 \end{array}\right\} \tag{III.2.16}$$

De la ec. III.2.15 se puede observar que los cambios en la función impulso son producidos por la totalidad de las fuerzas que actúan sobre el flujo. Similarmente, los cambios en la entalpía total se producen cuando se agrega (o quita) calor ya sea por las paredes del conducto o por cuerpos inmersos. Estas observaciones justifican la importancia de la función impulso y de la entalpía total.

III.2.2.1. Casos sin fricción y sin cuerpos sumergidos

Por ser $X_w = X_b = 0$ resulta:

$$\left.\begin{array}{l} I_2 - I_1 = \dot{m}(u_2 - u_1) = -\int_{x_1}^{x_2} A\,dp \\[4mm] dI = \dot{m}du = -A\,dp \end{array}\right\} \tag{III.2.17}$$

$$F_2 - F_1 = \int_{x_1}^{x_2} p\,dA \quad \left.\begin{matrix}\\ \\ \\ \end{matrix}\right\}$$

$$dF = p\,dA$$

(III.2.18)

Reemplazando $\dot{m} = \rho u A$ en la forma diferencial de la ecuación de cantidad de movimiento III.2.17, se obtiene:

$$\rho u\,du = -dp$$

(III.2.19)

que es la forma diferencial de la ecuación de Euler para un flujo unidimensional estacionario.

III.2.2.2. Flujo adiabático

Aquí $\dot{Q}_w, d\dot{Q}_w$ y $\dot{Q}_b, d\dot{Q}_b$ se anulan y la ec. III.2.14 se reduce a:

$$H_{t2} = H_{t1} = \text{constante} \quad \left.\begin{matrix}\\ \\ \end{matrix}\right\}$$

$$dH_t = 0$$

(III.2.20)

y por ser la masa constante:

$$h_{t2} = h_{t1} = h_t = h + \frac{u^2}{2} = \text{constante} \quad \left.\begin{matrix}\\ \\ \end{matrix}\right\}$$

$$dh_t = dh + u\,du = 0$$

(III.2.21)

Por definición, la entalpía total se puede escribir:

$$h_t = h_r + \int_{T_r}^{T_t} c_p\,dT$$

por consiguiente, si se producen transformaciones químicas, se puede escribir por analogía con la ec. III.1.15a la siguiente expresión general:

$$h_{t2} - h_{t1} = (h_r)_2 - (h_r)_1 + \int_{T_r}^{T_{t1}} \left[(c_p)_2 - (c_p)_1\right]dT + \int_{T_{t1}}^{T_{t2}} (c_p)_2\,dT$$

Como $h_{t2} = h_{t1}$, esta cantidad es nula y se obtiene:

$$\int_{T_{t1}}^{T_{t2}} (c_p)_2\,dT = q_{tm}^{(T_{t1})} = (h_r)_1 - (h_r)_2 + \int_{T_r}^{T_{t1}} \left[(c_p)_1 - (c_p)_2\right]dT$$

(III.2.22)

donde $q_{tm}^{(T_{t1})}$ es el efecto térmico de la transformación a la temperatura T_{t1}.

Aproximaciones para el calculo de q_{tm}

Si no se tienen en cuenta recombinaciones, ni cambio de estado de los productos, el efecto térmico q_{tm} es igual a la cantidad de calor que luego de la combustión, se debe extraer desde un calorímetro para reducir la temperatura de los productos al valor inicial T_{t1} manteniendo la presión constante. La cantidad máxima de calor que un combustible puede entregar se denomina el poder calórico q_H. La cantidad mínima de oxidante necesaria para una combustión completa del combustible es la que satisface la condición de estequiometría. Por ej. para oxidante aire y combustible hidrógeno, la relación de masas estequiométricas estará dada por:

$$2 \cdot H_2 + O_2 + 3{,}76 \cdot N_2 \quad \rightarrow \quad 2 \cdot H_2O + 3{,}76 \cdot N_2$$

$$\mu_{STQ} = \left(\frac{\dot{m}_{H_2}}{\dot{m}_{aire}} \right)_{STQ} = \frac{2 \cdot 2}{1 \cdot 32 + 3{,}76 \cdot 28} = 0{,}02914 \quad \left[\frac{Kg_{H_2}}{Kg_{aire}} \right]$$

Cuando la relación combustible/aire μ es menor que la estequiométrica, o sea $\mu < \mu_{STQ}$, existe un exceso de oxidante. Es de esperar, que con suficiente oxidante el combustible reaccione completamente y entregue todo su poder calórico. Por lo tanto el efecto térmico estará dado por:

$$\left(\dot{m}_{comb} + \dot{m}_{aire} \right) q_{tm} = \dot{m}_{comb} q_H$$

$$\mu = \frac{\dot{m}_{comb}}{\dot{m}_{aire}} < \mu_{STQ} \quad \rightarrow \quad q_{tm} = \frac{\mu}{1+\mu} q_H \tag{III.2.23}$$

Si por el contrario, existe un déficit de oxidante, se puede afirmar que solamente una fracción del combustible reacciona químicamente. En este caso el efecto térmico será:

$$\left(\dot{m}_{comb} + \dot{m}_{aire} \right) q_{tm} = \dot{m}_{aire} \left(\frac{\dot{m}_{comb}}{\dot{m}_{aire}} \right)_{STQ} q_H$$

$$\mu > \mu_{STQ} \quad \rightarrow \quad q_{tm} = \frac{\mu_{STQ}}{1+\mu} q_H \tag{III.2.24}$$

Cuando $\mu = \mu_{STQ}$ la relación III.2.23 es igual a la III.2.24 y vale:

$$q_{tm} = \frac{\mu_{STQ}}{1+\mu_{STQ}} q_H \tag{III.2.25}$$

Pero ahora, esta forma aproximada de calcular q_{tm} introduce errores importantes porque ya no puede despreciarse la disociación de los productos. Cuanto más difiera la mezcla combustible de la relación de estequiometría y concurrentemente, menor sea la temperatura T_{t1}, más correctas resultan las relaciones III.2.23 y III.2.24. En todos los casos en que la disociación es importante, q_{tm} y T_{t2} (T_{t2} es la temperatura de los productos luego de la transformación química) pueden obtenerse únicamente solucionando el sistema de ecuaciones algebraicas no lineales que describe el equilibrio químico de las especies intervinientes.

Si se conoce q_{tm} y $(c_p)_2$ puede expresarse como una función de la temperatura, T_{t2} puede obtenerse de la ec. III.2.22, la cual puede escribirse como:

$$T_{t2} = T_{t1} + \frac{q_{tm}^{(T_{t1})}}{\left(c_p\right)_{2m}} \tag{III.2.26}$$

donde $(c_p)_{2m}$ representa el valor medio del calor específico a presión constante de los productos de combustión entre las temperaturas T_{t2} y T_{t1}.

Téngase presente que este procedimiento aproximado que permite relacionar reacciones químicas con cambios de la temperatura total, es únicamente aplicable a procesos de baja velocidad, específicamente a cámaras de combustión subsónicas. Cuando la combustión tiene lugar a velocidades supersónicas (SCRAMJET), no puede ser utilizado. En este caso el cálculo de las propiedades del flujo que reacciona químicamente requiere de un tratamiento más complejo.

Supóngase ahora un flujo adiabático que evoluciona de manera tal, que su temperatura de estancamiento en cualquier sección del conducto es constante, es decir $T_{01} = T_{02}$ y, por lo tanto $dT_0 = 0$. Si además, en la sección 2 la velocidad es nula, $T_{02} = T_2$. Entonces T_{01} puede evaluarse midiendo la temperatura estática luego de llevar el flujo al reposo de manera adiabática. El instrumento basado en esta propiedad se denomina **sonda de temperatura de estancamiento**.

Para flujos adiabáticos la segunda ley se expresa simplemente por las desigualdades:

$$s_2 > s_1; \quad ds > 0 \,.$$

III.2.2.3. Flujo adiabático sin fricción

Es aplicable la forma diferencial de la ecuación de Euler (ec. III.2.19) la cual combinada con la ec. III.2.21 que caracteriza a un flujo adiabático, permite obtener:

$$dh - \frac{1}{\rho}dp = 0 \tag{III.2.27}$$

y, por lo tanto, se cumple que:

$$ds = 0 \tag{III.2.28}$$

En este caso el flujo es isoentrópico y la constancia de la entropía puede utilizarse en reemplazo de una de las ecuaciones de conservación. Obviamente esta propiedad no es aplicable cuando se produce una transformación irreversible. Flujos isoenergéticos isoentrópicos se distinguen por la constancia de la temperatura y presión de estancamiento.

Relación entre presión de estancamiento y entropía

La entropía por unidad de masa satisface la relación

$$Tds = dh - \frac{1}{\rho}dp$$

Para un gas semi-perfecto (la ecuación de estado es la de un gas perfecto pero los calores específicos son función de la temperatura T), esta ecuación puede integrarse, obteniéndose:

$$s - s_r = \int_{T_r}^{T} c_p \frac{dT}{T} - \Re \ln \frac{p}{p_r} \tag{III.2.29}$$

s_r es el valor de la entropía de referencia a la condición de referencia $T = T_r$, $p = p_r$ y $\Re$ es la constante del gas. Interesan los cambios de entropía de modo que si s_r es constante puede hacerse igual a cero (proceso puramente físico). No ocurre así cuando están presentes reacciones químicas ya que s_r varía y por lo tanto debe referirse a un sistema químico determinado. Este sistema químico debe ser provisto por elementos en ese estado de referencia, en cuyo caso s_r representa la variación de entropía cuando se producen las reacciones químicas a partir de esos mismos elementos en las condiciones de referencias elegidas.

Cuando a la entropía del gas se la expresa en términos de valores de estancamiento, resulta:

$$s - s_r = \int_{T_r}^{T_0} c_p \frac{dT}{T} - \Re \ln \frac{p_0}{p_r} \tag{III.2.30}$$

Si los calores específicos son constantes (gas perfecto), se puede obtener de la ec. III.2.30:

$$s - s_r = c_p \ln \frac{T_0}{T_r} - \Re \ln \frac{p_0}{p_r} \tag{III.2.31}$$

En un flujo adiabático donde T_0 permanece constante, los cambios de entropía se producen sólo por cambios en la presión de estancamiento, la cual disminuye si la entropía aumenta.

La temperatura de estancamiento es la que se obtiene cuando el gas se lleva a reposo adiabaticamente. La temperatura resultante es siempre la misma, independientemente del tipo de proceso adiabático usado para reducir la velocidad a un valor nulo. Pero el valor final de la presión de estancamiento depende de la cantidad de energía disipada durante dicho proceso. Únicamente cuando el gas se lleva a reposo isoentrópicamente, la presión que se obtiene se denomina presión de estancamiento. Un instrumento que pueda medir directamente la presión de estancamiento es sólo posible en flujo subsónico. En flujo supersónico, puede obtenerse solamente en forma indirecta, a partir de la medición simultánea de la presión de impacto con un tubo *pitot* y de otra cantidad, tal como la presión estática (ver Cap. II, Sección II.3).

III.2.2.4. Flujo adiabático con área constante

Se cumple que:

$$h_t = h + \frac{u^2}{2} = \text{constante} \qquad \text{(III.2.32)}$$

Para sistemas en equilibrio termodinámico o cuya composición no cambia (congelados), este tipo de flujo está descrito por la línea de Fanno en el diagrama h,s. Recuérdese que la masa también es constante.

III.2.2.5. Flujo en conductos de área constante y sin fricción

De la ec. III.2.18 se obtiene para este caso:

$$F_2 = F_1 = F = I + pA = \text{constante} \qquad \text{(III.2.33)}$$

Esta clase de flujo está caracterizada por la constancia de la función impulso. Para sistemas en equilibrio termodinámico o cuya composición no cambia, su representación en el plano h,s está dada por la línea de Rayleigh.

III.2.2.6. Flujos en los cuales la presión y el área están relacionados por una ley del tipo pA^n

Se supone que el flujo unidimensional es tal que en cada sección del conducto vale la siguiente relación:

$$pA^{\frac{\varepsilon}{\varepsilon-1}} = C_1;$$
$$p^{\varepsilon-1}A^{\varepsilon} = C_2 \qquad \text{(III.2.34)}$$

siendo ε un valor preestablecido. Entonces la integral en la ec. III.2.2 puede evaluarse obteniéndose:

$$\int_{x_1}^{x_2} A\,dp = \varepsilon\left(p_2 A_2 - p_1 A_1\right) \tag{III.2.35}$$

Si se introduce la cantidad

$$F^{(\varepsilon)} = I + \varepsilon p A \tag{III.2.36}$$

denominada el **impulso generalizado**, la ec. III.2.2 se reduce a:

$$F_2^{(\varepsilon)} - F_1^{(\varepsilon)} = -X_w - X_b + I_i \tag{III.2.37}$$

Por consiguiente en un fluido sin fricción, sin cuerpos inmersos y sin inyección de masa, el flujo en conductos de la familia de potencias que satisfacen las ec. III.2.34 se caracteriza por:

$$F_2^{(\varepsilon)} = F_1^{(\varepsilon)} = F^{(\varepsilon)} = \text{constante} \tag{III.2.38}$$

Obviamente los casos de presión y área constante corresponden a los valores particulares de $\varepsilon = 0$ y $\varepsilon = 1$, respectivamente.

III.3. VELOCIDADES REDUCIDAS Y DIFERENTES NÚMEROS DE MACH

Son muy útiles las expresiones adimensionales para la velocidad. Obviamente la de mayor uso es la del número de Mach:

$$M = \frac{u}{a}$$

que se obtiene por la división con la velocidad del sonido local. Con el propósito de facilitar las aplicaciones prácticas, a veces conviene utilizar otras velocidades de referencia. Una de ellas es sugerida por la definición de entalpía de estancamiento que muestra la existencia de un límite superior para la velocidad cuando $h = 0$, y está dado por:

$$u_{\max} = \sqrt{2h_0} \tag{III.3.1}$$

Esta velocidad es la máxima alcanzable mediante una expansión adiabática hasta el cero absoluto.

Para un gas perfecto se cumple:

$$u_{max} = \sqrt{2c_p T_0} \tag{III.3.2}$$

y basándose en esta expresión para u_{max} se puede definir una **velocidad reducida** tal que:

$$w = \frac{u}{u_{max}} \tag{III.3.3}$$

También se usan otras dos velocidades de referencia dadas por:

$$a_0 = \sqrt{\gamma \Re T_0} \ \ y \ \ a^* = \sqrt{\gamma \Re T^*}$$

donde a_0 es la velocidad del sonido calculada con la temperatura de estancamiento, y a^* es la denominada **velocidad crítica**, esto es, el valor de u cuado $u = a$ o $M = 1$. Los números de Mach correspondientes son:

$$M_0 = \frac{u}{a_0}; \quad M^* = \frac{u}{a^*} \tag{III.3.4}$$

Para gases con calores específicos constantes son válidas las siguientes igualdades:

$$c_p T + \frac{u^2}{2} = \frac{a^2}{\gamma - 1} + \frac{u^2}{2} = c_p T_0 = \frac{a_0^2}{\gamma - 1} = \frac{u_{max}^2}{2} = \frac{\gamma + 1}{\gamma - 1}\frac{a^{*2}}{2} \tag{III.3.5}$$

de donde

$$\frac{T_0}{T} = \left(\frac{p_0}{p}\right)^{\frac{\gamma - 1}{\gamma}} = 1 + \frac{\gamma - 1}{2}M^2 = \frac{1}{1 - w^2} = \frac{1}{1 - \frac{\gamma - 1}{2}M_0^2} = \frac{1}{1 - \frac{\gamma - 1}{\gamma + 1}M^{*2}} \tag{III.3.6}$$

Teniendo en cuenta las igualdades III.3.6 se pueden obtener las siguientes relaciones entre velocidades reducidas:

$$M^2 = \left(\frac{2}{\gamma - 1}\right)\frac{w^2}{1 - w^2}; \quad M_0^2 = \left(\frac{2}{\gamma - 1}\right)w^2; \quad M^{*2} = \left(\frac{\gamma + 1}{\gamma - 1}\right)w^2 \tag{III.3.7}$$

La elección de la velocidad reducida más conveniente es fundamentalmente un problema de preferencia personal, aunque en muchos casos es sugerida por la aplicación. En la Tabla III.3.1 se establecen límites subsónicos y supersónicos en términos de las diferentes velocidades reducidas.

TABLA III.3.1

Campo	M	w	M_0	M^*
	0	0	0	0
Subsónico	1	$\sqrt{\dfrac{\gamma-1}{\gamma+1}}$	$\sqrt{\dfrac{2}{\gamma+1}}$	1
Supersónico	∞	1	$\sqrt{\dfrac{2}{\gamma-1}}$	$\sqrt{\dfrac{\gamma+1}{\gamma-1}}$

Relaciones útiles para gases perfectos en términos de *M* y *w*

Se consideran únicamente el numero de Mach M y la velocidad reducida w. Las cantidades que aparecen en las leyes de conservación pueden expresarse de diferentes formas las cuales son útiles en ciertos desarrollos. La velocidad está dada por:

$$u = M\sqrt{\gamma\Re T} = \sqrt{\Re T_0}\left[\sqrt{\gamma}M\sqrt{\frac{T}{T_0}}\right] \tag{III.3.8}$$

Para gases perfectos la cantidad entre corchetes puede expresarse explícitamente como una función de γ y M mediante la ec. III.3.6.

El caudal másico puede escribirse utilizando la ecuación de estado y la ec. III.3.8 como:

$$\dot{m} = \frac{pA}{\sqrt{\Re T_0}}\left[\sqrt{\gamma}M\sqrt{\frac{T_0}{T}}\right] = \frac{p_0 A}{\sqrt{\Re T_0}}\left[\sqrt{\gamma}M\left(\frac{T}{T_0}\right)^{\frac{1}{2}\left(\frac{\gamma+1}{\gamma-1}\right)}\right] \tag{III.3.9}$$

donde, al derivar la última relación se ha supuesto que

$$\frac{p_0}{p} = \left(\frac{T_0}{T}\right)^{\frac{\gamma}{\gamma-1}} \tag{III.3.10}$$

o sea, la transformación desde la condición de estancamiento a la estática es isoentrópica.

El flujo de cantidad de movimiento está dado por:

$$I = \dot{m}\sqrt{\Re T_0}\left[\sqrt{\gamma}M\sqrt{\frac{T}{T_0}}\right] = pA\left[\gamma M^2\right] = p_0 A\left[\gamma M^2\left(\frac{T}{T_0}\right)^{\frac{\gamma}{\gamma-1}}\right] \tag{III.3.11}$$

Similarmente, la función impulso y el impulso generalizado pueden expresarse como sigue:

$$F = \dot{m}\sqrt{\Re T_0}\left[\frac{1+\gamma M^2}{\sqrt{\gamma}M}\sqrt{\frac{T}{T_0}}\right] = pA\left[1+\gamma M^2\right] = p_0 A\left[\left(1+\gamma M^2\right)\left(\frac{T}{T_0}\right)^{\frac{\gamma}{\gamma-1}}\right] \quad \text{(III.3.12)}$$

$$F^{(\varepsilon)} = \dot{m}\sqrt{\Re T_0}\left[\frac{\varepsilon+\gamma M^2}{\sqrt{\gamma}M}\sqrt{\frac{T}{T_0}}\right] = pA\left[\varepsilon+\gamma M^2\right] = p_0 A\left[\left(\varepsilon+\gamma M^2\right)\left(\frac{T}{T_0}\right)^{\frac{\gamma}{\gamma-1}}\right]$$

$$\text{(III.3.13)}$$

Las expresiones correspondientes en términos de w son:

$$u = \sqrt{\Re T_0}\left[\sqrt{\frac{2\gamma}{\gamma-1}}w\right] \quad \text{(III.3.14)}$$

$$\dot{m} = \frac{pA}{\sqrt{\Re T_0}}\left[\sqrt{\frac{2\gamma}{\gamma-1}}\left(\frac{w}{1-w^2}\right)\right] = \frac{p_0 A}{\sqrt{\Re T_0}}\left[\sqrt{\frac{2\gamma}{\gamma-1}}w\left(1-w^2\right)^{\frac{1}{\gamma-1}}\right] \quad \text{(III.3.15)}$$

donde se ha hecho uso de las relaciones III.3.6 y de la ec. III.3.10. Téngase presente que el uso de esta ecuación implica una transformación isoentrópica desde la condición de estancamiento a la estática, lo cual no siempre se cumple.

$$I = \dot{m}\sqrt{\Re T_0}\left[\sqrt{\frac{2\gamma}{\gamma-1}}w\right] = pA\left[\left(\frac{2\gamma}{\gamma-1}\right)\frac{w^2}{1-w^2}\right] = p_0 A\left[\frac{2\gamma}{\gamma-1}w^2\left(1-w^2\right)^{\frac{1}{\gamma-1}}\right]$$

$$\text{(III.3.16)}$$

$$F = \dot{m}\sqrt{\Re T_0}\left[\sqrt{\frac{2\gamma}{\gamma-1}}\left(\frac{\gamma+1}{2\gamma}w+\frac{\gamma-1}{2\gamma}\frac{1}{w}\right)\right] = pA\left[1+\frac{2\gamma}{\gamma-1}\frac{w^2}{1-w^2}\right]$$

$$= p_0 A\left[\left(1+\frac{\gamma+1}{\gamma-1}w^2\right)\left(1-w^2\right)^{\frac{1}{\gamma-1}}\right] \quad \text{(III.3.17)}$$

$$F^{(\varepsilon)} = \dot{m}\sqrt{\Re T_0}\left[\sqrt{\frac{2\gamma}{\gamma-1}}\left(w+\varepsilon\frac{(\gamma-1)(1-w^2)}{2\gamma}\frac{1}{w}\right)\right] = pA\left[\varepsilon+\left(\frac{2\gamma}{\gamma-1}\right)\frac{w^2}{1-w^2}\right]$$

$$= p_0 A\left\{\left[\varepsilon+\left(\frac{2\gamma}{\gamma-1}-\varepsilon\right)w^2\right]\left(1-w^2\right)^{\frac{1}{\gamma-1}}\right\} \quad \text{(III.3.18)}$$

III.4. EJERCICIOS

1. Determinar el Mach a la entrada de una cámara de combustión para que los productos de una mezcla combustible de H_2 + aire con ER = 0,2 alcancen velocidad sónica a la salida de la cámara (área constante, proceso sin fricción y adiabático).

Datos

$$T_{t1} = 298\ K$$
$$\gamma_1 = 1,4$$
$$R_1 = 31,7\ m/K$$

De las propiedades de los productos de combustión para ER = 0,2 resulta:

$$M_2 = 1$$
$$u^* = a^* = u_2 = a_2 = 563,3\ m/s$$
$$T^* = T_2 = 789,6\ K$$
$$\gamma_2 = 1,346$$
$$R_2 = 30,5\ m/K$$

Solución

Utilizando la expresión de la conservación de la cantidad de movimiento para flujos en conductos de área constante y sin fricción (ec. III.2.33):

$$F_2 = F_1 \quad \rightarrow \quad \frac{\dot{m}u_1}{A} + p_1 = \frac{\dot{m}u_2}{A} + p_2$$

Sustituyendo $\dot{m}/A$ *por la ecuación de continuidad:*

$$\frac{\dot{m}}{A} = \rho_1 u_1 = \rho_2 u_2$$

y aplicando la ecuación de estado y la definición de numero de Mach, tenemos:

$$\frac{p_2}{p_1} = \frac{1 + \gamma_1 M_1^2}{1 + \gamma_2} \qquad (1)$$

De la ecuación de continuidad y de la expresión para la relación entre la temperatura total y la temperatura estática:

$$\frac{T_{ti}}{T_i} = 1 + \frac{\gamma - 1}{2} M_i^2$$

se encuentra otra expresión que relaciona los parámetros dados a la entrada y a la salida de la cámara de combustión:

$$\sqrt{\frac{\gamma_1}{R_1 T_{t1}}}\, p_1 M_1 \sqrt{1 + \frac{\gamma_1 - 1}{2} M_1^2} = \sqrt{\frac{\gamma_2}{R_2 T_2}}\, p_2 \qquad (2)$$

Reemplazando (1) en (2), reagrupando términos y elevando al cuadrado, resulta:

$$\frac{R_2 T_2 \gamma_1 (1 + \gamma_2)^2}{R_1 T_{t1} \gamma_2} \left[M_1^2 \left(1 + \frac{\gamma_1 - 1}{2} M_1^2 \right) \right] = \left(1 + \gamma_1 M_1^2 \right)^2$$

Haciendo:

$$D = \frac{R_2 T_2 \gamma_1 (1 + \gamma_2)^2}{R_1 T_{t1} \gamma_2} = \frac{30,5 \cdot 789,6 \cdot 1,4 \cdot (1 + 1,346)^2}{31,7 \cdot 298 \cdot 1,346} = 14,594$$

tenemos:

$$\left[D\left(\frac{\gamma_1 - 1}{2} \right) - \gamma_1^2 \right] M_1^4 + (D - 2\gamma_1) M_1^2 - 1 = 0$$

Solucionamos esta ecuación transformándola en:

$$Ax^2 + Bx + C = 0$$

con:

$$x = M_1^2$$

$$A = \left[D\left(\frac{\gamma_1 - 1}{2} \right) - \gamma_1^2 \right] = \left[14,594 \left(\frac{1,4 - 1}{2} \right) - (1,4)^2 \right] = 0,959$$

$$B = (D - 2\gamma_1) = (14,594 - 2 \cdot 1,4) = 11,794$$

$$C = -1$$

cuyas soluciones son:

$$x = \frac{-B \pm \sqrt{B^2 - 4AC}}{2A} = \frac{-11,794 \pm \sqrt{(11,794)^2 - 4 \cdot 0,959 \cdot (-1)}}{2 \cdot 0,959}$$

La única solución aceptable es:

$$x = 0,842 \quad \rightarrow \quad M_1 = \sqrt{x} = 0,918$$

Capítulo IV
Flujo Compresible con Simple Cambio de Área
Toberas y Difusores

IV.1. INTRODUCCIÓN

Para el análisis del flujo compresible en un conducto donde únicamente se producen cambios de área que cumplen con las restricciones indicadas en el Cap. III (Sección 1.1) son válidas las ec. III.2.12 a III.2.16. Dichas ecuaciones, luego de efectuar las simplificaciones pertinentes, ya que se supone que el efecto de la fricción es nulo, no existe suministro (o extracción) de calor ni tampoco cuerpos sumergidos, pueden ser escritas en forma macroscópica y diferencial como sigue:

$$\rho u A = \dot{m} = \text{constante} \tag{IV.1.1a}$$

$$d\dot{m} = 0 \tag{IV.1.1b}$$

$$\dot{m}(u_2 - u_1) = -\int_{x_1}^{x_2} A\,dp \tag{IV.1.2a}$$

$$\dot{m}\,du = -A\,dp \tag{IV.1.2b}$$

$$h_{t2} - h_{t1} = 0 \tag{IV.1.3a}$$

$$dh_t = c_p\,dT + u\,du = 0 \tag{IV.1.3b}$$

$$F_2 - F_1 = \int_{x_1}^{x_2} p\,\frac{dA}{dx}\,dx \tag{IV.1.4a}$$

$$dF = p\,dA \tag{IV.1.4b}$$

$$\Delta S_{\text{int}} = \dot{m}(s_2 - s_1) \geq 0 \tag{IV.1.5a}$$

$$dS_{\text{int}} = \dot{m}\,ds \geq 0 \tag{IV.1.5b}$$

$$ds = c_p\,\frac{dT}{T} - \Re\,\frac{dp}{p} \tag{IV.1.5c}$$

donde las ec. IV.1.1 expresan la constancia de la masa, las ec. IV.1.2 establecen el balance de la cantidad de movimiento, las ec. IV.1.3 la conservación de la entalpía total, las ec. IV.1.4 relacionan la dependencia de la función impulso con las fuerzas que la corriente ejerce sobre las superficies internas mojadas por el fluido y finalmente las ec. IV.1.5 describen la variación de la entropía entre dos secciones del conducto situadas a distancia finita y entre dos secciones separadas por un diferencial dx.

IV.1.1. Aproximación Unidimensional de un Gas Perfecto

Se supondrá que se trata de un gas perfecto y por lo tanto la ecuación de estado y la definición de número de Mach se escriben, respectivamente:

$$p = \rho \Re T \tag{IV.1.6}$$

$$M = \frac{u}{a} = \frac{u}{\sqrt{\gamma \Re T}} \tag{IV.1.7}$$

con $\Re \equiv R / W$, siendo R la constante molar de los gases y W el peso molecular del gas en cuestión.

De la diferenciación logarítmica de las ecuaciones de conservación de la masa y de estado se puede obtener:

$$\frac{d\rho}{\rho} + \frac{du}{u} = -\frac{dA}{A} \tag{IV.1.8}$$

$$\frac{dp}{p} - \frac{d\rho}{\rho} - \frac{dT}{T} = 0 \tag{IV.1.9}$$

Por otra parte, en la forma diferencial de las ecuaciones de cantidad de movimiento y de la entalpía se puede introducir el número de Mach, resultando:

$$\gamma M^2 \frac{du}{u} + \frac{dp}{p} = 0 \tag{IV.1.10}$$

$$(\gamma - 1)M^2 \frac{du}{u} + \frac{dT}{T} = 0 \tag{IV.1.11}$$

Las ec. IV.1.8, IV.1.9, IV.1.10, y IV.1.11 constituyen un sistema de cuatro ecuaciones con cuatro incógnitas que relacionan los diferenciales logarítmicos de las cantidades u, p, ρ y T con el diferencial logarítmico del área A. Aplicando el método de sustitución de las variables para resolver dicho sistema se encuentra que:

$$\frac{d\rho}{\rho} = \frac{M^2}{1 - M^2} \frac{dA}{A} \tag{IV.1.12}$$

$$\frac{dp}{p} = \frac{\gamma M^2}{1 - M^2} \frac{dA}{A} \tag{IV.1.13}$$

$$\frac{du}{u} = -\frac{1}{1 - M^2} \frac{dA}{A} \tag{IV.1.14}$$

$$\frac{dT}{T} = \frac{(\gamma - 1)M^2}{1 - M^2} \frac{dA}{A} \tag{IV.1.15}$$

De las ec. IV.1.13 y IV.1.14 se pueden deducir las siguientes conclusiones prácticas:

a) Para velocidades subsónicas ($M < 1$)

$$\frac{dA}{du} < 0; \quad \frac{dA}{dp} > 0$$

b) Para velocidades supersónicas ($M > 1$)

$$\frac{dA}{du} > 0; \quad \frac{dA}{dp} < 0$$

c) Para velocidades sónicas ($M = 1$)

$$\frac{dA}{du} = 0; \quad \frac{dA}{dp} = 0$$

Se comprueba entonces que los efectos de un cambio de área son exactamente opuestos según se trate de un flujo subsónico o supersónico. Por otra parte, cuando $M = 1$ el área adquiere un valor estacionario, es decir puede ser un máximo o un mínimo. Como ya se estableció en la Sección 3.5 del Cap. I, el área pasa por un mínimo cuando $M = 1$. Además si no se presentan discontinuidades en el flujo (p.ej. ondas de choque), las condiciones sónicas si se establecen, lo harán donde el área es un **mínimo absoluto**.

De conformidad con los casos presentados (a), (b) y (c), los posibles tipos de flujo pueden representarse esquemáticamente como se indica en la Fig. IV.1.1.

Si a partir de la ec. IV.1.7 se obtiene el diferencial logaritmo de M^2, se puede conseguir:

$$\frac{dM^2}{M^2} = 2\frac{du}{u} - \frac{dT}{T}$$

donde, luego de tener en cuenta las ec. IV.1.14 y IV.1.15, se encuentra la relación diferencial que vincula la variación del número de Mach con la del área del conducto, es decir:

$$\frac{dM^2}{M^2} = \frac{2}{M^2-1}\left[1+\frac{\gamma-1}{2}M^2\right]\frac{dA}{A}$$

(IV.1.16)

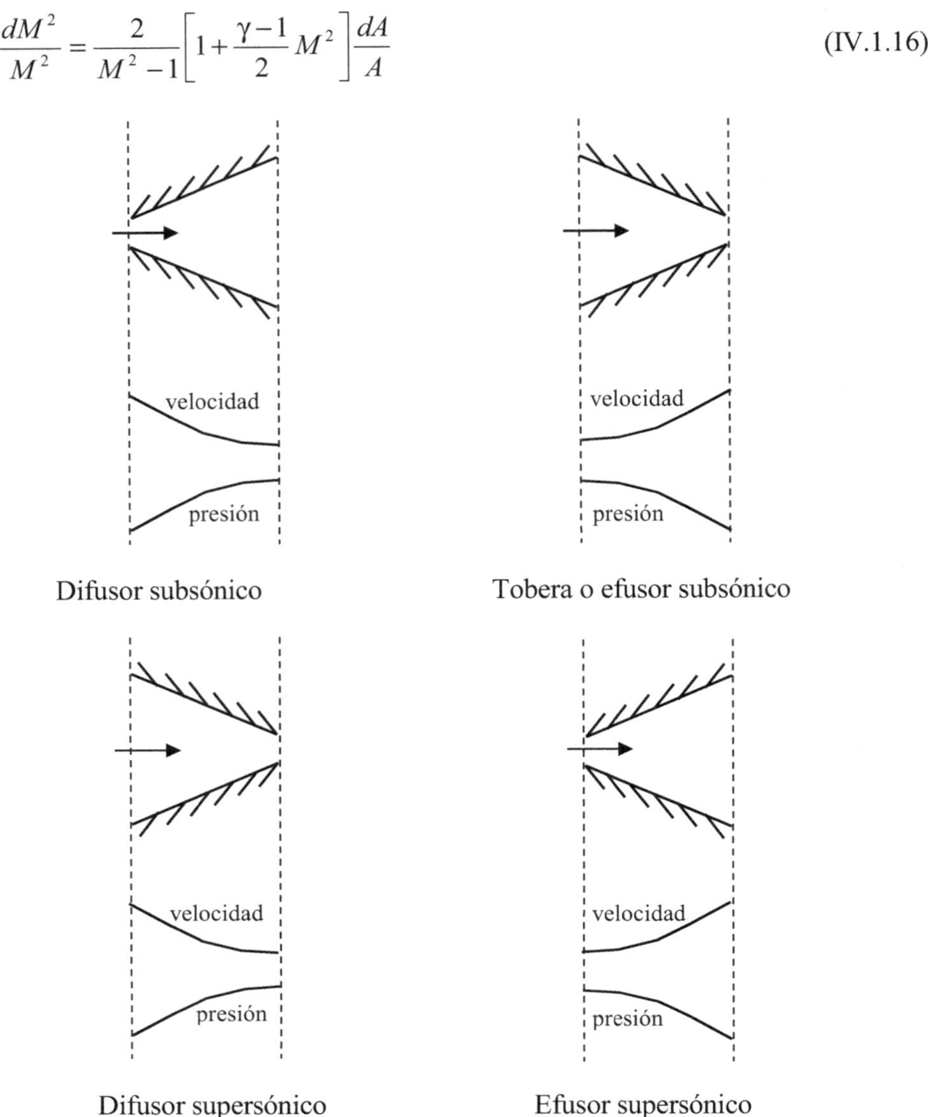

<table>
<tr><td>Difusor subsónico</td><td>Tobera o efusor subsónico</td></tr>
<tr><td>Difusor supersónico</td><td>Efusor supersónico</td></tr>
</table>

Fig. IV.1.1

Por otra parte, de la forma diferencial de la entropía específica, ec. IV.1.5c, se consigue:

$$\frac{ds}{c_p} = \frac{dT}{T} - \frac{\gamma-1}{\gamma}\frac{dp}{p}$$

(IV.1.17a)

donde luego de reemplazar dp/p y dT/T en términos de dA/A mediante las ec. IV.1.13 y IV.1.15, se verifica que:

$$\frac{ds}{c_p} = \left[\frac{(\gamma-1)M^2}{1-M^2} - (\gamma-1)\frac{M^2}{1-M^2} \right] \frac{dA}{A} = [0]\frac{dA}{A} = 0 \qquad (IV.1.17b)$$

Por lo tanto, en un flujo unidimensional donde únicamente se producen cambios de área la entropía permanece constante, es decir el **movimiento es isoentrópico**.

Asimismo, la ec. IV.1.17a es también aplicable a las condiciones de estancamiento locales, resultando entonces que:

$$\frac{ds_0}{c_p} = \frac{dT_0}{T_0} - \frac{\gamma-1}{\gamma}\frac{dp_0}{p_0} = 0 \qquad (IV.1.17c)$$

Pero como el proceso es adiabático, la temperatura de estancamiento T_0 no cambia. Por consiguiente, <u>la condición de isoentropía también implica la constancia de la presión de estancamiento p_0 en todas las secciones del conducto.</u>

IV.1.2. Análisis Macroscópico del Flujo en Conductos con Simple Cambio de Área

Para efectuar un análisis macroscópico del flujo entre dos secciones cualesquiera situadas a una distancia finita del conducto, es necesario proceder a la integración de la ec. IV.1.16. En particular si la integración se efectúa entre una sección cualquiera A donde el Mach tiene un valor determinado M y otra donde se alcanzan las condiciones críticas $M=1$ y $A=A^*$, se puede obtener:

$$\frac{A}{A^*} = \frac{1}{M}\left[\frac{2}{\gamma+1}\left(1+\frac{\gamma-1}{2}M^2\right) \right]^{\frac{\gamma+1}{2(\gamma-1)}} \qquad (IV.1.18)$$

Esta fórmula es la misma que se obtuvo en la Sección 3.6 del Cap. I en base a consideraciones sobre la constancia del caudal entre el área local y el área donde $M=1$. Se recuerda que la ec. IV.1.18 es únicamente aplicable a procesos isoentrópicos, por lo tanto, no lo será si hay fricción o transferencia de calor ni tampoco si existen discontinuidades en el flujo (p.ej. ondas de choque).

Teniendo en cuenta que la temperatura y presión de estancamiento permanecen invariantes, se pueden deducir las siguientes relaciones entre la temperatura y presión estáticas en una sección cualquiera y sus correspondientes valores en la sección crítica:

$$\frac{T}{T^*} = \frac{T}{T_0}\frac{T_0}{T^*} = \frac{\gamma+1}{2\left(1+\dfrac{\gamma-1}{2}M^2\right)} \qquad (IV.1.19)$$

$$\frac{p}{p^*} = \frac{p}{p_0}\frac{p_0}{p^*} = \left[\frac{\gamma+1}{2\left(1+\frac{\gamma-1}{2}M^2\right)}\right]^{\frac{\gamma}{\gamma-1}} \qquad (IV.1.20)$$

Además por ser la evolución isoentrópica, se cumple que:

$$\frac{\rho}{\rho^*} = \left(\frac{p}{p^*}\right)^{\frac{1}{\gamma}} = \left[\frac{\gamma+1}{2\left(1+\frac{\gamma-1}{2}M^2\right)}\right]^{\frac{1}{\gamma-1}} \qquad (IV.1.21)$$

y finalmente de la ecuación de continuidad se obtiene:

$$\frac{u}{u^*} = \frac{\rho^* A^*}{\rho A} = M\left[\frac{\gamma+1}{2\left(1+\frac{\gamma-1}{2}M^2\right)}\right]^{\frac{1}{2}} \qquad (IV.1.22)$$

La ec. IV.1.18 puede ser utilizada para determinar el número de Mach en una sección cualquiera del conducto cuando se da el número de Mach (M_1) en otra sección caracterizada como sección inicial. En efecto:

$$\frac{A_2}{A_1} = \frac{A_2}{A^*}\frac{A^*}{A_1} = \frac{M_1}{M_2}\left[\frac{1+\frac{\gamma-1}{2}M_2^2}{1+\frac{\gamma-1}{2}M_1^2}\right]^{\frac{1}{2}\left(\frac{\gamma+1}{\gamma-1}\right)} \qquad (IV.1.23)$$

de donde es posible despejar M_2.

Similarmente, la constancia de los valores de los parámetros críticos (o de estancamiento), permite expresar las relaciones p_2/p_1, T_2/T_1, ρ_2/ρ_1, etc. de la forma:

$$\frac{p_2}{p_1} = \frac{p_2}{p^*}\frac{p^*}{p_1} = \frac{p_2}{p_0}\frac{p_0}{p_1} \qquad \text{con } p_0 = \text{constante} \qquad (IV.1.24)$$

$$\frac{T_2}{T_1} = \frac{T_2}{T^*}\frac{T^*}{T_1} = \frac{T_2}{T_0}\frac{T_0}{T_1} \qquad \text{con } T_0 = \text{constante} \qquad (IV.1.25)$$

$$\frac{\rho_2}{\rho_1} = \frac{\rho_2}{\rho^*}\frac{\rho^*}{\rho_1} = \frac{\rho_2}{\rho_0}\frac{\rho_0}{\rho_1} \qquad (IV.1.26)$$

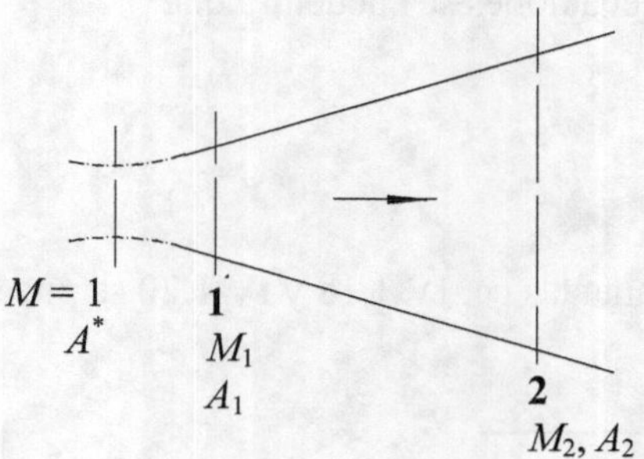

Fig. IV.1.2 - Ilustra la aplicación de la ley de las áreas entre dos secciones cualesquiera del conducto

Los valores numéricos de las relaciones anteriores en términos de los números de Mach M_1 y M_2 pueden ser fácilmente calculados utilizando las tablas del Apéndice A.

IV.1.2.1. La utilización de la función impulso

Cuando se analiza un proceso con simple cambio de área, la ec. III.2.4 se reduce a:

$$F_2 - F_1 = \int_{x_1}^{x_2} p \frac{dA}{dx} dx \tag{IV.1.27}$$

donde F es la función impulso definida por la ec. III.2.5. La integral expresa la acción que el contorno ejerce sobre el fluido, por lo tanto la acción del fluido sobre las paredes internas de dicho contorno es:

$$T_{ht} = -\int_{x_1}^{x_2} p \frac{dA}{dx} dx \tag{IV.1.28}$$
$$F_2 - F_1 = -T_{ht}$$

es decir, la fuerza total ejercida por el fluido sobre las paredes del conducto entre dos secciones cualesquiera, puede expresarse en términos de la variación de la función impulso entre dichas secciones.

Por su parte la función impulso puede expresarse como:

$$F = pA\left(1 + \gamma M^2\right)$$

y cuando $M = 1$, se reduce a:

$$F^* = p^* A^*\left(1 + \gamma\right)$$

De la relación entre estas ecuaciones se encuentra que:

$$\frac{F}{F^*} = \frac{p}{p^*}\,\frac{A}{A^*}\,\frac{1+\gamma M^2}{1+\gamma}$$

y finalmente, luego de tener en cuenta las ec. IV.1.18 y IV.1.20 se puede demostrar que:

$$\frac{F}{F^*} = \frac{1+\gamma M^2}{M\left[2(\gamma+1)\left(1+\dfrac{\gamma-1}{2}M^2\right)\right]^{\frac{1}{2}}} \qquad (IV.1.29)$$

Téngase presente que la relación F/F^* deducida, es aplicable únicamente cuando el movimiento del gas satisface las condiciones de flujo en conducto con simple cambio de área. La ec. IV.1.29 también está tabulada en el Apéndice A.

IV.2. ESTUDIO DE TOBERAS

IV.2.1. Toberas Convergentes o Efusores

Supóngase que un conducto convergente como el de la Fig. IV.2.1(a) con una sección de entrada donde $V = 0$, descarga en un recinto donde la presión p_B se controla mediante una válvula.

Los valores de estancamiento p_0 y T_0 se mantienen constantes y el experimento consiste principalmente en hacer variar la presión p_B en la cámara donde descarga la tobera convergente. Si p_s indica la presión en la sección de salida de la tobera, se trata de determinar cuales son los efectos que se producen por variaciones de la presión p_B sobre las características del flujo que se establece en el convergente. Estos efectos están representados gráficamente en las Fig. IV.2.1 (b), (c) y (d).

Para comenzar, supóngase que $p_B = p_0$, lo cual corresponde a la condición I en la Fig. IV.2.1(b). Por ser la presión constante en toda la tobera, no se establece un flujo a través de la misma.

Si ahora se reduce p_B a un valor un poco menor que p_0, como se muestra en la condición II, se establecerá un flujo cuya presión disminuirá constantemente a través de la tobera. Por ser el flujo a la salida de la tobera subsónico, la presión es igual a p_B. Que esto debe ser así se ve fácilmente si se asume que $p_s \gg p_B$, entonces la corriente al dejar la tobera, se expandirá lateralmente lo cual producirá un incremento aún mayor de la presión de la corriente. Pero como p_B es la presión que finalmente debe alcanzar el flujo en el conducto de salida, se deduce que p_s no puede ser mayor que p_B. Un argumento similar permite concluir que p_s no puede ser substancialmente inferior a p_B.

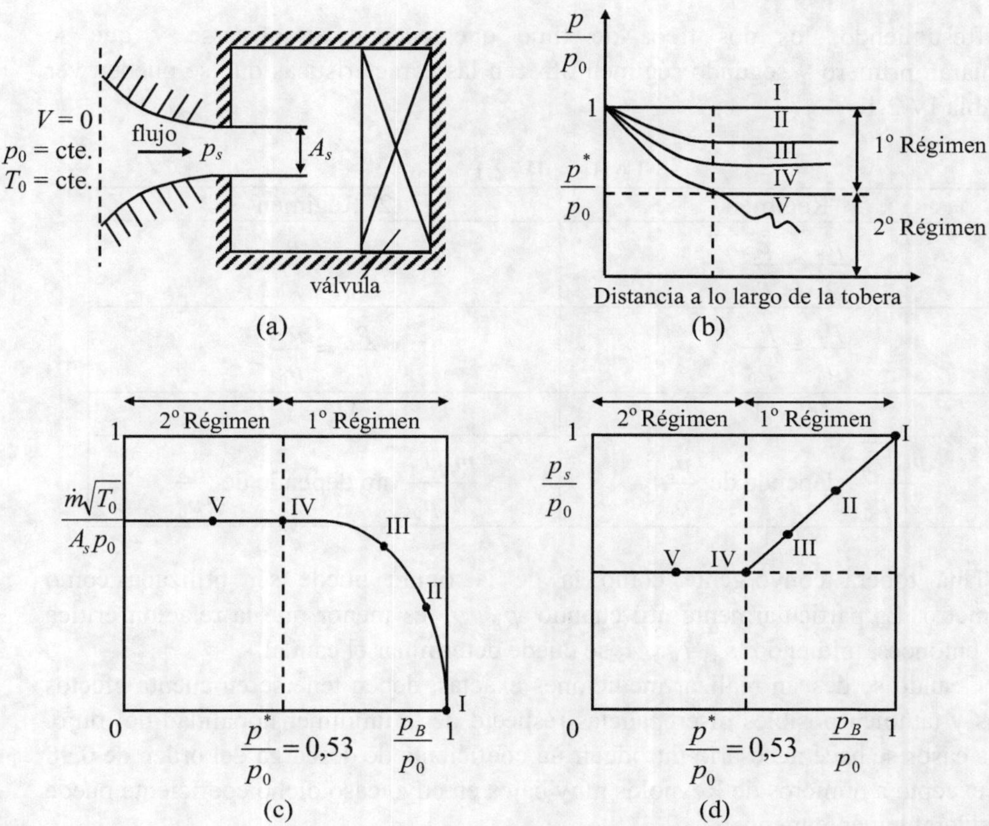

Fig. IV.2.1 - Operación de una tobera convergente al variar la presión de salida.

Disminuyendo más p_B según la condición III, se incrementa el caudal en masa y cambia la distribución de presión, pero no se manifiestan cambios cualitativos en el funcionamiento de la tobera. Cuando se alcanza la condición IV, p_B / p_0 es igual a la relación de presiones críticas y por lo tanto el número de Mach a la salida será $M_s = 1$.

Si se disminuye aún más la relación p_B / p_0, es decir se está en la condición V, no se producirán nuevos cambios dentro de la tobera puesto que p_s no puede ser menor que la presión crítica. Caso contrario existiría una garganta o sección mínima corriente arriba de la sección de salida. Consecuentemente la distribución de presiones dentro de la tobera bajo la condición V es análoga a las que se obtienen con las condiciones IV [Fig. IV.2.1(d)]. Además una vez alcanzada la velocidad del sonido en la sección de salida, ninguna información puede viajar desde fuera hacia dentro de la tobera.

Lo mismo puede decirse del caudal que será en ambos casos máximo y también de las condiciones del flujo en la sección de salida. Lo que ocurre fuera de la tobera no puede predecirse solamente basándose en consideraciones unidimensionales, y por el momento se muestra como la Fig. IV.2.1(b), mediante un trazo ondulado.

Resumiendo, los dos tipos de flujo que pueden establecerse y que se denominarán primero y segundo régimen ofrecen las características que se pueden ver en la Tabla IV.2.1.

TABLA IV.2.1

1° Régimen	2° Régimen
$\dfrac{p_B}{p_0} > \dfrac{p^*}{p_0}$	$\dfrac{p_B}{p_0} < \dfrac{p^*}{p_0}$
$\dfrac{p_s}{p_0} = \dfrac{p_B}{p_0}$	$\dfrac{p_s}{p_0} = \dfrac{p^*}{p_0}$
$M_s < 1$	$M_s = 1$
$\dfrac{\dot{m}\sqrt{T_0}}{A_s p_0}$ depende de $\dfrac{p_B}{p_0}$	$\dfrac{\dot{m}\sqrt{T_0}}{A_s p_0}$ no depende de $\dfrac{p_B}{p_0}$

Una tobera convergente como la de la figura puede ser utilizada como caudalímetro. Es particularmente útil cuando p_B / p_0 es menor que la relación critica por que entonces, midiendo p_0, T_0 y A_s se puede determinar el caudal.

Cuando se desean realizar mediciones exactas, deben tenerse en cuenta efectos viscosos y también posibles discrepancias respecto de la unidimensionalidad del flujo. En estos casos se hace necesario introducir un coeficiente de descarga del orden de 0,98 a 0,99 (excepto a números de Reynolds muy bajos en cuyo caso dicho coeficiente puede ser considerablemente menor).

La tobera convergente puede también ser utilizada como un regulador de flujo, dado que el caudal que puede llegar a suministrar es independiente de la presión de descarga cuando esta se hace menor que p^*, que para el aire (con $\gamma = 1,4$) $p^* / p_0 \cong 0,53$.

IV.2.2. Efusor Convergente-Divergente: Tobera Laval

Considérese un experimento similar al de la sección anterior excepto que ahora se utiliza una tobera convergente-divergente [Fig. IV.2.2(a)].

Cuando p_B es apenas menor que p_0, el flujo es similar al que se produciría en un tubo *venturi*, y por lo tanto puede ser tratado como incompresible. Las distribuciones de presiones correspondientes se muestran por las curvas I y II de la Fig. IV.2.2(b).

Si p_B / p_0 tiene el valor correspondiente de la curva III, el número de Mach en la garganta es unitario y no es posible modificar el valor de p_g / p_0 (siendo p_g el valor de la presión en la garganta) aún cuando se continúe disminuyendo el valor de p_B / p_0. En este caso la garganta pasa a ser un área crítica del conducto $A_g = A^*$ ya que $M_g = 1$.

Considérese luego que el flujo es supersónico en el divergente, que es el caso correspondiente a la curva IV. El valor p_B / p_0 corresponde exactamente a la relación de área de la tobera, es decir a A_s / A_g, dada por las relaciones y tablas isoentrópicas (en este caso $A_g = A^*$ puesto que $M_g = 1$). Tal valor de p_B / p_0 suele denominarse la relación de **presión de diseño** de la tobera.

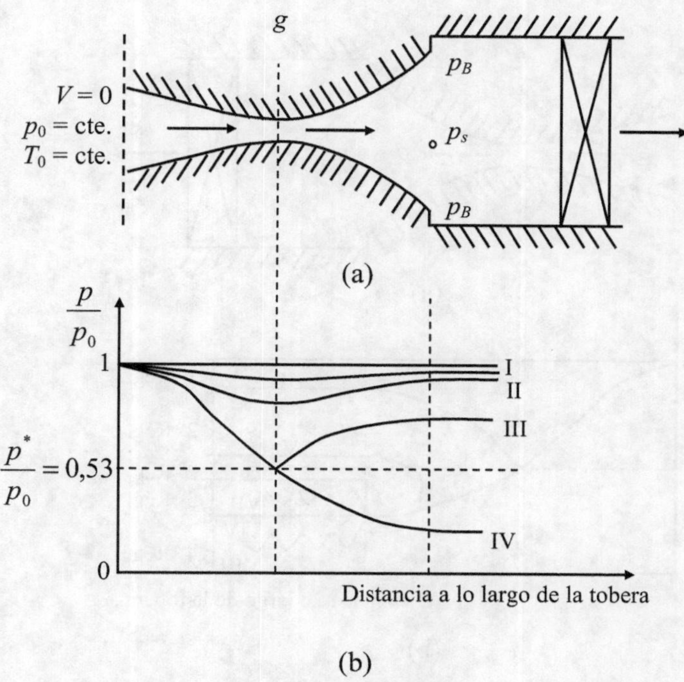

Fig IV.2.2 – Operación de una tobera convergente-divergente al variar la presión de salida.

Para valores de p_B / p_0 comprendidos entre aquellos correspondientes a las curvas III y IV no es posible encontrar soluciones isoentrópicas. Para hallar soluciones en dicho rango, es necesario suponer que dentro de la tobera se producen ondas de choque o discontinuidades irreversibles, las cuales invalidan las hipótesis de flujo isoentrópico a través de las mismas.

Considérese entonces en particular el régimen de funcionamiento para aquellos valores de p_B / p_0 comprendidos entre las curvas III y IV. Las características del flujo, admitiendo la posibilidad de onda de choque normal, son las que se ilustran en la Fig. IV.2.3.

Para la condición V el flujo es subsónico en el convergente y se hace supersónico en el divergente hasta que aparece una onda de choque, que por la hipótesis de flujo unidimensional debe necesariamente ser un choque normal o recto. Luego de dicha onda de choque el flujo es subsónico y tiene lugar una deceleración hasta que se alcanza la presión p_B impuesta en la cámara donde desemboca la tobera.

Si se disminuye p_B la onda de choque se desplaza hasta la sección de salida de la tobera. En el segundo régimen, la presión de salida p_s es virtualmente idéntica a la presión p_B. Por otra parte el caudal en el segundo régimen permanece constante y no se ve afectado por la presión corriente abajo. Cuando se establece la onda de choque en la sección de salida se tiene la condición VI de funcionamiento de la tobera Laval.

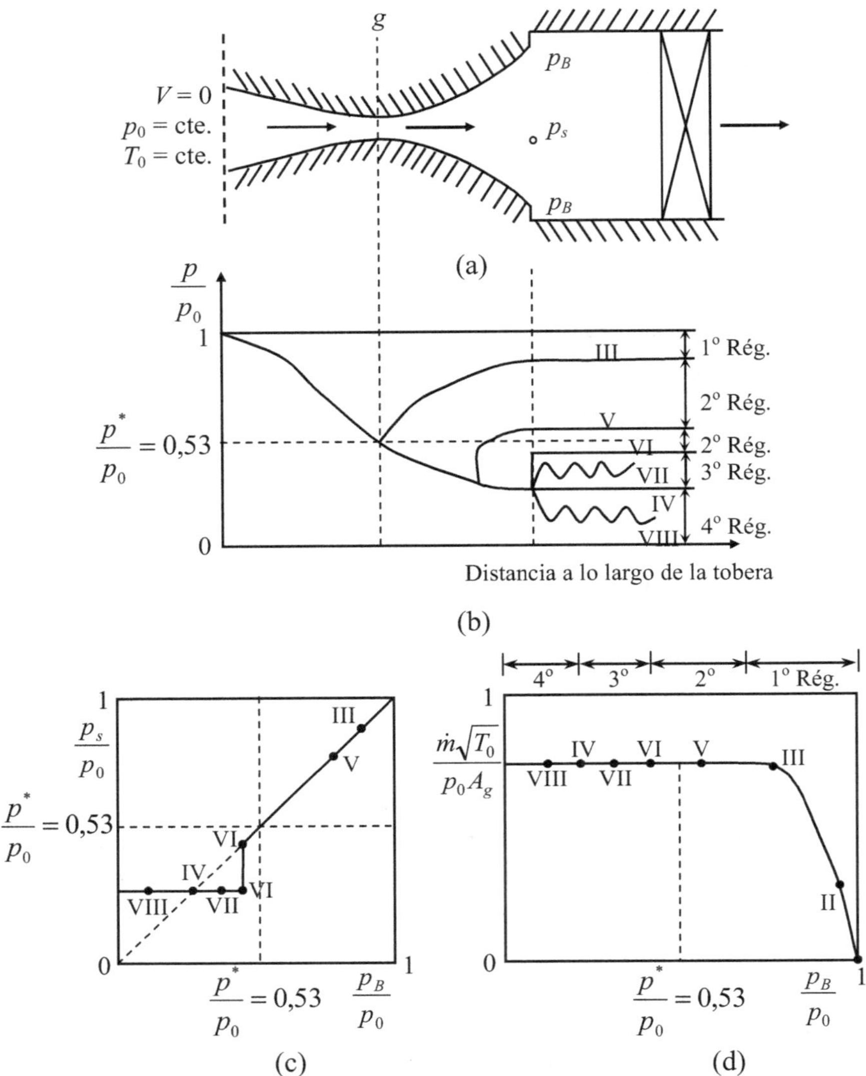

Fig. IV.2.3 – Operación de toberas convergente-divergente con onda de choque en el divergente.

Para una condición de funcionamiento como se indica con la curva VII, el flujo en el divergente de la tobera es enteramente supersónico, siendo la presión de salida p_s inferior a la presión p_B. La compresión que subsecuentemente debe ocurrir fuera de la tobera implica la existencia de **ondas de choque oblicuas**, las cuales no pueden ser tratadas con un formalismo unidimensional.

La condición IV, como ya se ha visto, corresponde a las características de diseño de la tobera. Si se disminuye p_B aún más del valor correspondiente a la condición IV, no se produce ningún efecto sobre el flujo en el interior de la tobera y se está en el régimen 4° de funcionamiento. En dicho régimen, la expansión desde la sección de salida a la presión p_B se produce fuera de la tobera mediante ondas, las cuales tampoco pueden ser estudiadas por un análisis unidimensional.

Téngase presente que, en los regímenes 3° y 4°, el flujo dentro de la tobera Laval es independiente de la presión p_B y satisface la ley de las áreas en cualquier sección de la misma. Todo ajuste de la presión de salida con la presión ambiente p_B se realiza fuera de la tobera.

Cuando el flujo es subsónico, existe un número infinito de distribuciones de presiones factibles de ser logradas a lo largo de la tobera. Pero cuando se alcanza el régimen supersónico en todo el divergente la distribución en la tobera es única. Esto dicho significa que <u>cuando el flujo es subsónico las presiones no dependen solamente de las relaciones de áreas, mientras que cuando es supersónico las presiones están determinadas únicamente por la distribución de áreas</u>.

Es importante notar que el caudal puede ser controlado por la presión de descarga p_B solo en el primer régimen de funcionamiento. Para los regímenes 2°, 3° y 4°, el caudal es independiente de la presión existente en el medio al cual descarga la tobera.

Los resultados experimentales en general concuerdan con el modelo de funcionamiento propuesto para la tobera Laval en los párrafos anteriores. La principal diferencia entre teoría y experimentos reside en el hecho de que la transición de supersónico a subsónico se produce en forma gradual a través de múltiples choques en lugar de un abrupto salto como correspondería a una única onda de choque normal en el divergente de la tobera. Esto se debe a la presencia de efectos viscosos influenciados fuertemente por gradientes de presión adversos (separación de la capa límite).

IV.2.3. Difusores Supersónicos

Los difusores son dispositivos que tienen por función desacelerar una corriente desde altas velocidades a bajas velocidades haciendo que durante este proceso la presión estática del flujo que circula por su interior se incremente considerablemente. Por esta razón resultan útiles para el diseño de compresores, túneles de viento, tomas de aire, etc. Los difusores supersónicos presentan ciertas particularidades que los diferencian de los difusores subsónicos por lo que requieren un estudio más detallado para entender su funcionamiento.

En primera instancia puede pensarse que se trata de un dispositivo similar a una tobera convergente-divergente ya que su geometría resulta parecida pero esto no es así por dos razones fundamentales.

En primer lugar debido a los efectos que se manifiestan por el desarrollo de la capa límite sobre las paredes del conducto. En un difusor, los gradientes de presión son siempre adversos debido a que la velocidad disminuye a lo largo del mismo, por lo que se requiere especial cuidado en su diseño para evitar el desprendimiento del flujo. Por el contrario, en una tobera convergente-divergente el flujo en su interior se acelera de manera continua razón por la cual la posibilidad de desprendimiento del flujo por separación de la capa límite es muy poco probable. Para el caso en que se logre operar una tobera convergente-divergente como un difusor, su funcionamiento será posiblemente inestable produciéndose oscilaciones de la corriente por sucesivos desprendimientos del flujo. Por esta razón resultan inaceptables para aplicaciones prácticas de esta naturaleza.

En segundo lugar porque cuando se acelera un flujo desde la condición de reposo para alcanzar altas velocidades utilizando una tobera del tipo convergente-divergente se generará durante este proceso transitorio una onda de choque que deberá ser luego necesariamente absorbida por el difusor si se desea desacelerar nuevamente el flujo de manera eficiente hasta la condición subsónica. Los problemas de diseño provocados durante este proceso serán analizados seguidamente en dos aplicaciones prácticas: los difusores para túneles de viento y la toma de aire unidimensional para aviones a reacción.

IV.2.3.1. Difusores de túneles de viento supersónicos

Considérese el túnel supersónico mostrado en la Fig. IV.2.4, el cual se encuentra constituido por una tobera convergente-divergente utilizada para acelerar el flujo desde el reposo hasta la condición supersónica de diseño, una cámara de ensayos, que en condiciones operativas, se deberá encontrar libre de ondas de choque, un difusor que cumple la función de desacelerar el flujo hasta hacerlo nuevamente subsónico y un conducto con una válvula de salida que permitirá la descarga final a la atmósfera de forma controlada.

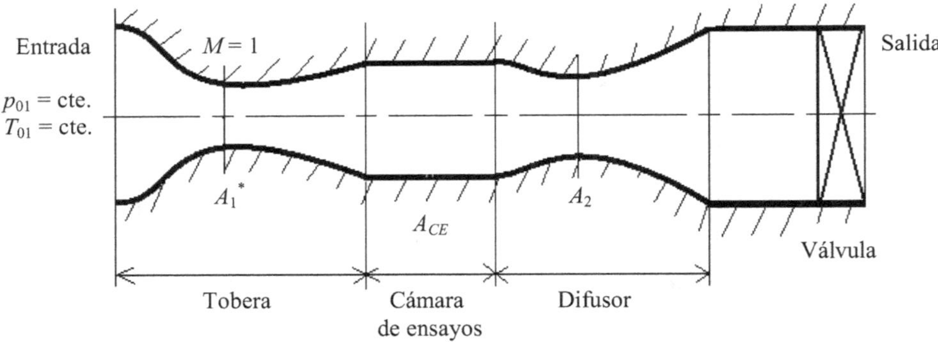

Fig. IV.2.4 – Túnel supersónico.

Para analizar su funcionamiento se asumirá que las condiciones a la entrada del túnel, es decir la presión y temperatura de estancamiento, se mantendrán constantes durante todo el proceso que además será considerado adiabático.

Cuando se abre la válvula de salida, se conecta el túnel a un ambiente de baja presión estableciéndose una corriente dentro del mismo. Si la presión de descarga no resulta ser lo suficientemente baja se formará una onda de choque en la parte divergente de la tobera tal como ya se analizó en la Sección IV.2.2.

En esta condición, el caudal que pasa por la garganta de la tobera de sección A_1^* resultará máximo dado que el Mach en este punto es igual a uno y estará dado por la relación:

$$\frac{\dot{m}\sqrt{T_0}}{p_{01}A_1^*} = \text{constante} \tag{IV.2.1}$$

Puesto que $M = 1$ en la garganta A_1^*.

Por condición de continuidad, el mismo caudal m que pasa por la garganta de la tobera deberá pasar también por la sección mínima del difusor. Ahora bien, dado que como ya se explicó, existe una onda de choque dentro del túnel, se producirá una perdida de presión de estancamiento a través de la misma que será tanto mayor cuanto más elevado sea el número de Mach al cual se produce. Por esta causa la condición más desfavorable durante el período transitorio de arranque del túnel se producirá cuando la onda de choque se posicione dentro de la cámara de ensayos donde la velocidad del flujo será máxima (Fig. IV.2.5). En estas condiciones, el caudal máximo que puede pasar por la sección más pequeña del difusor A_2 se consigue cuando se alcanza $M = 1$ en este punto, es decir que $A_2 = A_2^*$. En esta circunstancia el área mínima del difusor se comporta como una segunda garganta A_2^* con respecto a la primera garganta A_1^* ubicada en la tobera.

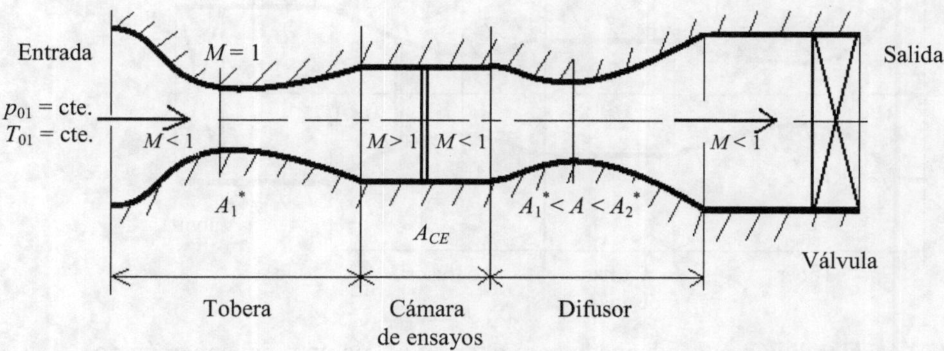

Fig. IV.2.5 - Condición más desfavorable para el arranque de un túnel supersónico.

Se cumple entonces que:

$$\frac{\dot{m}\sqrt{T_0}}{p_{02}A_2^*} = \frac{\dot{m}\sqrt{T_0}}{p_{01}A_1^*} \tag{IV.2.2}$$

De donde de desprende que:

$$\frac{A_2^*}{A_1^*} = \frac{p_{01}}{p_{02}} \tag{IV.2.3}$$

Siendo p_{01}/p_{02} la relación de presiones de estancamiento para una onda de choque posicionada en la cámara de ensayos. La contracción máxima A_2^*/A_{CE} para el difusor estará dada entonces por la siguiente expresión:

$$\frac{A_2^*}{A_{CE}} = \frac{A_2^*}{A_1^*}\frac{A_1^*}{A_{CE}} = \frac{A_1^*}{A_{CE}}\frac{p_{01}}{p_{02}} \tag{IV.2.4}$$

La relación A_1^*/A_{CE}, siendo A_{CE} el área de la cámara de ensayos, está dada por la fórmula isoentrópica ya vista (ec. IV.1.18). La relación p_{01}/p_{02}, también en términos de M_{CE} está dada por las fórmulas del choque recto. Se deduce entonces que A_2^*/A_{CE} dependerá solamente del número de Mach de diseño de la cámara de ensayos M_{CE}.

Cuando se cumple la relación IV.2.4, el área A_2 tendrá la dimensión adecuada para permitir que la onda de choque sea absorbida por la parte convergente del difusor para estabilizarse en la parte divergente del mismo (Fig. IV.2.6).

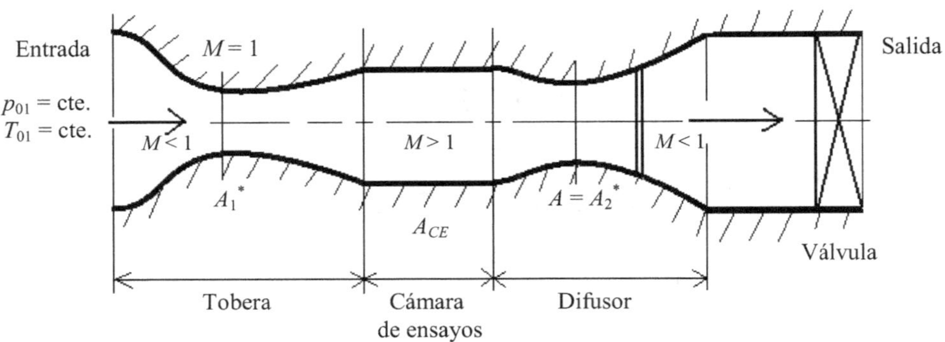

Fig. IV.2.6 - Condición más adecuada para el arranque de un túnel supersónico.

En esta zona la onda será estable porque una pequeña reducción de la pérdida de presión de estancamiento por disminución de la velocidad de la corriente a lo largo del conducto provocará que la onda de choque se desplace hacia la salida donde aumentará el área, incrementándose el número de Mach y en consecuencia aumentando también la pérdida, restableciéndose así el equilibrio en el conducto para la nueva posición de la onda. En esta condición de funcionamiento, la cámara de ensayos se encontrará libre de ondas de choque pero el proceso dentro del túnel no podrá ser considerado isoentrópico debido a la pérdida de presión de estancamiento que se produce a través de la onda de choque. Para lograr minimizar esta pérdida será necesario regular la presión de descarga de forma tal de que la onda de choque se desplace hacia la garganta del difusor, tal como se muestra en la Fig.IV.2.7 ya que el mach de la corriente resultará menor mientras más se acerque la onda a este punto.

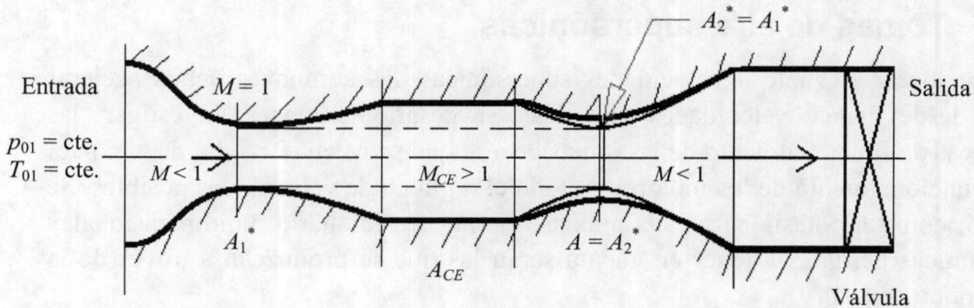

Fig.IV.2.7 - Onda de choque posicionada en la garganta del difusor.

Si además, una vez que la onda de choque ha sido posicionada en la garganta A_2^* del difusor, la misma pudiera contraerse al valor de la garganta A_1^* de la tobera, tanto el Mach por delante de la onda como por detrás de la misma serían igual a uno. La onda de choque se habrá convertido entonces en una onda sónica y por lo tanto no existirá variación de la presión de estancamiento del flujo que la atraviesa alcanzándose de esta forma la condición operativa óptima del túnel.

Si el área mínima del difusor fuera más pequeña que la requerida por la ec. IV.2.4 se formaría una onda de choque en el divergente de la tobera y en toda la cámara de ensayos se establecería un flujo subsónico. <u>Se dice en este caso que el túnel no arranca</u>.

Si por otra parte A_2 fuera menor que A_1^*, el flujo será subsónico en todo el sistema, excepto posiblemente detrás de la garganta del difusor si la presión de descarga así lo permitiera. Esto se debe a que las pérdidas de presión de estancamiento se reducen por producirse el choque a un número de Mach inferior al Mach de la cámara de ensayos. Por lo tanto la presión requerida a la salida estará determinada por las condiciones en el arranque y no por las condiciones operativas.

Cuando el número de Mach de diseño del túnel es suficientemente bajo ($M_{CE} < 1,5$) no se justificará un difusor de geometría convergente-divergente puesto que las pérdidas a través de un choque recto para ese rango de número de Mach son muy pequeñas.

En la práctica se fijan las condiciones operativas de manera tal que la onda de choque se ubique ligeramente por detrás de la sección mínima del difusor. Esto se hace por razones de estabilidad de la onda de choque. Es importante destacar además que, para garantizar el arranque del túnel con un difusor de geometría fija, la sección mínima del difusor debe hacerse un poco mayor que la establecida por la ec. IV.2.4, debido a que en la deducción de esta fórmula no se tuvieron en cuenta efectos de fricción ni tampoco desviaciones de la hipótesis de unidimensionalidad del flujo supuesta en todo el análisis teórico.

IV.2.3.2. Tomas de aire supersónicas

Para lograr el vuelo a velocidades supersónicas, las aeronaves deben acelerar partiendo desde bajas velocidades. Se hace necesario entonces investigar las características de funcionamiento de las tomas de aire que proveen el caudal de aire para el normal funcionamiento de los motores en todo el régimen de velocidades posibles. Se considerará, como hipótesis para este análisis, el flujo estacionario, unidimensional y donde las únicas pérdidas a tener en cuenta serán las que se produzcan a través de la onda de choque normal.

El estudio de las tomas de aire puede realizarse asimilando los conceptos aplicados para el análisis de funcionamiento de un túnel supersónico.

La Fig. IV.2.8 muestra una toma de aire supersónica convergente-divergente que posee un área de entrada A y un área mínima A_2. El Mach de vuelo puede ser considerado para este estudio como el Mach de la cámara de ensayos de un túnel supersónico que se alcanza por medio de una tobera ficticia cuya sección de garganta será A_1^*. Cuando el avión se desplaza a bajas velocidades no existen fenómenos de compresibilidad apreciables y por lo tanto la toma de aire se encontrará libre de ondas de choque a la entrada. En esta condición, todo el caudal de aire que atraviesa la sección transversal A del difusor ingresará al motor pasando por la sección transversal A_2.

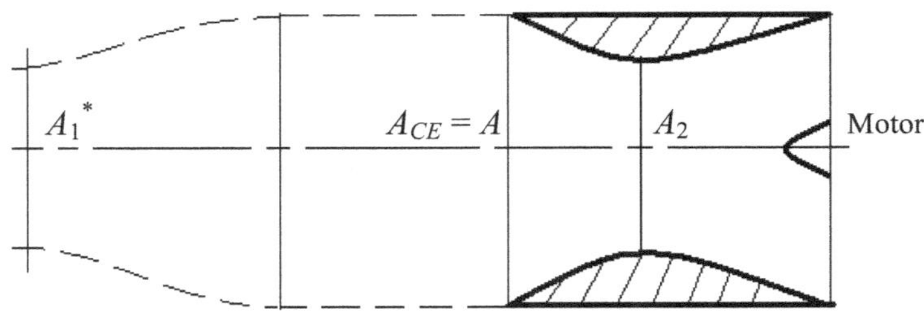

Fig. IV.2.8 - Toma de aire supersónica unidimensional convergente-divergente.

A medida que la aeronave va incrementado su velocidad los efectos de compresibilidad comienzan a hacerse apreciables hasta el punto de generarse una onda de choque por delante de la toma de aire tal como se muestra en la Fig. IV.2.9(a).

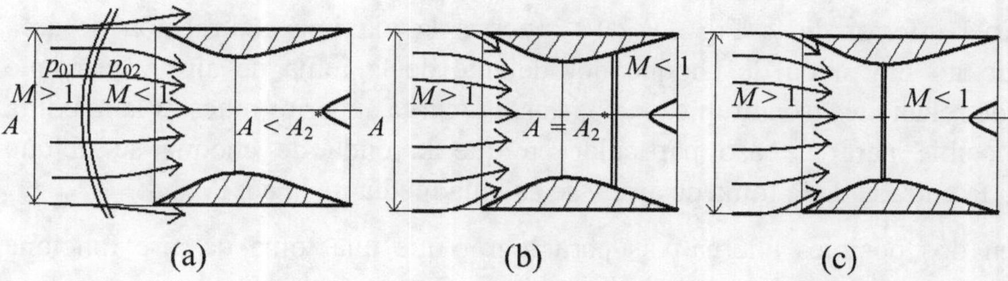

Fig. IV.2.9 - Posiciones posibles para la onda de choque según las distintas condiciones operativas. (a) Onda de choque afuera: caudal reducido; (b) Onda de choque tragada: caudal máximo; (c) Caudal máximo y onda de choque en la garganta: mínima pérdida de p_0.

La onda de choque posicionada por delante de la toma de aire provoca dos efectos que perjudican el normal funcionamiento de la misma. En primera instancia distorsiona el flujo provocando un derrame en torno a la sección de entrada que diminuye el caudal de aire que ingresa al difusor. Este fenómeno se conoce con el nombre de *spillage*. En segundo la onda de choque provocará una caída de la presión de estancamiento que será más grande cuanto mayor sea el número de Mach que la origina.

Para lograr que la toma de aire trabaje correctamente son necesarios dos requisitos. En primer lugar que el caudal que ingresa sea el máximo posible, para lo cual es condición imprescindible que la onda de choque sea "tragada" por el difusor evitando de esta forma el derrame de flujo como se puede observar el la Fig. IV.2.9(b). En segundo lugar, que la pérdida de presión de estancamiento sea mínima o nula, para lo cual la onda de choque una vez absorbida deberá ser posicionada en la sección transversal mínima de la toma de aire como lo muestra la Fig. IV.2.9(c).

La onda de choque solo podrá ser absorbida si la relación A_2^* / A es la adecuada para el Mach de vuelo correspondiente. La Fig. IV.2.10 muestra como varía la relación de A^* / A en función del Mach de vuelo para dos situaciones diferentes.

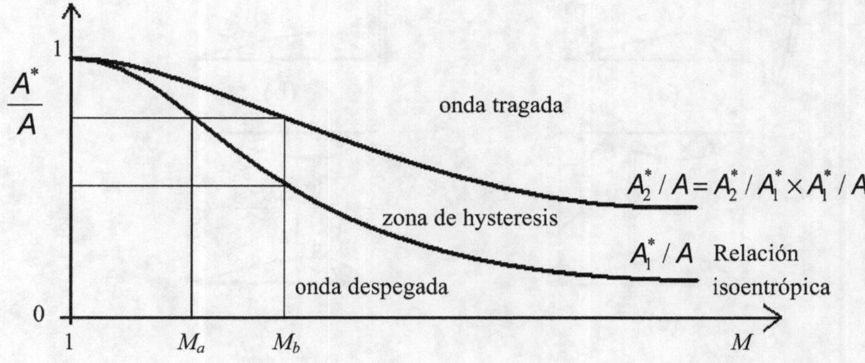

Fig. IV.2.10 - Variación de la relación de A^* / A en función del Mach de vuelo para dos situaciones diferentes.

La curva inferior de la Fig. IV.2.10 muestra la máxima contracción de área posible cuando no hay onda de choque por delante de la toma de aire y proviene directamente de relaciones isoentrópicas ya vistas. La curva superior muestra la máxima contracción posible para el caso particular en que la onda de choque se ubique exactamente a la entrada de la toma de aire y se calcula mediante la ec. IV.2.4.

Existen dos posibles alternativas para lograr que una toma de aire funcione correctamente tal como se explicará a continuación.

IV.2.3.3. Tomas de aire con geometría constante

Si se cuenta con una toma de aire de geometría constante (fija), el análisis para que la misma pueda operar eficientemente a un determinado Mach de vuelo M_d se realizará utilizando las Figs. IV.2.11 y IV.2.12.

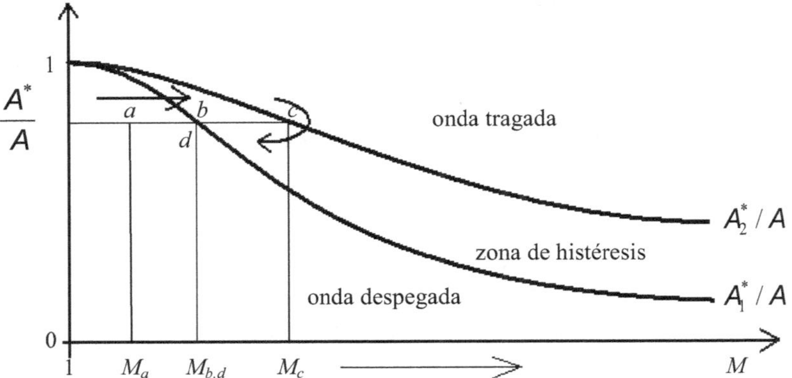

Fig. IV.2.11 – Relación de áreas vs Mach para una toma de aire de geometría fija

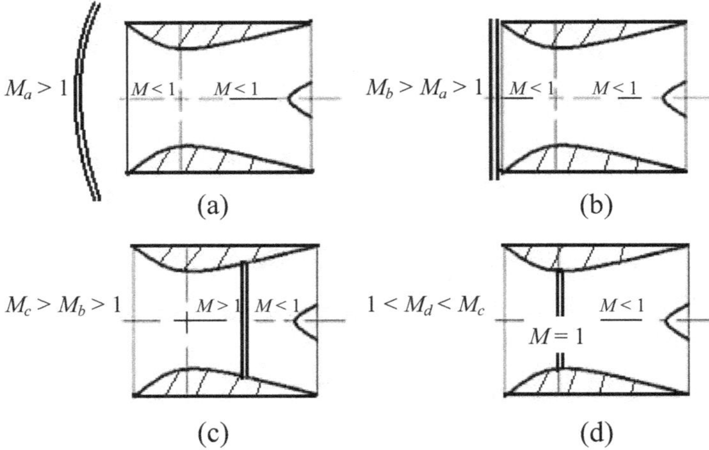

Fig. IV.2.12 – Posicionamiento de la onda de choque para una toma de aire de geometría fija en función del Mach de vuelo.

El punto *a* de la Fig. IV.2.11 muestra que el Mach de vuelo M_a es menor que el requerido para que la onda pueda ser absorbida y por lo tanto la misma permanecerá por delante de la toma de aire tal como se muestra en la Fig. IV.2.12(a). Cuando el Mach de vuelo es igual a M_b, la onda de choque se posicionará en la boca de entrada del difusor [Fig. IV.2.12(b)] correspondiendo al punto *b* de la Fig IV.2.11. Para que la onda pueda ser absorbida por la toma de aire y se posicione en el divergente de la misma, la velocidad deberá incrementarse hasta alcanzar el punto *c* indicado en la Fig. IV.2.11. La posición de equilibrio de la onda de choque en la zona divergente dependerá de cómo se adapta la toma de aire respecto de las características de funcionamiento del motor acoplado a la misma. En la Fig. IV.2.12(c) la posición de la onda de choque está muy retrasada provocando una pérdida de presión de estancamiento. En esta condición la toma de aire se encontrará funcionando en régimen de eficiencia "máxima".

Las tomas de aire de geometría fija poseen un efecto de histéresis. Efectivamente, para lograr que la onda se posicione en la garganta del difusor será necesario disminuir la velocidad hasta alcanzar el valor M_d correspondiente al punto *d* en la Fig. IV.2.11. Esta situación implica que la onda de choque no solo se habrá posicionado en la zona de mínima sección transversal tal como se muestra en la Fig. IV.2.12(d) si no que además su intensidad se habrá reducido hasta convertirse en una onda sónica, $M = 1$, anulándose de esta forma la pérdida de presión de estancamiento. En esta condición de funcionamiento la toma de aire se encontrará trabajando con eficiencia "óptima" (máximo caudal y mínima pérdida de presión de estancamiento).

IV.2.3.4. Tomas de aire con geometría variable

Las tomas de aire de geometría variable pueden funcionar en principio sin la formación de ondas de choque, pero en la práctica y por razones de estabilidad del flujo, es conveniente mantener la onda de choque en el divergente del difusor lo más cercano posible a la zona de garganta.

El funcionamiento de un difusor con geometría variable, diseñado para operar a un determinado Mach de vuelo M_d, se muestra esquemáticamente en las Fig. IV.2.13 y Fig. IV.2.14.

Si el Mach de vuelo M_a se encuentra por debajo de la condición de diseño tal como se muestra en el punto *a* correspondiente a la Fig. IV.2.13, la onda de choque se posicionará muy adelantada con respecto a la entrada de aire [Fig. IV.2.14(a)]. Cuando la aeronave alcance el Mach de vuelo M_b (punto *b* de la Fig. IV.2.13), la onda de choque se colocará exactamente por delante de la toma de aire tal como se puede apreciar en la Fig. IV.2.14(b). Para que la onda de choque pueda ser absorbida por el difusor la geometría deberá modificarse hasta que la relación área de garganta respecto al área de entrada A_2^* / A alcance el valor indicado en el punto *c* de la Fig.IV.2.13. Alcanzado este punto la onda se posicionará en el divergente de la toma de aire obteniéndose de esta manera la eficiencia máxima del difusor. Para lograr la eficiencia óptima será necesario modificar nuevamente la geometría de la toma hasta alcanzar la relación de áreas correspondiente al valor indicado en el punto *d* de la Fig. IV.2.13. En esta condición la onda se habrá posicionado en la zona de garganta reduciéndose a una onda sónica tal como se vio para el caso de la toma de aire de geometría fija.

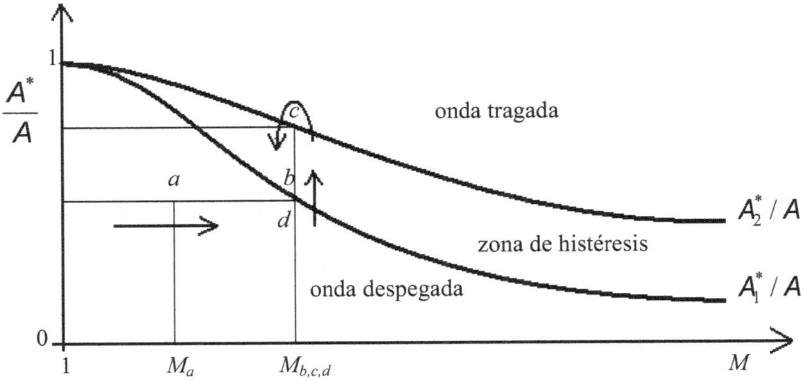

Fig. IV.2.13 - Relación de áreas vs Mach para una toma de aire de geometría variable.

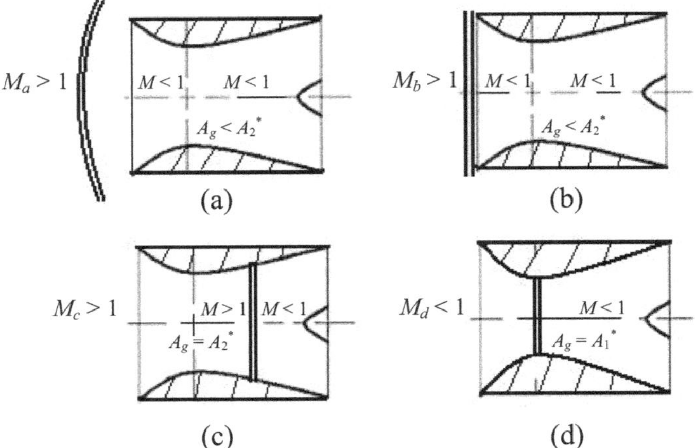

Fig. IV.2.14 - Posicionamiento de la onda de choque para una toma de aire de geometría variable en función del Mach de vuelo.

IV.3. EMPUJE PRODUCIDO POR UNA TOBERA

IV.3.1. Empuje producido por una Tobera Ideal

El empuje producido por la relación del fluido emergente de la tobera puede evaluarse mediante la ley de conservación de la cantidad de movimiento. Considérese una superficie de control que rodea a la tobera tal como se presenta en la Fig. IV.3.1. Las dos líneas verticales, una de las cuales incluye la sección de salida de la tobera, representan una parte de la superficie de control. El resto puede ser dibujado arbitrariamente.

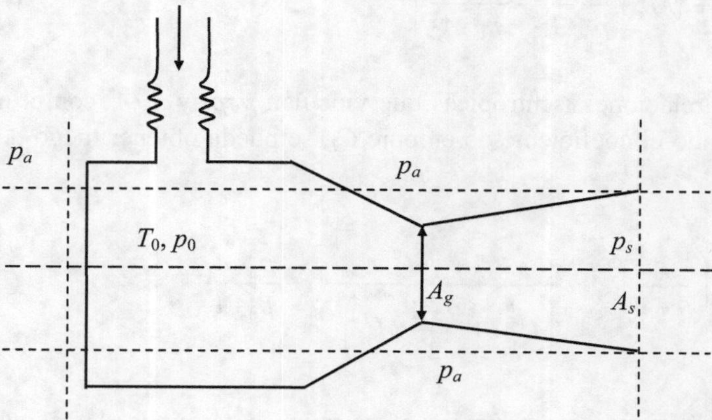

Fig. IV.3.1 – Esquema para evaluar el empuje de toberas.

Supóngase también que la tobera está alimentada de manera tal que el gas que ingresa a la misma no introduce ningún momento en la dirección axial. Esta hipótesis es particularmente aplicable en un motor cohete donde el gas es generado en la cámara de combustión. En la practica es muy difícil evitar que el gas que ingresa a la tobera posea una componente axial de la velocidad. No obstante, mediante esta hipótesis se puede distinguir el empuje producido solamente por la tobera del generado en otras componentes del sistema, los cuales deben ser evaluados por separado.

La aplicación de la ley de conservación de cantidad de movimiento permite obtener el empuje T_{ht} como:

$$T_{ht} = I_s + A_s(p_s - p_a) = F - p_a A_s \tag{IV.3.1}$$

donde p_a es la presión ambiente.

Si las condiciones ambientales son fijas, el empuje depende solamente de la función impulso F. Para una tobera correctamente expandida ($p_s = p_a$) el empuje es simplemente igual a la cantidad de movimiento de la sección final.

Las toberas operan con máximo caudal y poseen una relación de áreas A_s/A_g fija, a la cual corresponde un valor bien determinado de p_0/p_s. Para una velocidad de salida supersónica (p_a menor que la presión que posiciona la onda de choque a la salida de la tobera), p_s puede coincidir con p_a solamente para una condición operativa, de modo que para todas las otras la tobera estaría sobre-expandida. Obsérvese que cuando $M_s < 1$ (salida subsónica), la condición $p_s = p_a$ siempre se cumple, pero por lo general, este caso no tiene interés práctico.

Para el caso más general, el empuje se obtiene de la ec. IV.3.1 que puede escribirse de la forma:

$$T_{ht} = p_0 A^* \left[(1 + \gamma M_s^2) \frac{p_s}{p_0} \frac{A_s}{A^*} - \frac{p_a}{p_0} \frac{A_s}{A^*} \right]$$

(IV.3.2)

Utilizando las relaciones isentrópicas que vinculan p_s/p_0 y A_s/A^* con el número de Mach e introduciendo el coeficiente de empuje C_T, se puede obtener luego de cierta álgebra:

$$C_T = \frac{T_{ht}}{p_0 A^*} = \left(\frac{2}{\gamma+1} \right)^{\frac{\gamma+1}{2(\gamma-1)}} \frac{1 + \gamma M_s^2}{M_s \left(1 + \frac{\gamma-1}{2} M_s^2 \right)^{1/2}} - \frac{p_a}{p_0} \frac{A_s}{A^*}$$

(IV.3.3)

Puede resultar conveniente expresar el empuje en términos de la velocidad reducida w en lugar del número de Mach. Para ello es necesario expresar la función impulso y la relación de áreas A/A^* en función de w, lo cual se consigue mediante las siguientes expresiones (ec. III.3.9 a III.3.17):

$$F = p_0 A \left[\left(1 + \frac{\gamma+1}{\gamma-1} w^2 \right) \left(1 - w^2 \right)^{\frac{1}{\gamma-1}} \right]$$

(IV.3.4)

$$\frac{A}{A^*} = \sqrt{\frac{\gamma-1}{\gamma+1}} \left(\frac{2}{\gamma+1} \right)^{\frac{1}{\gamma-1}} \left[w \left(1 - w^2 \right)^{\frac{1}{\gamma-1}} \right]^{-1}$$

(IV.3.5)

Por lo tanto, el coeficiente de empuje para la tobera ideal estará dado por:

$$C_T = \left(\frac{2}{\gamma+1} \right)^{\frac{1}{\gamma-1}} \left(\frac{w_s}{w^*} + \frac{w^*}{w_s} \right) - \frac{p_a}{p_0} \frac{A_s}{A^*}$$

(IV.3.6)

C_T puede ser considerado una función de p_a/p_0 y $M_s(w_s)$, o de p_a/p_0 y A_s/A^*. Obsérvese que en la ec. IV.3.6 se ha utilizado el valor crítico de w dado por:

$$w^* = \sqrt{\frac{\gamma-1}{\gamma+1}} \qquad (M = 1)$$

Si se fija en valor de p_a/p_0, ambos términos de las ec. IV.3.3 y IV.3.6, y por lo tanto C_T, son mínimos cuando $M_s = 1$ o $w = w_s$, lo cual implica que la tobera es únicamente convergente. Este mínimo para C_{Tconv} es:

$$C_{Tconv} = 2\left(\frac{2}{\gamma+1}\right)^{\frac{1}{\gamma-1}} - \frac{p_a}{p_0} \tag{IV.3.7}$$

El valor máximo de C_T para un valor determinado de A_s/A^* se consigue cuando $p_a = 0$, es decir una expansión en el vacío. El máximo empuje en el vacío se obtiene para $A_s \to \infty$ ($w_s = 1$) y vale:

$$C_{T\max} = \frac{2\gamma}{\sqrt{\gamma^2 - 1}}\left(\frac{2}{\gamma+1}\right)^{\frac{1}{\gamma-1}} \tag{IV.3.8}$$

De la ec. IV.3.7 se deduce que el empuje mínimo que puede producir una tobera convergente corresponde al valor máximo de p_a compatible con el flujo sónico a la salida, es decir $p_a = (p^*)_{is}$. Dicho valor mínimo está dado por:

$$(C_{Tconv})_{\min} = \gamma\left(\frac{2}{\gamma+1}\right)^{\frac{\gamma}{\gamma-1}} \tag{IV.3.9}$$

Las ec. IV.3.8 y IV.3.9 son funciones únicamente de γ y están representadas en la Fig. IV.3.2. Es interesante observar que la ganancia en empuje que se consigue añadiendo un conducto divergente se incrementa abruptamente cuando disminuye γ.

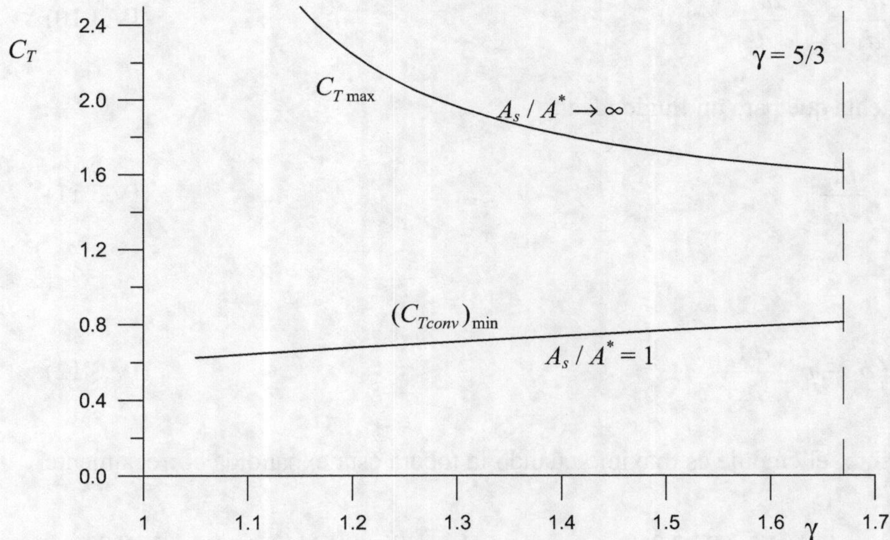

Fig. IV.3.2 – Máximo coeficiente de empuje para una tobera Laval ideal en el vacío y mínimo coeficiente de empuje para una tobera convergente ideal en función de γ.

En la Fig. IV.3.3 están representados los valores de C_T/C_{Tconv} como una función de p_a/p_0 y A_s/A^* para $\gamma = 1,2$. Cada curva $p_a/p_0 =$ constante representa la ganancia en empuje que es factible obtener cuando al convergente de una tobera se añade un divergente.

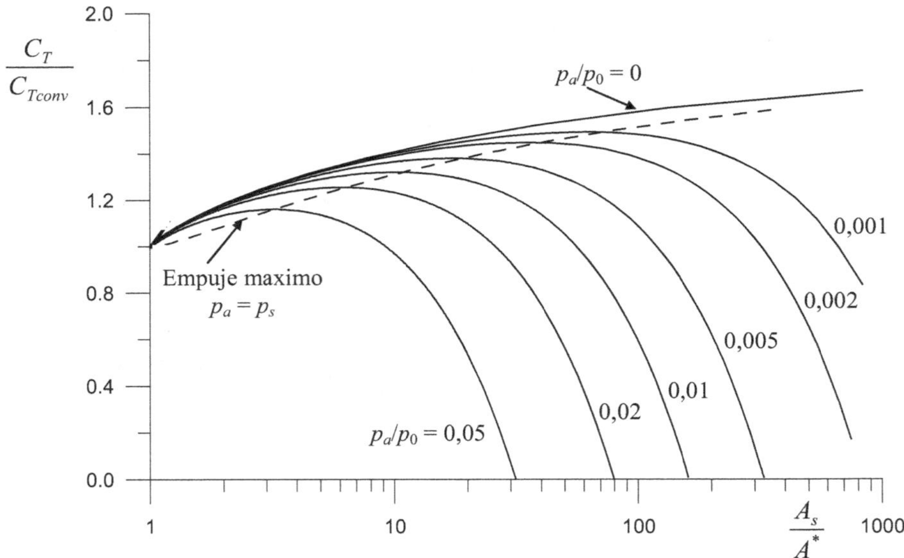

Fig. IV.3.3 – Empuje producido por una tobera Laval ideal ($\gamma = 1,2$).

La máxima ganancia puede obtenerse diferenciando la ec. IV.3.1 con respecto a la distancia axial y manteniendo p_a constante. Resulta:

$$\frac{dT_{ht}}{dx} = \frac{dF}{dx} - p_a \frac{dA_s}{dx} \tag{IV.3.10}$$

y teniendo en cuenta que para un fluido ideal:

$$\frac{dF}{dx} = p_s \frac{dA_s}{dx} \tag{IV.3.11}$$

se obtiene:

$$\frac{dT_{ht}}{dx} = (p_s - p_a) \frac{dA_s}{dx} \tag{IV.3.12}$$

Por lo tanto, el empuje es máximo cuando la tobera está expandida correctamente, es decir $p_s = p_a$.

Las curvas de la Fig. IV.3.3 fueron calculadas utilizando las ec. IV.3.5, IV.3.6 y IV.3.7, y son aplicables mientras la presión que se alcance corriente abajo del choque localizado a la salida del divergente sea mayor o igual que la presión ambiente. Es posible también, calcular el empuje cuando el choque se posiciona dentro de la tobera, utilizando por supuesto otras relaciones que pueden obtenerse de la discusión efectuada sobre la operación de tobera Laval. Pero, por ser estos casos de menor interés práctico, no han sido incorporados en el gráfico de la Fig. IV.3.3.

IV.3.2. Flujo de un Fluido Real en Efusores

Si en una tobera, el cálculo de las características del flujo de un fluido real se efectúa como si fuera unidimensional e isoentrópico y a los resultados obtenidos se les aplican ciertos factores de corrección, pueden conseguirse valores muy próximos a los reales.

Estas correcciones, necesarias cuando se producen desviaciones de las hipótesis que permiten considerar al flujo unidimensional, pueden en principio, ser obtenidas teóricamente mediante procedimientos que generalmente exceden los alcances del simple análisis unidimensional. Sin embargo, la influencia de la fricción con las paredes todavía puede ser estimada mediante una aproximación unidimensional. Puesto que los efectos friccionales se manifiestan en la capa límite adyacente a la pared de la tobera, y el flujo fuera de ella es esencialmente isoentrópico, dichos efectos pueden ser ponderados manteniendo la hipótesis de flujo unidimensional siempre que se elijan valores medios apropiados para los parámetros del flujo.

Por supuesto que la aproximación unidimensional no será suficiente cuando se requiere conocer el flujo con gran detalle. Caso típico, el de las toberas de los túneles de viento, donde el flujo en la cámara de ensayos debe satisfacer notables exigencias de uniformidad. Pero en otros casos, donde los detalles del flujo no tienen importancia primordial, los cálculos basados en la aproximación unidimensional pueden ser suficientes. Por otra parte, las correcciones correspondientes siempre pueden basarse en coeficientes empíricos independientemente del modelo de cálculo. En lo que sigue, serán discutidos las de mayor importancia.

IV.3.2.1. Coeficientes de corrección y eficiencias aplicables a efusores

Las magnitudes más importantes para la evaluación de efusores son el caudal másico, la cantidad de movimiento axial y la componente axial de la velocidad en la sección de salida. Si en una tobera real, se comparan los valores de esas magnitudes con los obtenidos en una expansión isoentrópica desde la presión de estancamiento p_0 hasta la presión de salida p_s, se pueden definir los coeficientes siguientes.

El coeficiente de descarga:

$$C_m = \frac{\dot{m}}{(\dot{m})_{is}} \qquad C_m < 1 \tag{IV.3.13}$$

que por lo general depende de la forma y tamaño de la tobera, del estado de las paredes (rugosidad), de la naturaleza y condición del gas. Cuando se alcanzan las condiciones críticas de funcionamiento, el coeficiente de descarga es independiente del flujo corriente debajo de la garganta y está afectado solamente por lo que ocurre en la porción convergente de la tobera.

C_m es afectado por la fricción en función de la capa límite que se forma en el convergente de la tobera. A partir de principios generales de la teoría de la capa límite, se obtienen los siguientes indicadores cualitativos respecto de los efectos friccionales sobre C_m. Para toberas geométricamente similares, C_m se incrementa con el tamaño de la tobera y la densidad del gas y disminuye con la viscosidad. Si el diámetro de la garganta es fijo, C_m disminuye si se aumenta la longitud del convergente.

Estos efectos friccionales deben combinarse con efectos no viscosos debido a que la velocidad y la densidad no están uniformemente distribuidas en la garganta. Si el radio de curvatura de la garganta (r_g) es grande, la falta de uniformidad es pequeña y se incrementa cuando r_g disminuye debido a que el gradiente de presión transversal necesario para equilibrar la fuerza centrífuga es mayor. Por lo tanto, si el diámetro de la garganta es fijo, cuando se disminuye r_g tiende a reducirse C_m. Es claro entonces que, si r_g es demasiado grande, se incrementan los efectos friccionales y, si es demasiado pequeño, se intensifica la carencia de uniformidad en el flujo. En consecuencia es de esperar que con un valor apropiado de r_g se pueda obtener un máximo de C_m.

Para grandes toberas y densidades altas, el valor de C_m es muy próximo a 1. Valores del orden de 0,99 son aceptables. Para toberas pequeñas, que operan con densidades bajas o poseen ejes curvos, C_m puede llegar a ser considerablemente menor que la unidad.

Otro parámetro utilizado con frecuencia para caracterizar el máximo caudal másico de un motor cohete es la velocidad característica c^* definida por:

$$c^* = \frac{p_0 A_g}{\dot{m}_{max}} = \frac{p_0 A_g}{C_m \left(\dot{m}_{max}\right)_{is}} = \frac{\sqrt{\Re T_0}}{C_m X(\gamma)} \qquad \left[\frac{m}{s}\right] \qquad \text{(IV.3.14)}$$

utilizando la ec. I.3.28 y con $X(\gamma)$ dado por:

$$X(\gamma) = \sqrt{\gamma \left(\frac{2}{\gamma+1}\right)^{\frac{\gamma+1}{\gamma-1}}} \qquad \text{(IV.3.15)}$$

y con $\dot{m}_{max} \equiv \left[\dfrac{Kg}{s}\right]$; $p_0 \equiv \left[\dfrac{N}{m^2}\right]$; $A_g \equiv \left[m^2\right]$; $T_0 \equiv [K]$.

La velocidad característica c^* es una cantidad experimental que refleja el valor que ha adquirido la temperatura del gas antes de su expansión por la tobera, y por lo tanto es indicativa de la eficiencia del proceso que tiene lugar en la cámara de combustión. Pero por otra parte, un valor de c^* inferior al teórico no es únicamente el resultado de una combustión incompleta en la cámara de combustión (menor T_0) sino también del hecho que el proceso químico continúa en la tobera misma. Aún cuando en la cámara de combustión se alcance el estado de equilibrio termodinámico (esto es la condición de máximo calor liberado por las reacciones químicas), durante la expansión en la tobera puede tener lugar una recombinación de especies disociadas produciendo un efecto neto exotérmico. Cuando esto ocurre, la última expresión de la ec. 3.14 no es correcta, y un T_0 calculado sobre la base de un valor experimental de c^* seria erróneo.

Otro coeficiente importante es el **coeficiente de velocidad**, definido como:

$$C_V = \frac{V_s}{(V_s)_{is}}$$

(IV.3.16)

Por supuesto que la comparación entre la velocidad final V_s en la tobera real y la isoentrópica debe realizarse para la misma relación de expansión. Aquí se usa la velocidad total V en lugar de su componente axial porque se desean incluir casos en que el ángulo θ, que hace el vector velocidad con el eje de la tobera, es tal que la hipótesis $\cos\theta = 1$ no es compatible con la exactitud requerida para los cálculos. Tal podría ser el caso, por ejemplo, de una tobera Laval cónica (Fig. IV.3.4).

Suficientemente lejos de la garganta, se puede suponer que las líneas de corriente son rectas divergentes desde el vértice de un cono y que las velocidades V son normales a casquetes esféricos con centro en ese vértice. Integrando el área elemental $2\pi R^2 \sin\theta d\theta$ sobre la totalidad del área del casquete esférico de radio R y suponiendo que la velocidad y la densidad son uniformes e iguales a V_s y ρ_s, se encuentra para el caudal másico que atraviesa la superficie:

$$\dot{m}_{max} = \int_0^{\theta_c} \rho_s V_s 2\pi R^2 \sin\theta d\theta = \rho_s V_s 2\pi R^2 (1 - \cos\theta_c)$$

(IV.3.17)

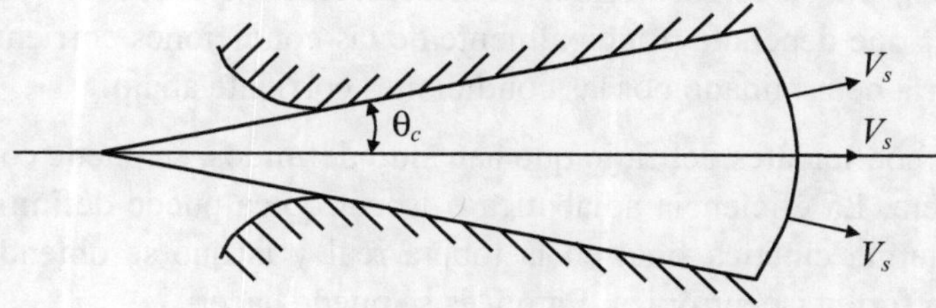

Fig. IV.3.4 – Corrección por conicidad.

y para la componente axial de la cantidad de movimiento:

$$I_s = \int_0^{\theta_c} V_s \cos\theta d\dot{m}_{max} = \rho_s V_s^2 \pi R^2 (1 - \cos^2\theta_c)$$

(IV.3.18)

donde θ_c representa la semiapertura del cono.

El valor medio de la componente axial en la sección de salida de la tobera puede calcularse como:

$$u_s = \overline{V}_s = \frac{I_s}{\dot{m}_{max}} = V_s \frac{1 + \cos\theta_c}{2}$$

Se define ahora un **coeficiente de conicidad** tal que:

$$C_c = \frac{1 + \cos\theta_c}{2} \cong 1 - \frac{1}{4}\,\text{sen}^2\,\theta_c \qquad\qquad \text{(IV.3.19)}$$

el cual, luego de ser introducido en la ec. IV.3.16 permite obtener para la velocidad media:

$$u_s = \overline{V}_s = (u_s)_{is}\, C_c C_V \qquad\qquad \text{(IV.3.20)}$$

Con ayuda de la ec. IV.3.13 se encuentra que:

$$I_s = (u_s)_{is}(\dot{m}_{max})_{is}\, C_m C_c C_V = (I_s)_{is}\, C_m C_c C_V \qquad\qquad \text{(IV.3.21)}$$

En toberas cónicas de uso corriente, el ángulo de semiapertura es menor que $20°$, al cual corresponde $C_c = 0{,}97$. Para valores de θ_c menores, C_c se aproxima al valor unitario muy rápidamente. Únicamente cuando $C_c = 1$ el flujo es estrictamente unidimensional.

El valor de C_V es también muy próximo a la unidad. Puede llegar a valer $0{,}99$ para toberas relativamente grandes y de eje rectilíneo. Sin embargo, para toberas pequeñas y ejes curvos, puede tomar valores considerablemente menores. Obsérvese que, a diferencia de C_m que dependía principalmente de las condiciones corriente arriba de la garganta, C_V estaría determinado por las condiciones corriente abajo.

Además de los coeficientes del flujo que han sido definidos, se puede considerar la eficiencia de la tobera. La eficiencia adiabática o isoentrópica puede definirse como la relación entre la energía cinética final en la tobera real y la que se obtendría si la expansión se realiza en forma isoentrópica. Entonces se puede hacer:

$$\eta_{ad} = \frac{V_s^2}{(V_s)_{is}^2} = C_V^2 \qquad\qquad \text{(IV.3.22)}$$

que coincide con el cuadrado del coeficiente de velocidad.

También se puede hacer (Fig. IV.3.5):

$$\eta_{ad} = \frac{h_0 - h_s}{h_0 - (h_s)_{is}} = \frac{T_0 - T_s}{T_0 - (T_s)_{is}} = \frac{1 - \dfrac{T_s}{T_0}}{1 - \left(\dfrac{p_s}{p_0}\right)^{\frac{\gamma-1}{\gamma}}} \tag{IV.3.23}$$

con los dos últimos pasos aplicables únicamente a un gas perfecto.

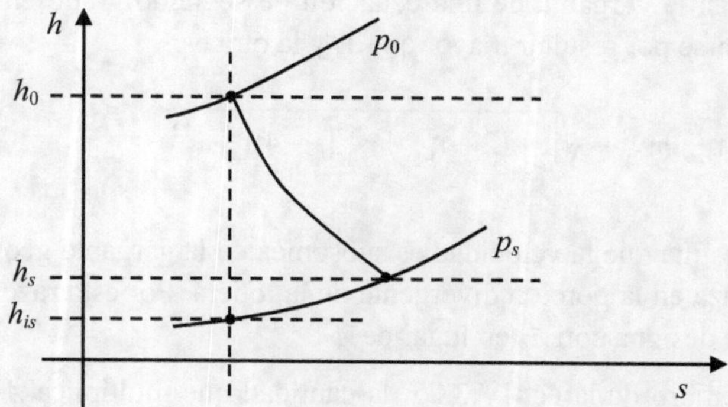

Fig. IV.3.5 – Definición de eficiencia de una tobera.

Esta definición de la eficiencia puede ser utilizada en cualquier punto intermedio de la expansión si se supone que las pérdidas se distribuyen de manera tal que el valor de η_{ad} es el mismo cuando se reemplazan p_s y T_s por p y T. Explicitando p/p_0 se puede obtener:

$$\frac{p}{p_0} = \left[1 - \frac{1}{\eta_{ad}}\left(1 - \frac{1}{1 + \dfrac{\gamma-1}{2}M^2}\right)\right]^{\frac{\gamma}{\gamma-1}} = \left(1 - \frac{w^2}{\eta_{ad}}\right)^{\frac{\gamma}{\gamma-1}} \tag{IV.3.24}$$

donde se ha hecho uso de la relación que vincula el numero de Mach con la velocidad reducida w. Se tratará en lo que sigue, de expresar los coeficientes de descarga y de velocidad definidos mediante las ec. IV.3.13 y IV.3.16, respectivamente, en términos de la eficiencia adiabática η_{ad}. Para facilitar el desarrollo de los cálculos es conveniente utilizar la velocidad reducida w en lugar del numero de Mach.

Reemplazando el valor de p dado por la ec. IV.3.24 en la ec. III.3.15, se obtiene:

$$\frac{Aw}{1 - w^2}\left(1 - \frac{w^2}{\eta_{ad}}\right)^{\frac{\gamma}{\gamma-1}} = \sqrt{\frac{\gamma-1}{2\gamma}}\,\dot{m}\,\frac{\sqrt{\Re T_0}}{p_0} \tag{IV.3.25}$$

la cual coincide con la ecuación de continuidad de la tobera ideal si $\eta_{ad} = 1$. El segundo miembro de esta expresión es constante, por lo tanto, diferenciando logarítmicamente el primer miembro se obtiene:

$$\frac{dA}{A} + \left(\frac{1+w^2}{1-w^2} - \frac{\gamma}{\gamma-1} \frac{2w^2}{\eta_{ad} - w^2} \right) \frac{dw}{w} = 0 \qquad \text{(IV.3.26)}$$

En la garganta, $dA = 0$, luego la cantidad en paréntesis debe ser cero. Se puede obtener la velocidad w_g en la garganta de una ecuación de segundo grado en w_g, una de cuyas raíces debe desecharse por resultar mayor que 1, y la otra es:

$$w_g^2 = \frac{1}{2}\left\{ 1 + (2 - \eta_{ad})w^{*2} - \sqrt{\left[1 + (2 - \eta_{ad})w^{*2}\right]^2 - 4\eta_{ad}w^{*2}} \right\} \qquad \text{(IV.3.27)}$$

Como $w_g < w^*$, resulta que la velocidad es subsónica en la garganta geométrica y la velocidad sónica se alcanza en la porción divergente de la tobera. Por esta razón al área de la garganta geométrica se designa con A_g en lugar de A^*.

En el primer miembro de la ec. IV.3.25, la cantidad que multiplica A es máxima cuando $w = w_g$. Por lo tanto se puede obtener C_m si para un valor dado del área de la garganta A_g se calcula el caudal máximo utilizando esa ecuación y se compara con el valor máximo correspondiente al caso isoentrópico.

Si se desarrolla la ec. IV.3.27 en potencias de $(1 - \eta_{ad})$ se puede obtener:

$$w_g^2 = w^{*2}\left\{ 1 - \gamma(1 - \eta_{ad}) + O\!\left[(1 - \eta_{ad})^2\right] \right\} \qquad \text{(IV.3.28)}$$

También se tiene:

$$\frac{1}{1 - w_{th}^2}\left(1 - \frac{w_{th}^2}{\eta_{ad}} \right)^{\frac{\gamma}{\gamma-1}} = \left(1 - w^{*2}\right)^{\frac{1}{\gamma-1}}\left\{ 1 + O\!\left[(1 - \eta_{ad})^2\right] \right\} \qquad \text{(IV.3.29)}$$

Si η_{ad} es tan próximo a uno que términos de orden $(1 - \eta_{ad})^2$ pueden despreciarse, la densidad en la garganta coincide con el valor crítico relativo al flujo isoentrópico. En efecto:

$$\frac{\rho^*}{\rho_0} = \left(1 - \frac{w^{*2}}{\eta_{ad}} \right)^{\frac{1}{\gamma-1}} \cong \left(1 - w^{*2}\right)^{\frac{1}{\gamma-1}}$$

La ec. IV.3.25 para la garganta A_g se puede escribir:

$$\frac{A_g w_g}{1 - w_g^2}\left(1 - \frac{w_g^2}{\eta_{ad}}\right)^{\frac{\gamma}{\gamma-1}} = \sqrt{\frac{\gamma-1}{2\gamma}}\,\dot{m}\,\frac{\sqrt{\Re T_0}}{p_0}$$

y teniendo en cuenta la ec. IV.3.29 resulta:

$$A_g w_g \frac{\rho^*}{\rho_0}\sqrt{\frac{2\gamma}{\gamma-1}} = \dot{m}\frac{\sqrt{\Re T_0}}{p_0}$$

Como $V_g = \sqrt{\Re T_0}\left[\sqrt{\dfrac{2\gamma}{\gamma-1}}\,w_g\right]$ por definición de la velocidad reducida, se consigue que:

$$A_g V_g \frac{\rho^*}{\rho_0}\frac{1}{\sqrt{\Re T_0}} = \dot{m}\frac{\sqrt{\Re T_0}}{p_0}$$

y finalmente:

$$A_g V_g \rho^* = \dot{m}\frac{\rho_0}{p_0}\Re T_0 = \dot{m}$$

luego de tener en cuenta la ecuación de estado.

Para el coeficiente de descarga se obtiene ahora:

$$C_m = \frac{\dot{m}}{(\dot{m})_{is}} = \frac{\rho^* A_g V_g}{\rho^* A_g (u^*)_{is}} = \frac{V_g}{(u^*)_{is}} = \frac{w_g}{w^*} \tag{IV.3.30}$$

o sea:

$$C_m = \left[1 - \gamma(1 - \eta_{ad})\right]^{1/2} \cong 1 - \frac{\gamma}{2}(1 - \eta_{ad}) \tag{IV.3.31}$$

Con la misma aproximación, el coeficiente de velocidad estará dado por:

$$C_V = \sqrt{\eta_{ad}} = 1 - \frac{1}{2}(1 - \eta_{ad}) \tag{IV.3.32}$$

(tener en cuenta que $\sqrt{\eta_{ad}}$ se puede escribir $\sqrt{1 - (1 - \eta_{ad})}$).

Otra definición de eficiencia, que puede ser ventajosa en ciertos casos (p. ej. gases con calores específicos variables), es la elemental o politrópica:

$$\eta_{el} = \frac{\ln T_0 - \ln T_s}{\ln T_0 - \ln(T_s)_{is}} = \frac{\gamma}{\gamma - 1}\frac{\ln(T_s/T_0)}{\ln(p_s/p_0)} \tag{IV.3.33}$$

De las ec. IV.3.23 y IV.3.33 se puede encontrar la relación entre la eficiencia adiabática y la politrópica. Esta es:

$$\eta_{ad} = \frac{1 - \left(\dfrac{p_s}{p_0}\right)^{\frac{\gamma-1}{\gamma}\eta_{el}}}{1 - \left(\dfrac{p_s}{p_0}\right)^{\frac{\gamma-1}{\gamma}}} \tag{IV.3.34}$$

Cuando ambas eficiencias son próximas a la unidad, se tiene:

$$\left(\frac{p_s}{p_0}\right)^{\frac{\gamma-1}{\gamma}\eta_{el}} \cong \left(\frac{p_s}{p_0}\right)^{\frac{\gamma-1}{\gamma}}\left[1 - (1-\eta_{el})\ln\left(\frac{p_s}{p_0}\right)^{\frac{\gamma-1}{\gamma}}\right]$$

y por lo tanto:

$$\frac{1-\eta_{ad}}{1-\eta_{el}} \cong \frac{\ln\left(\dfrac{p_0}{p_s}\right)^{\frac{\gamma-1}{\gamma}}}{\left(\dfrac{p_0}{p_s}\right)^{\frac{\gamma-1}{\gamma}} - 1} = \frac{\ln\left[\dfrac{T_0}{(T_s)_{is}}\right]}{\dfrac{T_0}{(T_s)_{is}} - 1} \tag{IV.3.35}$$

Los valores de ambas eficiencias tienden a ser iguales solamente cuando la relación isoentrópica T_s/T_0 es próxima a la unidad. En efusores, por lo general η_{ad} es siempre mayor que η_{el}.

Se puede demostrar que:

$$C_m = 1 - \frac{\gamma}{\gamma-1}\ln\left(\frac{\gamma+1}{2}\right)(1-\eta_{el}) \tag{IV.3.36}$$

$$C_V = 1 - \frac{1}{2}\frac{\ln\left(\dfrac{p_0}{p_s}\right)^{\frac{\gamma}{\gamma-1}}}{\left(\dfrac{p_0}{p_s}\right)^{\frac{\gamma-1}{\gamma}} - 1}(1-\eta_{el}) \tag{IV.3.37}$$

si no se tienen en cuenta términos del orden de $(1 - \eta_{el})^2$ o superiores.

IV.3.3. Empuje en una Tobera Real

La ec. IV.3.1 todavía es aplicable, de modo que el coeficiente de empuje es:

$$C_T = \frac{T_{ht}}{p_0 A_g} = \frac{I_s}{p_0 A_g} + \frac{A_s}{A_g}\frac{p_s}{p_0} - \frac{A_s}{A_g}\frac{p_a}{p_0} \tag{IV.3.38}$$

C_T puede expresarse como una función de p_s/p_0, p_a/p_0 y los coeficientes de descarga, velocidad y conicidad definidos en la sección previa. Se encuentra:

$$C_T = C_m X(\gamma)\left\{C_V C_c\sqrt{\frac{2\gamma}{\gamma-1}}(w_s)_{is} + \sqrt{\frac{\gamma-1}{2\gamma}\left[\frac{1}{C_V(w_s)_{is}} - C_V(w_s)_{is}\right]}\right\} - \frac{A_s}{A_g}\frac{p_a}{p_0}$$
$$\tag{IV.3.39}$$

Los pasos necesarios y las ecuaciones utilizadas para llegar a esta expresión final del coeficiente de empuje C_T se escriben a continuación:

$$I_s = (I_s)_{is} C_m C_c C_V$$

$$(I_s)_{is} = \dot{m}\sqrt{\Re T_0}\sqrt{\frac{2\gamma}{\gamma-1}}(w_s)_{is} = X(\gamma)p_0 A_g\sqrt{\frac{2\gamma}{\gamma-1}}(w_s)_{is}$$

$$\frac{I_s}{p_0 A_g} = X(\gamma)\sqrt{\frac{2\gamma}{\gamma-1}}C_m C_c C_V(w_s)_{is} \tag{IV.3.40}$$

$$\dot{m}_s = C_m(\dot{m}_s)_{is}$$

$$\rho_s V_s A_s = \frac{p_s}{\Re T_s}A_s C_V(V_s)_{is} = C_m X(\gamma)\frac{p_0 A_g}{\sqrt{\Re T_0}}$$

$$\frac{p_s A_s}{p_0 A_g} = C_m X(\gamma)\sqrt{\Re T_0}\frac{T_s}{T_0}\frac{1}{C_V(V_s)_{is}} = C_m X(\gamma)\sqrt{\frac{\gamma-1}{2\gamma}}\frac{T_s}{T_0}\frac{1}{C_V(V_s)_{is}}$$

$$V_s^2 = C_V^2(V_s^2)_{is} = 2c_p T_0\left(1-\frac{T_s}{T_0}\right); \qquad C_V^2(w_s^2)_{is} = 1-\frac{T_s}{T_0}$$

$$\frac{p_s A_s}{p_0 A_g} = C_m X(\gamma)\sqrt{\frac{\gamma-1}{2\gamma}}\frac{1}{C_V(w_s)_{is}}\left[1 - C_V^2(w_s^2)_{is}\right]$$

$$\frac{p_s A_s}{p_0 A_g} = C_m X(\gamma)\sqrt{\frac{\gamma-1}{2\gamma}}\left[\frac{1}{C_V(w_s)_{is}} - C_V(w_s)_{is}\right] \tag{IV.3.41}$$

en la deducción de la ec. IV.3.39 se ha utilizado la velocidad reducida puesto que permite disminuir significativamente el esfuerzo algebraico requerido.

Obviamente la ec. IV.3.39 se reduce a la ec. IV.3.6 cuando $C_m = C_V = C_c = 1$. Si a cada coeficiente se le asigna un valor determinado y constante, entonces la representación de C_T como una función de A_s/A_g y p_a/p_0 será similar a la de la Fig. IV.3.3 en tanto no se produzca la separación del flujo. Si el flujo no está separado y los valores de η_{ad} y η_{el} son próximos a la unidad, C_m y C_V pueden ser reemplazados por sus valores dados por las ec. IV.3.31, IV.3.32 o IV.3.36, IV.3.37.

Una consecuencia de la presencia de las pérdidas es que para un valor determinado de p_s/p_0 el empuje máximo no se obtiene con la expansión correcta, sino con una tobera sub-expandida. Esto puede mostrarse fácilmente reemplazando en la ec. IV.3.10 el valor de dF/dx dado por la ec. III.2.9. Se obtiene el empuje máximo para:

$$T_{ht} = (p_s - p_a)\frac{dA_s}{dx} - \frac{dX_w}{dx} = 0 \qquad \text{(IV.3.42)}$$

Para valores de θ_c pequeños se puede hacer:

$$\frac{dA_s}{dx} = \pi d_s \theta_c$$

y como dX_w/dx vale:

$$\frac{dX_w}{dx} = \pi d_s \tau_w = \pi d_s f \frac{\gamma}{2} p_s M_s^2$$

la condición IV.3.42 para empuje máximo resulta:

$$\frac{2}{\gamma}\frac{p_s - p_a}{p_s M_s^2} = \frac{f}{\theta_c} \qquad \text{(IV.3.43)}$$

Obsérvese que si f es el coeficiente de fricción producto de la capa límite, M_s no representa el número de Mach promedio (considerado unidimensional) sino el número de Mach en la porción no viscosa del flujo, es decir fuera de la capa límite. Por lo tanto, se puede obtener utilizando la relación isoentrópica p_s/p_0. Finalmente se puede escribir la condición de empuje máximo de la forma:

$$\frac{\gamma-1}{\gamma}\frac{1 - \dfrac{p_a}{p_s}}{\left(\dfrac{p_0}{p_a}\dfrac{p_a}{p_s}\right)^{\frac{\gamma-1}{\gamma}} - 1} = \frac{f}{\theta_c} \qquad \text{(IV.3.44)}$$

A partir de esta ecuación, la subexpansión óptima representada por el valor de p_a/p_s puede determinarse como una función de p_a/p_0 y f/θ_c.

IV.4. LA EFICIENCIA DE UN DIFUSOR

En los difusores, la presencia de ondas de choque y la separación de la capa límite inducida por gradientes de presión adversos (el flujo es desacelerado), incrementan notablemente la falta de uniformidad del flujo, a tal punto que el concepto de movimiento unidimensional isoentrópico resulta inadecuado para analizar cuantitativamente el flujo resultante. Por ello, si se pretende preservar el tratamiento unidimensional de análisis, debe necesariamente recurrirse a la utilización de coeficientes determinados empíricamente. Recuérdese que se llegó a la misma conclusión para evaluar las desviaciones en el flujo en toberas reales respecto del flujo isoentrópico. Sin embargo, las desviaciones son más serias en el caso de difusores y deben ser tenidas en cuenta aún cuando se realicen cálculos aproximados.

IV.4.1. La Eficiencia Adiabática

Para evaluar las pérdidas en difusores se suele utilizar el concepto de eficiencia. Existen varias definiciones de la eficiencia del difusor. Una de ellas es la **eficiencia adiabática** definida sobre una base energética mediante la relación:

$$\eta_{ad} = \frac{u_1^2 - u_3^2}{u_1^2 - u_2^2} = \frac{u_e^2 - u_3^2}{u_e^2 - u_s^2} = \frac{h_3 - h_e}{h_s - h_e} \tag{IV.4.1}$$

con:

$$h_{0e} = h_e + \frac{1}{2}u_e^2 = h_3 + \frac{1}{2}u_3^2 = h_s + \frac{1}{2}u_s^2$$

Las Fig. IV.4.1 ilustran el significado de cada uno de los términos que aparecen en la ec. IV.4.1. Nótese que u_e representa la velocidad a la entrada del difusor, mientras que u_3 es la velocidad que sería necesaria para alcanzar la misma presión de salida p_s si no existieran perdidas y h_3 indica la entalpía correspondiente. Con el subíndice s se identifican las condiciones a la salida del difusor.

Para gases politrópicos, de la ec. IV.4.1 se puede obtener la siguiente expresión para η_{ad}:

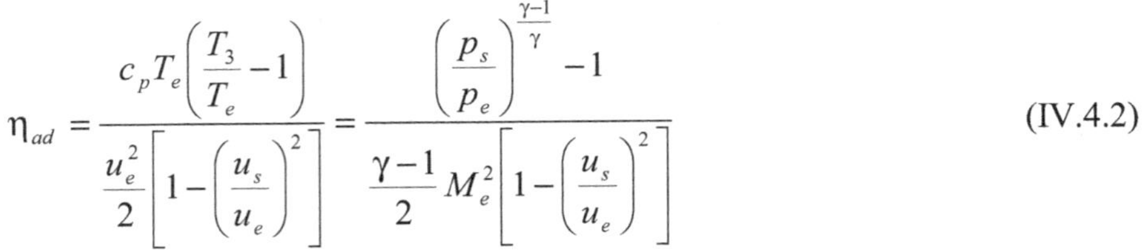

$$\eta_{ad} = \frac{c_p T_e\left(\dfrac{T_3}{T_e}-1\right)}{\dfrac{u_e^2}{2}\left[1-\left(\dfrac{u_s}{u_e}\right)^2\right]} = \frac{\left(\dfrac{p_s}{p_e}\right)^{\frac{\gamma-1}{\gamma}}-1}{\dfrac{\gamma-1}{2}M_e^2\left[1-\left(\dfrac{u_s}{u_e}\right)^2\right]} \qquad (IV.4.2)$$

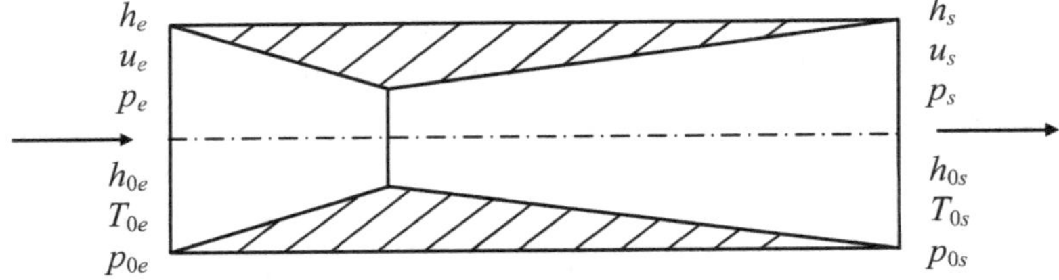

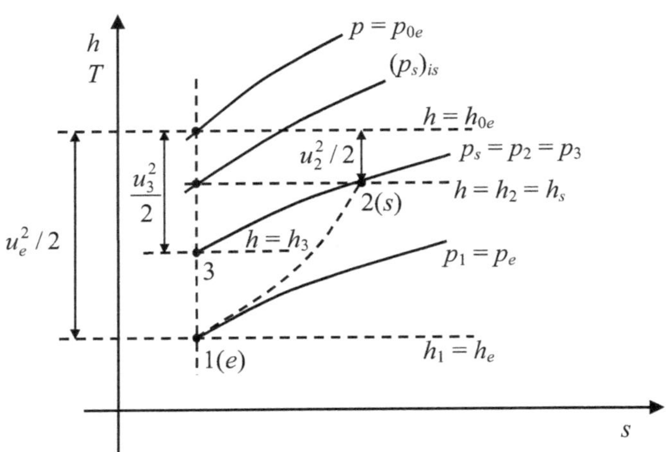

Fig. IV.4.1 – Diagrama entálpico que ilustra la eficiencia adiabática.

Si la energía cinética del flujo a la salida del difusor es pequeña comparada con la del flujo a la entrada, entonces la presión estática p_s puede reemplazarse por la presión de estancamiento p_{0s}. Se obtendría entonces para η_{ad}:

$$\eta_{ad} = \frac{\left(1+\dfrac{\gamma-1}{2}M_e^2\right)\left(\dfrac{p_{0s}}{p_{0e}}\right)^{\frac{\gamma-1}{\gamma}}-1}{\dfrac{\gamma-1}{2}M_e^2} \qquad (IV.4.3)$$

luego de tener en cuenta que:

$$\frac{p_s}{p_e} = \frac{p_{0s}}{p_e} = \frac{p_{0s}}{p_{0e}}\frac{p_{0e}}{p_e} = \frac{p_{0s}}{p_{0e}}\left(1 + \frac{\gamma - 1}{2}M_e^2\right)^{\frac{\gamma}{\gamma - 1}} \tag{IV.4.4}$$

siendo esta última expresión consecuencia de haber supuesto que $(T_{0e} = T_{0s})$. Obsérvese que η_{ad} también puede expresarse como:

$$\eta_{ad} = \frac{T_3 - T_e}{T_s - T_e} = \frac{\dfrac{T_3}{T_e} - 1}{\dfrac{T_s}{T_e} - 1} = \frac{\left(\dfrac{p_s}{p_e}\right)^{\frac{\gamma - 1}{\gamma}} - 1}{\left[\dfrac{(p_s)_{is}}{p_e}\right]^{\frac{\gamma - 1}{\gamma}} - 1} \tag{IV.4.5}$$

donde $(p_s)_{is}$ es la presión que se obtendría con una difusión isoentrópica desde la velocidad u_e a la entrada hasta la velocidad u_s a la salida.

IV.4.2. Eficiencia según Kantrowitz y Donaldson

La eficiencia η_{KD} está definida por las relaciones:

$$\eta_{KD} = \frac{u_3^2 - u_s^2}{u_e^2 - u_s^2} = \frac{h_s - h_3}{h_s - h_e} \tag{IV.4.6}$$

La Fig. IV.4.2 ilustra el significado de cada uno de los términos con que se expresa el coeficiente de Kantrowitz y Donaldson.

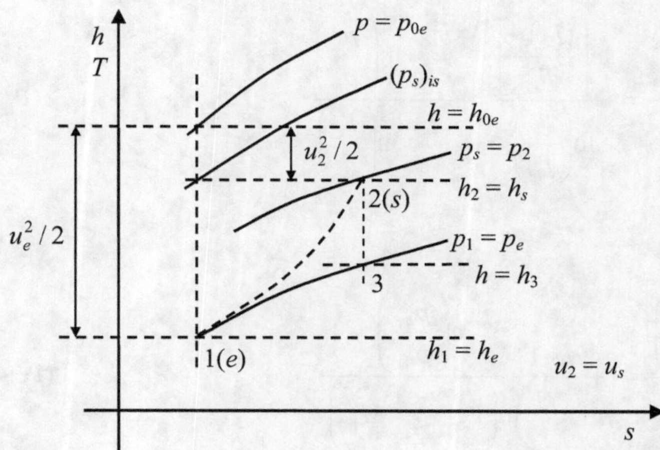

Fig. IV.4.2 - Eficiencia de Kantrowitz y Donalson.

Obsérvese que en el denominador de la ecuación que expresa η_{KD} aparece la diferencia entre las energías cinéticas obtenibles por una expansión isoentrópica desde la condición final p_s hasta la presión inicial p_e, tal como se muestra en el diagrama entálpico de la Fig. IV.4.2. También para gases politrópicos se puede obtener para η_{KD}:

$$\eta_{KD} = \frac{1 - \left(\dfrac{T_3}{T_s}\right)_{is}}{1 - \dfrac{T_e}{T_s}} = \frac{1 - \left(\dfrac{p_e}{p_s}\right)^{\frac{\gamma-1}{\gamma}}}{1 - \dfrac{T_e}{T_s}} = \frac{1 - \left(\dfrac{p_e}{p_s}\right)^{\frac{\gamma-1}{\gamma}}}{1 - \left[\dfrac{p_e}{(p_s)_{is}}\right]^{\frac{\gamma-1}{\gamma}}} \tag{IV.4.7}$$

que para el caso en que la difusión es prácticamente total ($u_s = 0$) se reduce a:

$$\eta_{KD} = \frac{1 - \left(\dfrac{p_e}{p_{0s}}\right)^{\frac{\gamma-1}{\gamma}}}{1 - \dfrac{T_e}{T_{0s}}} \tag{IV.4.8}$$

Obsérvese que tanto la eficiencia adiabática como la de KD, pueden obtenerse experimentalmente a partir de mediciones de presión y temperatura.

IV.4.3. Eficiencia Elemental o Politrópica

Esta eficiencia se define para gases politrópicos mediante las ecuaciones (ver Apéndice B):

$$\eta_{el} = \frac{\ln(T_s)_{is} - \ln T_e}{\ln T_s - \ln T_e} = \frac{\ln\left[\dfrac{(T_s)_{is}}{T_e}\right]}{\ln\left(\dfrac{T_s}{T_e}\right)} = \frac{\gamma-1}{\gamma}\frac{\ln\left(\dfrac{p_s}{p_e}\right)}{\ln\left(\dfrac{T_s}{T_e}\right)} \tag{IV.4.9}$$

y si $u_s^2 \ll u_e^2$, entonces:

$$\eta_{el} = \frac{\gamma-1}{\gamma}\frac{\ln\left(\dfrac{p_{0s}}{p_e}\right)}{\ln\dfrac{T_{0s}}{T_e}} = 1 + \frac{\gamma-1}{\gamma}\frac{\ln\left(\dfrac{p_{0s}}{p_{0e}}\right)}{\ln\left(1 + \dfrac{\gamma-1}{2}M_e^2\right)} \tag{IV.4.10}$$

luego de tener en cuenta la ec. IV.4.4.

Todas las eficiencias que han sido presentadas pueden relacionarse entre sí, así por ejemplo para los casos en que la difusión es prácticamente total se pueden obtener las siguientes relaciones:

$$\eta_{ad} = \frac{\left(\dfrac{p_{0s}}{p_e}\right)^{\frac{\gamma-1}{\gamma}} - 1}{\left(\dfrac{p_{0s}}{p_e}\right)^{\left(\frac{\gamma-1}{\gamma}\right)\frac{1}{\eta_{el}}} - 1} = \frac{\left(1 + \dfrac{\gamma-1}{2} M_e^2\right)^{\eta_{el}} - 1}{\dfrac{\gamma-1}{2} M_e^2} \tag{IV.4.11}$$

$$\eta_{KD} = \frac{1 - \left(\dfrac{p_e}{p_{0s}}\right)^{\frac{\gamma-1}{\gamma}}}{1 - \left(\dfrac{p_e}{p_{0s}}\right)^{\left(\frac{\gamma-1}{\gamma}\right)\frac{1}{\eta_{el}}}} = \frac{1 - \left(1 - w_e^2\right)^{\eta_{el}}}{w_e^2} \tag{IV.4.12}$$

Aparentemente la calidad de un difusor estaría mejor representada por η_{el}. Para M_e muy altos ($M_e > 10$), las diferencias entre los tres coeficientes son considerables y resulta muy difícil alcanzar valores elevados de η_{ad}. Por su parte, la obtención de alta eficiencia según η_{KD} no significa necesariamente un difusor de alta calidad ya que η_{KD} es una función que aumenta con M_e.

IV.4.4. La Presión de Recuperación

Además de las eficiencias mencionadas, se han introducido otras cantidades para caracterizar las prestaciones de un difusor. La más común de ellas es la **presión de recuperación** representada por p_{0s}/p_{0e}. Esta relación entre las presiones de estancamiento a la salida y a la entrada del difusor, puede relacionarse fácilmente con η_{ad} y η_{el} a través de las ec. IV.4.3 y IV.4.10.

Es importante indicar que cuando M_e es pequeño, la presión de recuperación es muy próxima a la unidad y resulta inadecuada para representar la prestación de un difusor porque en todos los casos tiende hacia la unidad cuando $M_e \to 0$. A su vez, para valores muy altos de M_e se obtienen valores muy pequeños de p_{0s}/p_{0e} aún cuando la η_{el} sea muy buena. Puesto que, comparada con otras eficiencias, η_{el} es una representación superior de la calidad del difusor, se deduce que la tarea de mejorar la presión de recuperación es muy difícil si ya la η_{el} es de por si muy alta. El gráfico de la Fig. IV.4.3 ilustra la relación existente entre la presión de recuperación y la eficiencia elemental (politrópica) de un difusor ($\gamma = 1,4$).

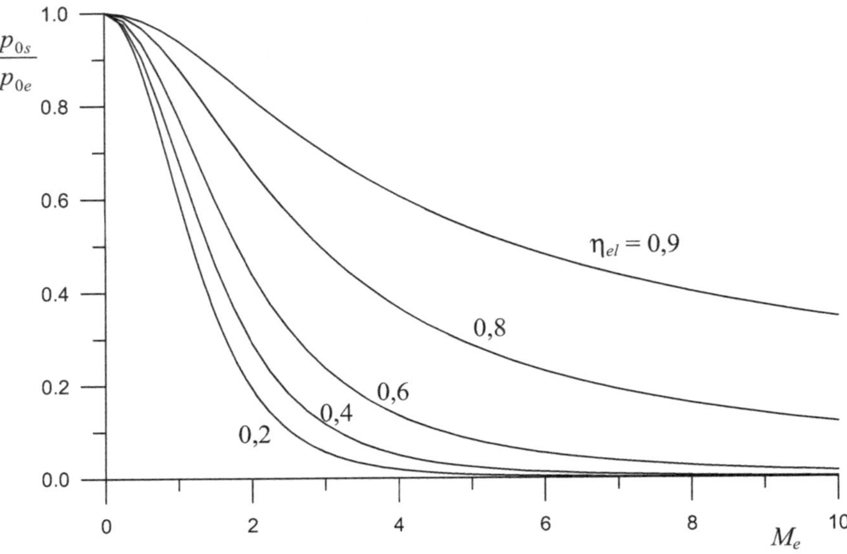

Fig. IV.4.3 – Relación entre la presión de recuperación y la eficiencia elemental (politrópica) de un difusor ($\gamma = 1,4$).

IV.5. EJERCICIOS

1. Una tobera Laval posee la siguiente relación entre $A_s/A^* = 3,9993$. La tobera se alimenta con aire desde un recipiente con una presión $p_0 = 4 \times 10^6$ Pa.

Determinar:

  a) el valor mínimo de la presión de descarga con la cual en la tobera se forma una onda de choque;

  b) la presión en el recipiente con la cual la onda de choque desaparece en la garganta. Considerar una presión de descarga $p_B = 1,013 \times 10^5$ Pa.

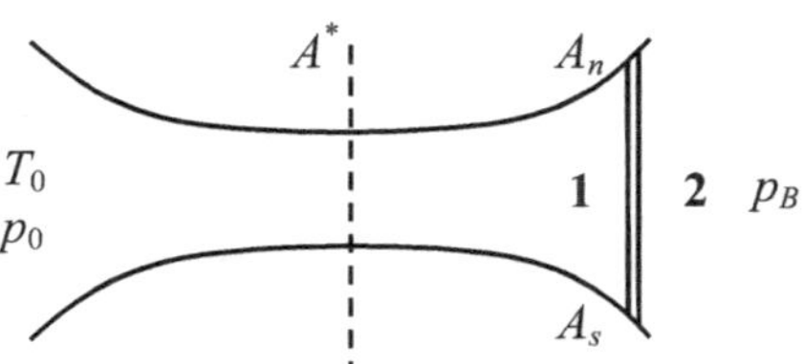

2. Una tobera Laval posee la siguiente relación entre $A_s/A^* = 2,52$ y descarga aire al medio ambiente desde un recipiente cuya temperatura de estancamiento es $T_0 = 50°C$. Si en la sección del divergente cuya área es el promedio aritmético entre A^* y A_s se localiza una onda de choque, se pide calcular:

a) el Mach y la temperatura en la sección de salida;

b) la p_0 necesaria para producir el flujo;

c) si la onda de choque se formase a la salida de la tobera, cuál seria la p_0 necesaria para que ello ocurra?

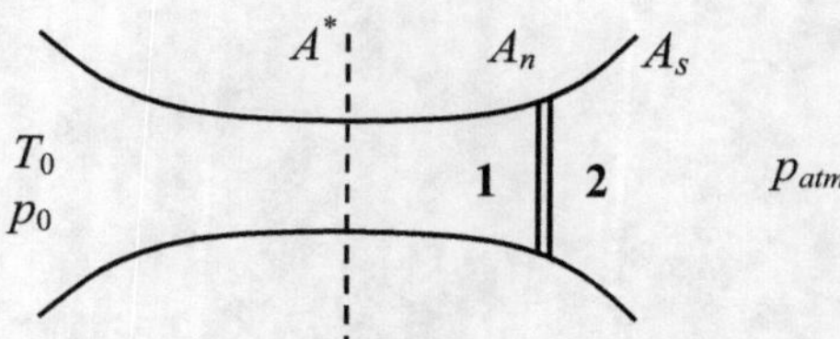

Capítulo V

Flujo Adiabático con Fricción en

Conducto de Área Constante

V.1. FLUJO EN CONDUCTOS DONDE ACTÚA ÚNICAMENTE LA FRICCIÓN

V.1.1. Consideraciones sobre el Flujo a la Entrada del Conducto

Próximo a la entrada y debido a que el espesor de la capa límite es muy pequeño comparado con el diámetro del conducto, el flujo es muy similar al de una placa plana. Pero esta capa límite, muy delgada al principio, crecerá y continuará creciendo hasta que a cierta distancia de la entrada las capas límites de sectores opuestos se unen y los efectos viscosos cubren toda la sección transversal. Simultáneamente, la porción de flujo uniforme (no disipativa), se va reduciendo cada vez más hasta que desaparece por completo. Cuando esto ocurre, se alcanza una especie de condición de régimen particular que se conoce como **flujo de conducto totalmente desarrollado**. Cabe indicar que el efecto descrito también se puede producir en conductos de sección variable (por ej. efusores y difusores), pero es poco probable que sus longitudes sean suficientes para obtener las condiciones del flujo totalmente desarrollado.

En el estudio realizado en el Cap. IV sobre efusores y difusores, se dijo que el tratamiento unidimensional de los efectos de la fricción no conducía a resultados satisfactorios. Precisamente, debido al desarrollo de la capa límite, en el análisis de *performances* de toberas y difusores reales se vio la conveniencia de utilizar coeficientes empíricos, los cuales eran evaluados a partir de conceptos de eficiencia adiabática o elemental politrópica. Pero si se trata de un conducto suficientemente largo, lo que ocurre a la entrada tendrá poca influencia sobre el flujo total el cual estará determinado por lo que sucede una vez que se ha establecido la condición de flujo totalmente desarrollado.

En el caso **incompresible**, el efecto de la fricción en un conducto de sección constante y flujo totalmente desarrollado puede obtenerse muy fácilmente ya que la cantidad de movimiento permanece constante y la fricción superficial debe equilibrarse con un gradiente de presión negativo también constante. Se obtiene a partir de la ec. III.2.13 teniendo en cuenta la ec.III.1.6 y la definición del coeficiente de fricción:

$$\frac{p_i - p}{\frac{1}{2}\rho u^2} = 4f\frac{x}{D} \tag{V.1.1}$$

donde f es el coeficiente de fricción, definido por:

$$f = \frac{\tau_w}{\frac{1}{2}\rho u^2}$$

Esta ecuación es estrictamente correcta únicamente entre secciones contenidas en la región totalmente desarrollada; no lo es cuando una o ambas secciones están en la zona de continúo crecimiento de la capa límite. A consecuencia de este crecimiento de capa límite, la caída de presión es mayor que la estipulada por la ec. V.1.1. Si la mayor caída de presión se expresa en términos de una longitud Δx de tubo equivalente, se puede hacer:

$$\frac{p_i - p}{\frac{1}{2}\rho u^2} = 4f\frac{x + \Delta x}{D} \tag{V.1.2}$$

Estudios detallados del desarrollo de la capa límite en la entrada de conductos de sección circular, han permitido establecer valores de las longitudes equivalentes Δx que pueden ser utilizados en la ec. V.1.2. Se obtuvieron:

Flujo laminar:

$$\frac{\Delta x}{D} = 0{,}018\,\mathrm{Re}_D; \quad \frac{x_{ent}}{D} = 0{,}029\,\mathrm{Re}_D$$

donde Re_D es el número de Reynolds del conducto basado en su diámetro y x_{ent} es la distancia, desde la entrada, necesaria para obtener el flujo totalmente desarrollado.

Flujo turbulento:

TABLA V.1.1

Re_D	$4f$	$\Delta x/D$	x_{ent}/D
2×10^3	0,0500	3,26	10,40
2×10^4	0,0258	4,03	14,35
2×10^5	0,0155	5,03	17,95

En el caso turbulento se observa que para el rango de números de Reynolds tabulados, la longitud necesaria para que el flujo pueda ser considerado totalmente desarrollado varía entre 10 y 18 diámetros. Estos valores son aplicables siempre que exista un flujo uniforme en la sección de entrada.

Cuando se trata de un **fluido compresible**, los resultados anteriores son válidos en tanto las variaciones relativas de presión sean pequeñas. Si los cambios de presión son grandes, no puede suponerse que la densidad permanece constante y es necesario otro tratamiento del problema.

Existe un procedimiento relativamente simple para el análisis del caso compresible cuando el flujo está totalmente desarrollado y es el que se describirá luego. Sin embargo, en muchas aplicaciones prácticas los conductos no son suficientemente largos como para prescindir de lo que sucede en la entrada donde, estrictamente, la aproximación unidimensional no es válida. No obstante, por razones de simplicidad se quiere preservar el análisis unidimensional, lo cual conlleva a la utilización de un **factor de fricción aparente** el cual contemplaría además de los efectos inducidos por la fricción sobre la pared, los causados por las continuas alteraciones del perfil de velocidad. Es correcto suponer entonces, que dicho coeficiente de fricción aparente dependerá de varios factores incluyendo el número de Mach, el Re del conducto, el Re basado en la longitud de conducto medida desde la entrada, el espesor inicial de la capa límite, el grado de turbulencia inicial, etc. Consecuentemente, no es de extrañar una gran dispersión de los datos experimentales, particularmente cuando el flujo es supersónico, si se pretende correlacionarlos basándose en la aproximación unidimensional. Se conseguiría una correlación más coherente de dichos datos si se tienen en cuenta efectos bidimensionales, lo cual requiere de estudios mucho más complejos que los involucrados en un simple análisis unidimensional.

En lo que sigue se describirá la técnica de trabajo sugerida por la simple aproximación unidimensional que utiliza factores de fricción aparentes.

V.1.2. Aproximación Unidimensional

Para el análisis del flujo compresible en un conducto donde solamente actúa la fricción, son aplicables las ec. III.2.12 a III.2.16. Estas ecuaciones, luego de las simplificaciones resultantes de suponer que únicamente existe la fricción con las paredes del conducto, pueden ser escritas de manera macroscópica y diferencial de la manera siguiente:

<u>Continuidad:</u>

$$\frac{\dot{m}}{A} = \rho u = \text{constante} \qquad (V.1.3a)$$

$$u d\rho + \rho du = 0 \qquad (V.1.3b)$$

<u>Cantidad de movimiento:</u>

$$I_2 - I_1 = \dot{m}(u_2 - u_1) = -A(p_2 - p_1) - 4A \int_{x_1}^{x_2} \tau_w \frac{dx}{D_h} \qquad (V.1.4a)$$

$$\dot{m}du = -Adp - 4A\tau_w \frac{dx}{D_h} \qquad \text{(V.1.4b)}$$

donde la introducción del concepto de diámetro hidráulico D_h permite la aplicación del método a conductos con secciones no circulares.

Energía (proceso adiabático):

$$H_{t2} - H_{t1} = \dot{m}(h_{t2} - h_{t1}) = 0 \qquad \text{(V.1.5a)}$$

$$\dot{m}dh_t = 0 \quad \rightarrow \quad c_p dT + u^2 \frac{du}{u} = 0 \qquad \text{(V.1.5b)}$$

Función impulso:

$$F_2 - F_1 = -X_w \qquad \text{(V.1.6a)}$$

$$dF = -4A\tau_w \frac{dx}{D_h} \qquad \text{(V.1.6b)}$$

Entropía:

$$\Delta S_{\text{int}} = \dot{m}(s_2 - s_1) \geq 0 \qquad \text{(V.1.7a)}$$

$$dS_{\text{int}} = \dot{m}ds \geq 0 \quad \rightarrow \quad ds = c_p \frac{dT}{T} - \frac{1}{\rho T} dp \geq 0 \qquad \text{(V.1.7b)}$$

Por tratarse de un gas perfecto la ecuación de estado y el número de Mach se escriben, respectivamente:

$$p = \rho \Re T \qquad \text{(V.1.8)}$$

$$M^2 = \frac{u^2}{\gamma \Re T} \qquad \text{(V.1.9)}$$

con $\Re = R/W$, siendo R la constante molar de los gases y W el peso molecular.

A continuación se tratará de expresar los diferenciales logarítmicos:

$$\frac{du}{u}; \quad \frac{dp}{p}; \quad \frac{dT}{T}; \quad \frac{d\rho}{\rho}$$

en función de la fricción sobre la pared sólida del conducto. A partir de la ecuación de cantidad de movimiento V.1.4b, se puede obtener:

$$\gamma M^2 \frac{du}{u} + \frac{dp}{p} = -\frac{\gamma}{2} M^2 4f \frac{dx}{D_h} \qquad \text{(V.1.10)}$$

La ecuación de la energía V.1.5b conduce a:

$$\frac{dT}{T} + (\gamma - 1)M^2 \frac{du}{u} = 0 \qquad \text{(V.1.11)}$$

Por su parte, de las ecuaciones de estado y continuidad se obtienen los siguientes diferenciales logarítmicos:

$$\frac{dp}{p} - \frac{d\rho}{\rho} - \frac{dT}{T} = 0 \qquad \text{(V.1.12)}$$

$$\frac{d\rho}{\rho} + \frac{du}{u} = 0 \qquad \text{(V.1.13)}$$

Si en la forma diferencial logarítmica de la ecuación de estado los términos dp/p, $d\rho/\rho$ y dT/T se expresan en función de du/u y la fricción f, se obtiene:

$$\frac{du}{u} = \frac{1}{2} \frac{\gamma M^2}{\left(1 - M^2\right)} 4f \frac{dx}{D_h} \qquad \text{(V.1.14)}$$

Volviendo a las ec. V.1.10, V.1.11 y V.1.13 se encuentra que:

$$\frac{d\rho}{\rho} = -\frac{1}{2} \frac{\gamma M^2}{\left(1 - M^2\right)} 4f \frac{dx}{D_h} \qquad \text{(V.1.15)}$$

$$\frac{dT}{T} = -\frac{\gamma}{2} \frac{(\gamma - 1)M^4}{\left(1 - M^2\right)} 4f \frac{dx}{D_h} \qquad \text{(V.1.16)}$$

$$\frac{dp}{p} = -\frac{\gamma M^2}{2(1 - M^2)} \left[1 + (\gamma - 1)M^2\right] 4f \frac{dx}{D_h} \qquad \text{(V.1.17)}$$

Con las ec. V.1.16 y V.1.17, la entropía específica se escribe en términos del número de Mach y de la fricción:

$$\frac{ds}{c_p} = \frac{\gamma - 1}{2} M^2 4f \frac{dx}{D_h} \geq 0 \qquad \text{(V.1.18)}$$

lo cual implica que el segundo principio se cumple siempre puesto que el coeficiente de fricción f es definido positivo.

El diferencial logarítmico del cuadrado del número de Mach, y luego de tener en cuenta a las ec. V.1.14 y V.1.16, resulta:

$$\frac{dM^2}{M^2} = 2\frac{du}{u} - \frac{dT}{T} \tag{V.1.19}$$

$$\frac{dM^2}{M^2} = \frac{\gamma M^2}{(1-M^2)}\left(1 + \frac{\gamma-1}{2}M^2\right)4f\frac{dx}{D_h} \tag{V.1.20}$$

ecuación que vincula al diferencial logarítmico del número de Mach con la fricción.

La forma logarítmica de la presión de estancamiento local se relaciona con la fricción mediante la siguiente expresión:

$$\frac{dp_0}{p_0} = -\frac{\gamma M^2}{2}4f\frac{dx}{D_h} \tag{V.1.21}$$

Del análisis de las ec. V.1.14 a V.1.21 se deducen de inmediato los efectos que la fricción produce en los diversos parámetros del flujo. Se observa que dichos efectos dependen de que el número de Mach sea mayor o menor que la unidad, ya que el factor $(1-M^2)$ aparece en el denominador de las ecuaciones mencionadas. Los mismos están resumidos en la Tabla V.1.2.

TABLA V.1.2

		$M<1$	$M>1$
Número de Mach	M	aumenta	disminuye
Velocidad	u	aumenta	disminuye
Temperatura	T	disminuye	aumenta
Densidad	ρ	disminuye	aumenta
Presión estática	p	disminuye	aumenta
Entropía	s	aumenta	aumenta
Presión de estancamiento	p_0	disminuye	disminuye

La hipótesis de flujo adiabático hace que la velocidad aumente cuando el flujo es subsónico y disminuya cuando es supersónico. Sin embargo la presión de estancamiento siempre disminuye, es decir la fricción siempre produce pérdidas. Por otra parte, cuando $M=1$ los parámetros físicos del flujo mantendrán un valor finito y esto significa que la longitud del conducto ha alcanzado un valor estacionario el cual resultará ser un máximo.

El próximo paso consistirá en la integración de la ecuación diferencial V.1.20 para obtener fórmulas apropiadas para cálculos prácticos. Si a los límites de dicha integración desde una sección inicial donde el número de Mach tiene cualquier valor hasta donde $M=1$, se asignan los valores $x=0$ y $x=L^*$ respectivamente, resulta:

$$4\int_0^{L^*} f\frac{dx}{D_h} = \int_{M^2}^1 \frac{1-M^2}{\gamma M^4\left(1+\frac{\gamma-1}{2}M^2\right)}dM^2$$

y efectuando la integración se obtiene:

$$4\bar{f}\frac{L^*}{D_h} = \frac{1-M^2}{\gamma M^2} + \frac{\gamma+1}{2\gamma}\ln\frac{(\gamma+1)M^2}{2\left(1+\frac{\gamma-1}{2}M^2\right)}$$

(V.1.22)

donde $\bar{f}$ es un valor medio del coeficiente de fricción definido por:

$$\bar{f} = \frac{1}{L^*}\int_0^{L^*} f\,dx$$

(V.1.23)

La ec. V.1.22 permite calcular la longitud de conducto necesaria para que el flujo que inicialmente poseía el número de Mach M alcance el Mach unitario. Está tabulada en Tabla D.1 del Apéndice D.

Puesto que $4\bar{f}L^*/D_h$ es función solamente del Mach, la longitud de conducto necesaria para que el número de Mach del flujo pase desde un Mach inicial M_1 a un Mach final M_2 preestablecido, se puede encontrar mediante la expresión:

$$4\bar{f}\frac{L}{D_h} = \left(4\bar{f}\frac{L^*}{D_h}\right)_{M_1} - \left(4\bar{f}\frac{L^*}{D_h}\right)_{M_2}$$

(V.1.24)

A continuación se muestra como pueden determinarse los otros parámetros del movimiento en función del Mach. Por ser el proceso adiabático la temperatura de estancamiento permanece constante, por lo tanto:

$$T_0 = T\left(1+\frac{\gamma-1}{2}M^2\right) = T^*\left(\frac{\gamma+1}{2}\right)$$

de donde:

$$\frac{T}{T^*} = \frac{\gamma+1}{2\left(1+\frac{\gamma-1}{2}M^2\right)}$$

(V.1.25)

indicándose con T^* la temperatura estática cuando $M=1$. Es importante hacer notar que los valores críticos pueden ser considerados como valores de referencia para normalizar las ecuaciones, ya que dependen exclusivamente de γ que se mantiene constante.

Partiendo de la definición de número de Mach:

$$u = M(\gamma\Re T)^{\frac{1}{2}}; \qquad u^* = (\gamma\Re T^*)^{\frac{1}{2}}$$

para la relación u/u^* se consigue:

$$\frac{u}{u^*} = M\sqrt{\frac{\gamma+1}{2\left(1+\frac{\gamma-1}{2}M^2\right)}} \qquad (V.1.26)$$

De la ecuación de continuidad (ec. V.1.3b) se obtiene la relación de densidades:

$$\frac{\rho}{\rho^*} = \frac{u^*}{u} \qquad (V.1.27)$$

De la ecuación de estado se deduce:

$$\frac{p}{p^*} = \frac{\rho}{\rho^*}\frac{T}{T^*}$$

y luego de considerar las ec. V.1.25, V.1.26 y V.1.27 resulta:

$$\frac{p}{p^*} = \frac{1}{M}\sqrt{\frac{\gamma+1}{2\left(1+\frac{\gamma-1}{2}M^2\right)}} \qquad (V.1.28)$$

Para obtener la relación de presiones de estancamiento entre una sección cualquiera del conducto y donde $M=1$, se hace:

$$\frac{p_0}{p_0^*} = \frac{p_0}{p}\frac{p}{p^*}\frac{p^*}{p_0} \qquad (V.1.29)$$

donde p_0/p y p^*/p_0^* deben ser evaluados mediante expresiones isoentrópicas puesto que relacionan la presión de estancamiento con la presión estática en una misma sección del conducto. Por su parte p/p^* está dado por la ec. V.1.28. Luego de arreglos algebraicos se obtiene:

$$\frac{p_0}{p_0^*} = \frac{1}{M}\left[\frac{2\left(1+\frac{\gamma-1}{2}M^2\right)}{\gamma+1}\right]^{\frac{\gamma+1}{2(\gamma-1)}} \qquad (V.1.30)$$

Finalmente de la definición de entropía:

$$s-s^* = c_p\ln\frac{T}{T^*} - \Re\ln\frac{p}{p^*}$$

y utilizando las ec. V.1.25 y V.1.28 se consigue:

$$\frac{s - s^*}{c_p} = \ln\left\{ M^2 \left[\frac{\gamma+1}{2M^2\left(1 + \frac{\gamma-1}{2}M^2\right)} \right]^{\frac{\gamma+1}{2\gamma}} \right\}$$

(V.1.31)

De la definición de función impulso:

$$F = pA\left(1 + \gamma M^2\right)$$

es fácil deducir:

$$\frac{F}{F^*} = \frac{1 + \gamma M^2}{M\left[2(\gamma+1)\left(1 + \frac{\gamma-1}{2}M^2\right)\right]^{\frac{1}{2}}}$$

(V.1.32)

Todas estas expresiones están tabuladas en Tabla D.1 del Apéndice D y son útiles para encontrar los cambios que experimentan las propiedades de la corriente fluida entre dos secciones 1 y 2 del conducto donde los números de Mach son M_1 y M_2 respectivamente. Por ejemplo, para las presiones estáticas se puede proceder como se indica a continuación:

$$\frac{p_2}{p_1} = \frac{\left(\dfrac{p}{p^*}\right)_{M_2}}{\left(\dfrac{p}{p^*}\right)_{M_1}}$$

(V.1.33)

donde $(p/p^*)_{M_2}$ está dado por la ec. V.1.28 luego de reemplazar M por M_2 y así sucesivamente. Téngase en cuenta que la utilización de expresiones del tipo de la ec. V.1.33, sólo es posible si previamente se ha determinado el número de Mach en la sección 2 a partir de datos de la sección 1.

V.1.3. La Línea de Fanno

La relación entre temperatura y entropía definidas paramétricamente por las relaciones V.1.25 y V.1.31 (el parámetro es el número de Mach), se puede representar en el plano (T, s) tal como se muestra en la Fig. V.1.1. La curva resultante es una **línea de Fanno** ya que describe la evolución termodinámica de un proceso donde la masa y la energía permanecen constantes.

El segundo principio de la Termodinámica establece que la entropía específica no puede disminuir en un sistema aislado. Por lo tanto, si el estado inicial del fluido está representado por el punto **P** situado sobre el arco superior de la curva de la Fig. V.1.1, todo proceso que se inicie desde **P** deberá recorrer dicho arco y a lo sumo podrá llegar hasta el punto **A**, el cual nunca podrá ser superado. A su vez, si el estado inicial está representado por **Q**, éste se desplazará por el arco inferior hasta arribar, a lo sumo, hasta **A**.

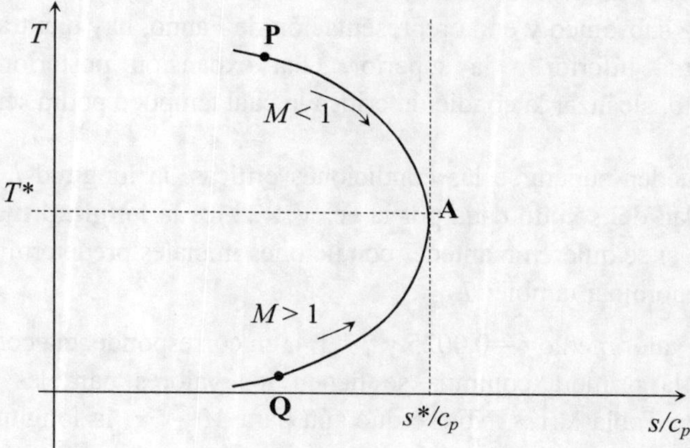

Fig. V.1.1 – Línea de Fanno en el diagrama T, s.

Si se plantea la relación entre las formas diferenciales V.1.16 y V.1.18 se obtiene:

$$\left(c_p \frac{dT}{ds} \right)_{FANNO} = -\frac{\gamma M^2}{1 - M^2} T \qquad (V.1.34)$$

Esta cantidad se hace infinita para $M = 1$ de manera que el punto **A**, donde la pendiente de la curva de Fanno se hace infinita, es representativo de la condición crítica del flujo. También de la ec. V.1.34 se deduce que el arco superior de la curva de Fanno de la Fig. V.1.1 representa estados de flujo donde la velocidad es subsónica y el arco inferior estados con velocidad supersónica. Por lo tanto puede concluirse:

a) Si inicialmente el movimiento es subsónico, por efecto de la fricción la velocidad dentro del conducto aumenta y la temperatura disminuye. El fluido se expande y el número de Mach se incrementa, pero se alcanza como máximo la condición crítica ($M = 1$). El movimiento no puede transformarse en supersónico;

b) Si inicialmente el movimiento es supersónico, por efecto de la fricción la velocidad dentro del conducto disminuye y la temperatura aumenta. El fluido se comprime y el número de Mach disminuye hasta que se obtiene la condición crítica ($M = 1$). El movimiento no puede transformarse en subsónico;

c) La conclusión b) es válida mientras no exista una discontinuidad (por ej. una onda de choque) dentro del conducto. En tal caso el movimiento pasa de ser supersónico a subsónico y en la representación de Fanno, hay una transferencia desde la rama inferior a la superior. Una expansión posterior permitirá eventualmente, alcanzar la condición crítica la cual tampoco podrá ser superada.

Como nunca pueden superarse las condiciones críticas, la longitud L^* necesaria para alcanzar la velocidad del sonido dada por la ec. V.1.22, es la **longitud máxima** que puede tener el conducto si se quieren mantener condiciones iniciales predeterminadas. Por esta razón L^* se suele denominar también L_{MAX}.

Si se supone un valor medio $f = 0,0025$ y $\gamma = 1,4$, en correspondencia con los Mach iniciales indicados en la primera columna se tienen los valores para las longitudes máximas indicados en la Tabla V.1.3. Nótese que aún para $M \rightarrow \infty$, la longitud máxima del conducto es finita.

TABLA V.1.3

M_i	L_{MAX}/D_h
0,00	∞
0,25	850,0
0,50	110,0
0,75	12,0
1,00	0,0
1,50	14,0
2,00	31,0
3,00	52,0
∞	82,0

El conjunto de ecuaciones que ha sido deducido permite resolver el siguiente problema:

Dadas la geometría del conducto y las condiciones del flujo en la sección considerada inicial, determinar el estado del fluido en cualquier otra sección.

Si L es la distancia entre las secciones inicial y otra cualquiera del conducto situada corriente abajo, de acuerdo con la ec. V.1.24 se puede hacer:

$$4\bar{f}\frac{L}{D_h} = \left(4f\frac{L_{MAX}}{D_h}\right)_{M_1} - \left(4f\frac{L_{MAX}}{D_h}\right)_{M} \tag{V.1.35}$$

siendo el primer sumando del segundo miembro **la longitud resistente** máxima compatible con el Mach inicial M_1 y el segundo sumando la longitud resistente máxima compatible con el Mach de la sección en estudio. La ec. V.1.35 permite determinar sección por sección el valor del Mach y utilizando relaciones del tipo de la V.1.33 cualquier otro parámetro físico del movimiento. Recuérdese que para facilitar el procedimiento de cálculo, dichos parámetros han sido adimensionalizados con respecto a sus valores críticos y se presentan en la Tabla D.1 del Apéndice D utilizando el número de Mach como argumento.

Se ha visto que cualquiera sea el Mach inicial, existe un valor máximo de *4fL/D* para el cual la solución es posible. Dicha longitud máxima de conducto hace que a la salida del mismo se alcancen condiciones críticas, es decir $M = 1$. Desde otro punto de vista, para un valor dado de *4fL/D* existe en flujo subsónico un valor máximo del número de Mach inicial para el cual la solución es posible y en flujo supersónico, un número de Mach inicial mínimo para el cual existirá una solución. Es pertinente entonces formular la siguiente pregunta: ¿Qué pasa cuando la longitud del conducto es la máxima compatible para un Mach inicial M_1 dado y se incrementa dicha longitud? Para responder a esta pregunta es esencial suponer que la presión a la salida del conducto es siempre la adecuada para permitir que el flujo sea estacionario, es decir las únicas restricciones al movimiento son debidas a la fricción del fluido con las paredes.

Flujo Subsónico

Un incremento de *4fL/D* sobre su valor máximo producirá una disminución de M_1 hasta que una solución estacionaria vuelva a ser posible y se consiga otra vez $M = 1$ a la salida del conducto. Cuando se alcanza esta condición se dice que por la fricción se produce el **ahogamiento** del conducto (*choked duct*) y el caudal debe necesariamente reducirse.

Flujo Supersónico

Los cambios que se producen en la distribución de números de Mach y de presiones en un tubo donde el flujo es supersónico, están representados en la Fig. V.1.2.

Un incremento de *L/D* sobre el máximo permitido producirá una **onda de choque** la cual, a medida que la longitud L del conducto continúe incrementándose se desplazará corriente arriba, hacia la tobera convergente-divergente que produce el flujo supersónico. A modo de ejemplo, considérese una corriente supersónica para la cual la longitud L_A es la máxima permisible.

Las distribuciones de Mach y presiones dentro del conducto son las que se indican con la letra A en el Fig. V.1.2. Si se aumenta la longitud del conducto hasta L_B, el número de Mach y las presiones varían ahora como indica la curva B en los gráficos de la Fig. V.1.2. Se observa la aparición de una onda de choque en el conducto que hace que el Mach detrás de ella pase a subsónico y con la modalidad correspondiente a este tipo de flujo se alcanza nuevamente $M_2 = 1{,}0$ a la salida.

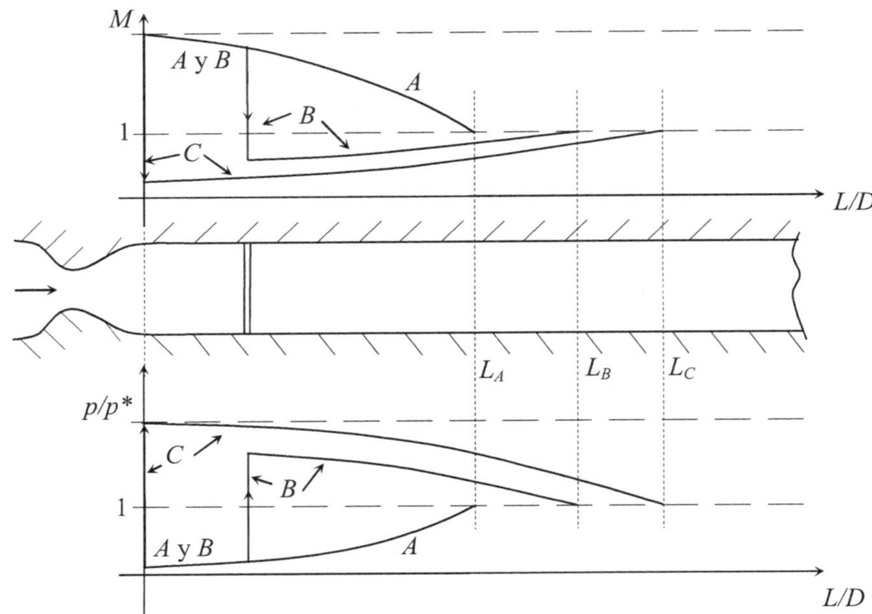

Fig. V.1.2 – Conducto de longitud variable con flujo supersónico.

Si se incrementa aún más la longitud del conducto, por ejemplo hasta L_C, esto conducirá a que la onda de choque se ubique a la salida de la tobera convergente-divergente. Entonces, todo el flujo en el conducto será subsónico y las distribuciones de Mach y presiones son las correspondientes a la curva C.

Para incrementos aún mayores de la longitud del conducto, el choque pasaría a ubicarse en el divergente de la tobera de alimentación reduciéndose más todavía el Mach subsónico a la entrada del conducto de sección constante. Finalmente, si el conducto es suficientemente largo, pueden no existir condiciones críticas en la garganta y resulta imposible obtener flujo supersónico en el conducto. Cuando esto ocurre, todo aumento adicional de la longitud ocasiona una disminución de caudal.

V.2. PROCESO ISOTÉRMICO

Un proceso isotérmico es de interés práctico para el estudio de tuberías utilizadas en el transporte de gas a grandes distancias. Aunque el número de Mach para tales flujos es por lo general muy bajo, debido a las grandes longitudes sobre las cuales actúa la fricción, se manifiestan cambios sustanciales en la densidad y el flujo no puede ser considerado incompresible.

La temperatura de estancamiento del flujo no permanece constante ya que, por tratarse de tramos de grandes longitudes, el intercambio de calor es importante. Este cambio de T_0 más la conversión irreversible de energía mecánica en energía térmica (pérdidas debido a la fricción), hacen que la temperatura estática T del gas se mantenga constante a lo largo de todo el conducto y el proceso pueda ser considerado como isotérmico.

En un proceso isotérmico, $dT = 0$, el diferencial logarítmico del cuadrado del número de Mach se reduce a:

$$\frac{dM^2}{M^2} = 2\frac{du}{u} \qquad\qquad (V.2.1)$$

Por su parte, de las ecuaciones de estado y continuidad, se pueden obtener las siguientes diferenciales logarítmicas:

$$\frac{dp}{p} = \frac{d\rho}{\rho} = -\frac{du}{u} \qquad\qquad (V.2.2)$$

A partir de la ecuación de cantidad de movimiento V.1.10 y teniendo en cuenta la ec. V.2.2, se consigue:

$$\frac{du}{u} = \frac{\gamma}{2}\frac{M^2}{(1-\gamma M^2)}4f\frac{dx}{D_h} \qquad\qquad (V.2.3)$$

Finalmente, combinando las ec. V.2.1 y V.2.3, resulta:

$$\frac{dM^2}{M^2} = \frac{\gamma M^2}{(1-\gamma M^2)}4f\frac{dx}{D} \qquad\qquad (V.2.4)$$

Integrando esta ecuación desde una sección inicial $x = 0$ donde el número de Mach tiene el valor M_1 hasta una sección situada a una distancia L donde adquiere el valor M_2, se obtiene:

$$4\bar{f}\frac{L}{D} = \frac{1}{\gamma}\frac{M_2^2 - M_1^2}{M_1^2 M_2^2} - \ln\left(\frac{M_2^2}{M_1^2}\right) \qquad\qquad (V.2.5)$$

Nótese que también en este caso se ha utilizado un valor medio para el coeficiente de fricción.

De la ecuación de estado y luego de tener en cuenta continuidad, se deduce:

$$\frac{p_1}{p_2} = \frac{\rho_1}{\rho_2} = \frac{u_2}{u_1} = \frac{M_2}{M_1} \quad\rightarrow\quad M_2 = M_1\frac{p_1}{p_2} \qquad\qquad (V.2.6)$$

Sustituyendo este valor de M_2 en la ec. V.2.5 se puede obtener:

$$4\bar{f}\frac{L}{D}=\frac{1-\left(\dfrac{p_2}{p_1}\right)^2}{\gamma M_1^2}-\ln\left(\frac{p_1}{p_2}\right)^2 \qquad (V.2.7)$$

Esta ecuación vincula el Mach inicial y la longitud del conducto con las presiones estáticas en las secciones inicial y final. El Mach inicial puede expresarse en términos del caudal másico $\dot{m}$ mediante la relación:

$$M_1^2=\frac{\Re}{\gamma}\left(\frac{\dot{m}}{A}\right)^2\frac{T_1}{p_1^2} \qquad (V.2.8)$$

En principio las ec. V.2.6, V.2.7 y V.2.8 son suficientes para resolver cualquier tipo de problema vinculado con el flujo isotérmico en conductos de gran longitud.

Si se procede a derivar la ec. V.2.5 respecto de M_2 y se iguala a cero, se deduce que para un valor de M_1 dado, existe un valor M_2 que hace máximo L/D. Cuando $M_2=1/\sqrt{\gamma}$ la longitud $L=L_{MAX}$. Este valor de M representa un límite para el flujo isotérmico continuo así como $M=1$ representa un límite para el flujo adiabático continuo. Si se pretende exceder dicha longitud máxima, se producen fenómenos análogos a lo discutido en el proceso adiabático, por ej. no se mantiene el caudal másico deseado.

Cuando las pérdidas de presión son relativamente pequeñas es decir se verifica que:

$$\frac{p_1-p_2}{p_1}=\frac{\Delta p}{p_1}\ll 1 \qquad (V.2.9)$$

es conveniente desarrollar el término logarítmico del segundo miembro de la ec. V.2.7 en series de potencias de $\Delta p/p$ y retener únicamente hasta términos de segundo orden. Se puede demostrar entonces, que la ec. V.2.7 puede aproximarse mediante la expresión:

$$4\bar{f}\frac{L}{D}\simeq\frac{2}{\gamma M_1^2}\frac{\Delta p}{p_1}\left[1-\gamma M_1^2-\frac{1}{2}\left(1+\gamma M_1^2\right)\frac{\Delta p}{p_1}\right] \qquad (V.2.10)$$

Esta ecuación se asemeja a la que se utiliza para el cálculo de la caída de presión en tuberías por las cuales fluye un fluido incompresible, excepto por el factor dentro del corchete que vale 1. Esto exige que tanto el salto de presión relativo $\Delta p/p_1$ como el M_1 sean pequeños comparados con la unidad. Por otra parte la ec. V.2.10 es una expresión cuadrática de la pérdida de presión, por lo tanto puede explicitarse Δp:

$$\frac{\Delta p}{p_1}=\frac{1-\gamma M_1^2}{1+\gamma M_1^2}-\sqrt{\left(\frac{1-\gamma M_1^2}{1+\gamma M_1^2}\right)^2-\frac{\gamma M_1^2}{1+\gamma M_1^2}4\bar{f}\frac{L}{D}} \qquad (V.2.11)$$

Nótese que si en la ecuación V.2.11 se tiene en cuenta la ec. V.2.8, se vincula directamente el caudal de gas que fluye por el conducto de sección transversal A con el salto de presión requerido.

V.3. COEFICIENTES DE FRICCIÓN EXPERIMENTALES

V.3.1. Flujo Subsónico

Existen numerosos datos experimentales sobre el valor del coeficiente de fricción en tubos lisos y para números de Mach subsónicos. Cuando el flujo es subsónico, turbulento y está completamente desarrollado, la relación entre coeficiente de fricción y número de Reynolds concuerda satisfactoriamente con la fórmula conocida de Karman-Nikuradse, la cual fue deducida a partir de consideraciones aplicables fundamentalmente a un fluido incompresible:

$$\frac{1}{\sqrt{4f}} = -0,8 + 2\log_{10}\left(\mathrm{Re}_D \sqrt{4f}\right)$$

$\mathrm{Re}_D = \dfrac{\dot{m}}{A}\dfrac{D}{\mu}$ es el número de Reynolds basado en el diámetro del tubo.

El coeficiente de fricción incompresible $4f$ está graficado en una figura conocida como Diagrama de Moody en función de Re_D para tubos lisos y rugosos (Ref: Moody, Trans. ASME - Vol66 – 1948; Streeter, "Mecánica de Fluidos" – 1963, Capítulo 4).

Cuando el tubo es corto y no puede prescindirse de la influencia de la entrada, el símbolo f de la ec. V.1.10 representa una **fricción aparente**. En estos casos, el coeficiente de fricción aparente medio puede ser significativamente mayor que el que se deduce del Diagrama de Moody.

V.3.2 Flujo Supersónico

Lo que se dijo acerca de conductos cortos en el caso subsónico, es particularmente válido para el caso supersónico puesto que en las aplicaciones prácticas, la longitud de conducto es siempre tan reducida que nunca puede conseguirse la condición de flujo totalmente desarrollado. Por otra parte, si el número de Mach es alto, este tipo de flujo tampoco podría realizarse aún cuando el conducto posea la longitud necesaria, debido a que todas las propiedades del fluido cambian muy rápidamente a lo largo del mismo.

En este caso, resulta evidente que el coeficiente de fricción aparente local se verá influenciado por el número de Mach por cambios en el perfil de velocidad debido al desarrollo normal de la capa límite (sea ésta laminar o turbulenta o cuando se produce la transición) y también cambios en la cantidad de movimiento que ocurren aún después que los efectos viscosos ocupan todo el conducto (por las continuas alteraciones que experimenta el perfil de velocidad del flujo totalmente desarrollado).

Sólo con el propósito de proveer un valor del coeficiente de fricción aparente que puede ser útil en estimaciones de orden de magnitud, se presenta la siguiente síntesis:

Para tubos lisos entre 10 y 50 diámetros de longitud, números de Mach comprendidos entre 1,2 y 3,0 y números de Re_D desde 25.000 a 700.000, el valor medio del coeficiente de fricción para toda la longitud del tubo puede variar entre 0,002 y 0,003.

Es interesante comparar estos valores del coeficiente de fricción aparente al flujo supersónico con los correspondientes al flujo incompresible totalmente desarrollado, que van desde 0,003 a 0,0065.

V.4. EJERCICIOS

1. Una tobera convergente-divergente conduce aire desde un depósito en donde las condiciones de estancamiento son mantenidas constantes hasta un tubo cilíndrico. Considerando que el flujo de aire en la tobera es isoentrópico y que en el conducto hay fricción, con los siguientes datos hallar:

$$A_g = \frac{1}{2} A_s \qquad\qquad D_c = D_s = D = 10\,\text{cm} \qquad\qquad L = 1\,\text{m}$$

$$\bar{f} = 0,0025 \qquad\qquad T_0 = 50^\circ\text{C} \qquad\qquad \rho_0 = 10\,\frac{\text{Kg}}{\text{m}^3}$$

   a) la presión y la temperatura de descarga para que exista una onda de choque en la sección media del conducto.

   b) la presión y la temperatura de descarga para que una onda de choque se ubique en una sección cuya área es 81% del área del conducto.

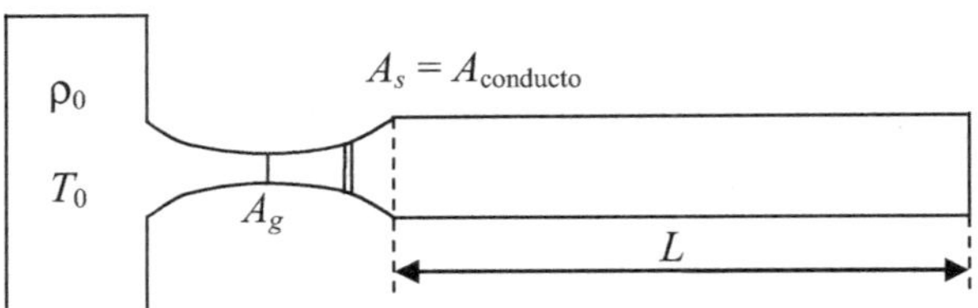

2. Calcular el rango de presiones de descarga en el conducto para que aparezca una onda de choque en el divergente de la tobera:

$$p_0 = 50 \text{ atm} \qquad A_g = \frac{1}{2} A_1 \qquad \bar{f} = 0{,}0005$$

$$L = 175 \text{ cm} \qquad D_1 = 3 \text{ cm}$$

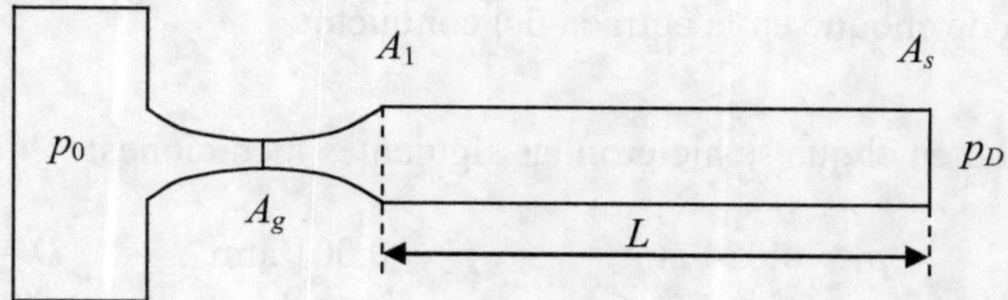

3. Determinar la posición de la onda de choque si la hay con los siguientes datos:

$$D = 80 \text{ mm} \qquad \bar{f} = 0{,}003 \qquad M_1 = 2 \qquad \frac{p_2}{p_{01}} = \frac{1}{2}$$

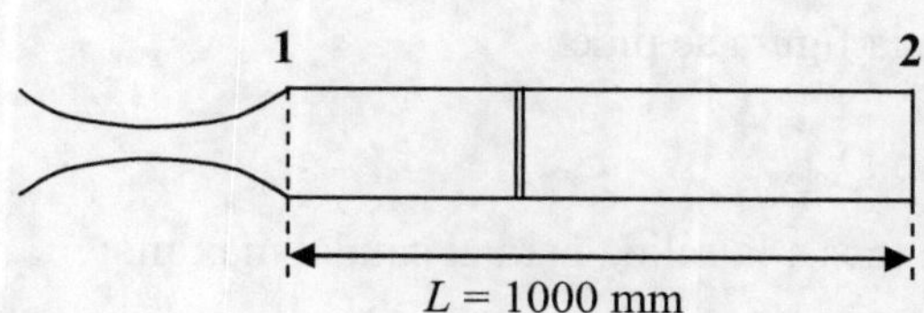

4. Sea una corriente de aire que fluye por un conducto con fricción. Dadas las siguientes condiciones iniciales, determinar:

$$p_1 = 0{,}4 \text{ atm} \qquad p_{01} = 6{,}9 \text{ atm} \qquad \eta = 1 \qquad D = 5 \text{ mm} \qquad f = 0{,}0025$$

a) presiones

b) Mach de salida

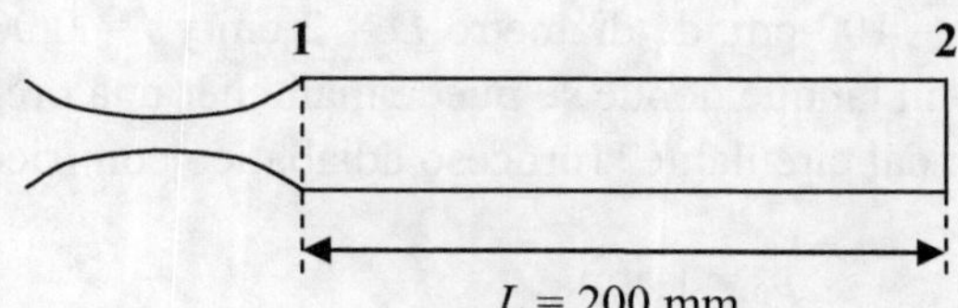

5. Una tobera isoentrópica con la siguiente relación de áreas $A_s/A^* = 2{,}2953$ descarga aire en un conducto aislado de longitud L y diámetro D. La tobera se alimenta desde un recipiente con presión de 980 N/m^2 y una temperatura de 45°C. La presión de salida en el conducto es de 196 N/m². Calcular el valor de $4\bar{f}L/D$ en los siguientes casos:

a) Flujo supersónico en la entrada del conducto;

b) Con onda de choque en la entrada del conducto.

6. Se pide la f en un tubo en el que se hicieron las siguientes mediciones:

$$M_1 = 2,52 \qquad p_1 = 0,024 \text{ atm} \qquad p_2 = 0,001 \text{ atm} \qquad D = 75 \text{ mm}$$

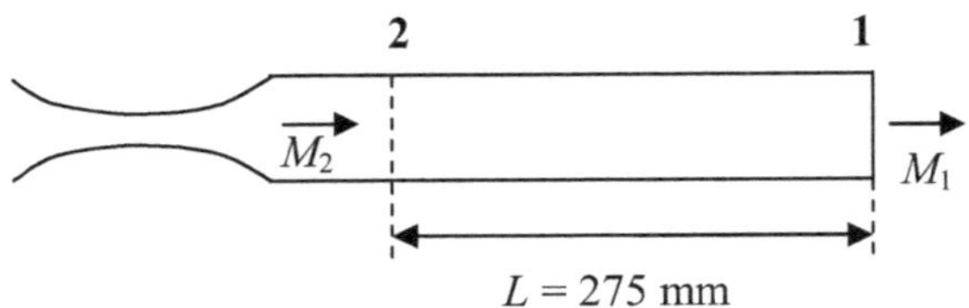

7. En el conducto indicado en la figura se pide:

a) el caudal máximo Q_{max};

b) el rango de presiones a la salida para el caudal máximo;

c) p_2 y p_{02} en la sección 2 cuando $M_2 = 1$.

$$T_0 = 60^\circ\text{C} \qquad p_0 = 68,6 \text{ N/cm}^2 \qquad D = 50 \text{ mm} \qquad \bar{f} = 0,005$$

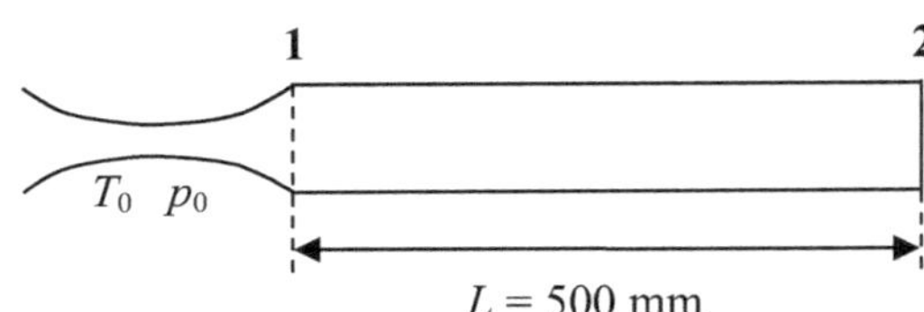

8. Sea un tubo de longitud $L = 100$ cm, de diámetro $D = 2$ cm y $f = 0,0025$ conectado por uno de sus extremos a un tanque donde se puede mantener una presión constante de 0,7 atm. Cuál será el caudal circulante? (proceso adiabático con fricción)

$$T_0 = 300 \text{ K} \qquad p_0 = 1 \text{ atm}$$

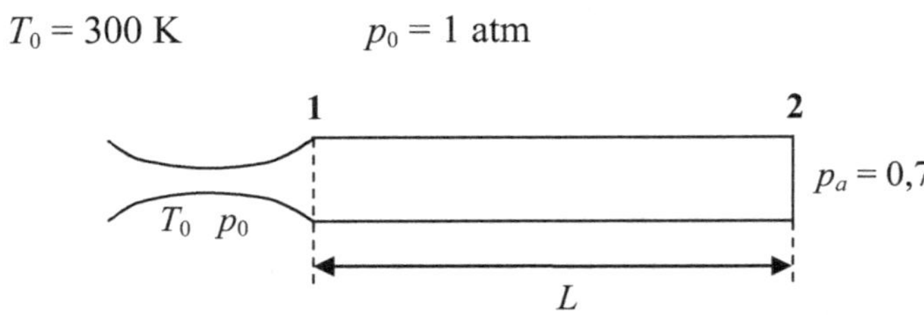

9. Se pide determinar la longitud del conducto cilíndrico y la p_{02} en el cual se han realizado las siguientes mediciones:

$$M_1 = 3 \qquad p_1 = 0,27 \text{ N/cm}^2 \qquad p_2 = 0,4 \text{ N/cm}^2$$

$$f = 0,005x + 0,001 \qquad A = 50,26 \text{ cm}^2$$

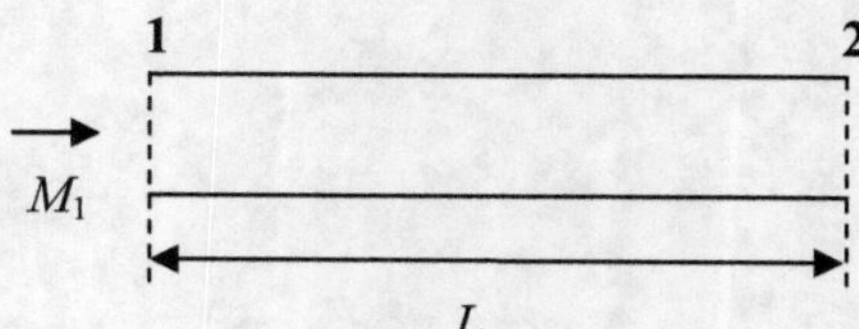

Capítulo VI

Flujo en Conductos con Variación
de la Temperatura de Estancamiento

VI.1. FLUJO CON INTERCAMBIO DE CALOR O REACCIONES QUÍMICAS

Estos dos tipos de flujo son en principio muy diferentes. El primero no es adiabático mientras que el segundo, en general, es adiabático. Además, cuando las reacciones químicas van desarrollándose, la sustancia evolutiva no ha alcanzado el equilibrio termoquímico lo cual limita la validez de las ecuaciones utilizadas para representar el cambio de entropía total que aparece en la segunda ley. A pesar de estas diferencias, los dos procesos pueden ser discutidos al mismo tiempo, como se demuestra mediante las siguientes consideraciones.

Cuando al fluido se le suministra o extrae calor por las paredes del conducto por el cual fluye, se puede utilizar la hipótesis de uniformidad y suponer que en cada sección el fluido es calentado o enfriado uniformemente (lo cual es equivalente a la aceptación y uso de valores medios apropiados). Esta hipótesis también puede ser aplicable al caso de reacciones químicas si los procesos químicos se distribuyen más o menos homogéneamente en el flujo. Ambos casos producen una variación de la temperatura de estancamiento, de modo que si se hace abstracción de la causa diferente que produce dicha variación y se la considera el parámetro fundamental de la transformación que experimenta el fluido, podría ser factible tratar a ambos procesos con un procedimiento común.

Cuando en diversas secciones del conducto coexisten reactantes y productos separados por un frente de llama, que es una zona de muy poco espesor sustituible por una discontinuidad dispuesta en forma inclinada respecto de la dirección del flujo, la representación homogénea de la combustión y la aceptación de una temperatura media en cada sección conduce a errores muy importantes. En estos casos, el tratamiento unidimensional convencional basado en hipótesis de uniformidad resulta incorrecto. No obstante, si se está interesado únicamente en las relaciones entre el estado inicial (antes de la combustión) y el final (después de la combustión), los resultados son independientes de las etapas intermedias del proceso de combustión y el método unidimensional sigue siendo aplicable.

La temperatura de estancamiento puede aumentar por suministro de calor o reacciones exotérmicas y disminuir por extracción de calor o reacciones endotérmicas. El primer caso es el más interesante porque incluye el caso de combustión. Durante la combustión, la composición química de la sustancia cambia y por ende los calores específicos (independientemente de su variación con la temperatura) y la constante del gas. Estas variaciones pueden ser tenidas en cuenta con la definición de las cantidades:

$$\Gamma\lambda = \frac{\gamma_1}{\gamma_2}\frac{\gamma_2 - 1}{\gamma_1 - 1}\frac{c_{p2}T_{02}}{c_{p1}T_{01}} = \frac{\Re_2 T_{02}}{\Re_1 T_{01}} \qquad (VI.1.1)$$

donde se ha hecho uso de:

$$\Gamma = \frac{\gamma_1}{\gamma_2}\frac{\gamma_2 - 1}{\gamma_1 - 1} \qquad (VI.1.2)$$

El subíndice 1 indica el estado inicial y el 2 el estado final.

En ausencia de transformaciones químicas, se pueden introducir las mismas cantidades y, obviamente:

$$\Gamma\lambda = \frac{T_{02}}{T_{01}} \qquad (VI.1.3)$$

Sin embargo, solamente en gases politrópicos y cuando las variaciones de la temperatura de estancamiento son pequeñas puede hacerse $\Gamma \cong 1$, y λ coincide con la relación de dichas temperaturas.

En la combustión de mezclas corrientes de hidrocarburos con aire, los cambios en la constante del gas pueden no ser considerados. Esto es válido especialmente en mezclas diluidas (mezclas pobres), en las cuales aún el efecto del cambio de la composición química en c_p no es tenido en cuenta. En este caso, la combustión puede asimilarse a un proceso donde simplemente se añade calor al fluido y la cantidad de calor añadida calcularse como se indicara en la Sección 2.2.2 del Cap. III.

Si en un proceso puramente físico la variación de la temperatura del gas es muy amplia y los calores específicos cambian apreciablemente, pretender mantenerlos invariantes desde el estado inicial del proceso hasta el final constituye una aproximación pobre. Pero si el número de Mach es suficientemente bajo de manera que la relación entre temperaturas de estancamiento y estáticas se mantiene próxima a la unidad, entonces en cada sección se puede despreciar la variación de los calores específicos entre las temperaturas T_0 y T. Se puede tomar por ejemplo, el valor del calor específico propio de T_0 y se lo mantiene constante. Debido a que T_0 varía de una sección a otra, también lo hará el calor específico, de esta manera se consigue $c_p = c_p(T_0)$ y por lo tanto variable a lo largo del proceso. Esto permitiría la utilización de todas las relaciones derivadas para gases politrópicos en términos de valores locales, no obstante se conseguiría el efecto de un γ variable de sección en sección.

Cuando hay cambio de composición, además del calor específico, también varía la constante del gas $\Re$. Si en cada sección, entre las condiciones estáticas y de estancamiento tanto $\Re$ como c_p y γ pueden mantenerse constantes, la utilización de relaciones derivadas para gases politrópicos en términos de valores locales estaría justificada. De esta manera también se conseguiría que $\Re$, c_p y γ varíen de sección en sección. Esta aproximación puede usarse con confianza para velocidades subsónicas bajas, pero a medida que las velocidades aumentan se hace más inexacta y para velocidades supersónicas correspondientes a altos números de Mach es totalmente incorrecta.

Es oportuno aquí mencionar que el problema de intercambio de calor o reacciones químicas puede ser tratado sin las hipótesis simplificadoras que han sido discutidas en los párrafos precedentes. Las ecuaciones correspondientes pueden ser escritas en forma diferencial pero no pueden ser integradas, excepto numéricamente. Esta técnica de trabajo se debe a Shapiro y Hawthorne y se desarrollará en el Cap. VII.

En todo lo expuesto hasta ahora, los efectos friccionales no han sido considerados. Esto se justificaría en cámaras de combustión subsónicas donde las distancias son cortas y los efectos de las reacciones químicas son de orden de magnitud superior. Cuando se trata del intercambio de calor a través de las paredes, esto también sería aceptable si la transferencia de calor es muy intensa, es decir, cuando la diferencia de temperaturas que produce el intercambio es muy grande. Cuando los efectos de fricción y de transferencia de calor son de magnitud comparable, la exclusión de los efectos friccionales no está justificada. En el Cap. VII se describirá un procedimiento basado en analogías existentes entre la fricción y la transferencia de calor que permite tratar ambos procesos en forma simultanea.

VI.2. APROXIMACIÓN UNIDIMENSIONAL PARA EL ANÁLISIS DE PROCESOS CON SIMPLE CAMBIO DE T_0

Las ecuaciones de conservación III.2.12, III.2.15 y III.2.16 se reducen a:

<u>Continuidad</u>:

$$\rho u = \frac{\dot{m}}{A} = C_1 \qquad (VI.1.4)$$

<u>Función impulso</u>:

$$p + \gamma p M^2 = C_2 \qquad (VI.1.5)$$

donde C_1 y C_2 son constantes y $C_2 \neq C_1$.

Ecuación de la Energía:

$$c_p\left(T_2 - T_1\right) + \frac{1}{2}\left(u_2^2 - u_1^2\right) = \Delta Q \qquad\qquad \text{(VI.1.6)}$$

con $\Delta Q = c_p\left(T_{02} - T_{01}\right)$.

Esta forma de la Ecuación de la Energía implica que el calor específico c_p del gas permanece constante. T_{02} es la temperatura de estancamiento que resulta luego de agregar o extraer la cantidad de calor ΔQ.

Ecuación de Estado:

$$p = \rho\Re T \qquad\qquad \text{(VI.1.7)}$$

donde $\Re$ es la constante del gas que tampoco cambia durante el proceso.

Para el número de Mach, es válida la definición:

$$M = \frac{u}{\sqrt{\gamma\Re T}}; \quad a = \sqrt{\gamma\Re T} \qquad\qquad \text{(VI.1.8)}$$

Si la Ecuación de Estado se expresa en términos del número de Mach, se obtiene la siguiente relación entre las temperaturas estáticas de las secciones inicial y final del tramo de conducto donde se produce la variación de T_0:

$$\frac{T_1}{T_2} = \left(\frac{p_1}{p_2}\right)^2 \frac{M_1^2}{M_2^2} \qquad\qquad \text{(VI.1.9)}$$

La constancia de la función impulso permite expresar de inmediato la relación de presiones p_1/p_2 en términos de M_1 y M_2. Resulta:

$$\frac{p_1}{p_2} = \frac{1 + \gamma M_2^2}{1 + \gamma M_1^2} \qquad\qquad \text{(VI.1.10)}$$

y reemplazando en la ec. VI.1.9 se consigue:

$$\frac{T_1}{T_2} = \frac{M_1^2}{M_2^2} \frac{\left(1 + \gamma M_2^2\right)^2}{\left(1 + \gamma M_1^2\right)^2} \qquad\qquad \text{(VI.1.11)}$$

En cada sección del conducto es aplicable la relación adiabática que vincula la temperatura de estancamiento local T_0 con la temperatura estática también local T. Entonces, se puede hacer:

$$\frac{T_{02}}{T_{01}} = \frac{T_2}{T_1} \frac{\left(1 + \frac{\gamma-1}{2} M_2^2\right)}{\left(1 + \frac{\gamma-1}{2} M_1^2\right)} \qquad (VI.1.12)$$

y sustituyendo el valor de T_1/T_2 dado por la ec. VI.1.11 se obtiene:

$$\frac{T_{02}}{T_{01}} = \frac{M_2^2 \left(1 + \gamma M_1^2\right)^2}{M_1^2 \left(1 + \gamma M_2^2\right)^2} \frac{\left(1 + \frac{\gamma-1}{2} M_2^2\right)}{\left(1 + \frac{\gamma-1}{2} M_1^2\right)} \qquad (VI.1.13)$$

que también podría haberse deducido directamente de la ecuación de la energía VI.1.6.

La ec. VI.1.13 permite solucionar el siguiente problema: dados T_{01} y M_1, es decir, la temperatura de estancamiento y número de Mach en la sección (1), determinar el número de Mach en la sección (2) si la temperatura de estancamiento pasa a valer T_{02}. En síntesis, permite calcular sección por sección las variaciones de Mach en función de los cambios en la temperatura de estancamiento.

Una vez determinado M_2 todos los otros parámetros característicos del gas pueden ser determinados fácilmente. Así por ejemplo, de la ecuación de continuidad y definición de número de Mach se encuentra que:

$$\frac{u_2}{u_1} = \frac{M_2}{M_1} \sqrt{\frac{T_2}{T_1}} = \frac{\rho_1}{\rho_2} \qquad (VI.1.14)$$

A su vez la variación de la entropía puede expresarse por:

$$\frac{s_2 - s_1}{c_p} = \ln \left[\frac{\dfrac{T_2}{T_1}}{\left(\dfrac{p_2}{p_1}\right)^{\frac{\gamma-1}{\gamma}}} \right] \qquad (VI.1.15)$$

y finalmente, de la definición de presión de estancamiento se puede obtener:

$$\frac{p_{02}}{p_{01}} = \frac{p_2}{p_1} \left[\frac{1 + \frac{\gamma-1}{2} M_2^2}{1 + \frac{\gamma-1}{2} M_1^2} \right]^{\frac{\gamma}{\gamma-1}} \qquad (VI.1.16)$$

Con el objeto de construir tablas y gráficos útiles para la solución de problemas, resulta conveniente normalizar las ecuaciones anteriormente deducidas suponiendo que cualesquiera sean los valores iniciales del número de Mach y de la temperatura de estancamiento, la variación de esta última es tal que siempre se alcanzan condiciones críticas, es decir, $M_2 = 1$. Por lo tanto todas las variables físicas en la sección donde el número de Mach es igual a la unidad se indicarán, como es costumbre, con el supraíndice[*], incluyendo el valor correspondiente de T_0.

Por consiguiente, las ec. VI.1.10 a VI.1.16 pueden escribirse:

$$\frac{p}{p^*} = \frac{\gamma+1}{1+\gamma M^2} \tag{VI.1.17}$$

$$\frac{T}{T^*} = \frac{(1+\gamma)^2 M^2}{\left(1+\gamma M^2\right)^2} \tag{VI.1.18}$$

$$\frac{u}{u^*} = \frac{\rho^*}{\rho} = \frac{(1+\gamma)M^2}{1+\gamma M^2} \tag{VI.1.19}$$

$$\frac{T_0}{T_0^*} = \frac{2(\gamma+1)M^2\left(1+\dfrac{\gamma-1}{2}M^2\right)}{\left(1+\gamma M^2\right)^2} \tag{VI.1.20}$$

$$\frac{s-s^*}{c_p} = \ln\left[M^2\left(\frac{\gamma+1}{1+\gamma M^2}\right)^{\frac{\gamma+1}{\gamma}}\right] \tag{VI.1.21}$$

$$\frac{p_0}{p_0^*} = \frac{\gamma+1}{1+\gamma M^2}\left[\frac{2\left(1+\dfrac{\gamma-1}{2}M^2\right)}{\gamma+1}\right]^{\frac{\gamma}{\gamma-1}} \tag{VI.1.22}$$

donde se ha hecho $M_2 = 1$, $p_2 = p^*$, $T_{02} = T_0^*$, etc.

Los valores de VI.1.17, VI.1.18, VI.1.20, etc. están tabulados en el Apéndice E. Utilizando las expresiones normalizadas, las propiedades de dos secciones donde los números de Mach son M_1 y M_2 pueden calcularse a partir de expresiones del tipo:

$$\frac{T_{02}}{T_{01}} = \frac{\left(\dfrac{T_0}{T_0^*}\right)_{M_2}}{\left(\dfrac{T_0}{T_0^*}\right)_{M_1}} \tag{VI.1.23}$$

Las variables de estado del gas en (1), incluyendo el número de Mach M_1, son por lo general datos. También lo es T_{02}/T_{01} ya que se supone conocido el cambio que experimenta la temperatura de estancamiento. Por lo tanto de la relación VI.1.23 puede calcularse $\left(T_0/T_0^*\right)_{M_2}$. Con este valor se entra a la Tabla del Apéndice E y se determina el M_2 correspondiente. Conocido M_2, mediante la relación 1.10 puede obtenerse p_2/p_1 y procediendo de la misma manera todas las otras variables físicas.

VI.3. LA LÍNEA DE RAYLEIGH

Las ec. VI.1.18 y VI.1.21 expresan la temperatura en función de la entropía específica en forma paramétrica, siendo el número de Mach el parámetro. La curva representativa de $T = T(\gamma, s)$ recibe el nombre de línea de Rayleigh y está esquematizada en la Fig. VI.3.1.

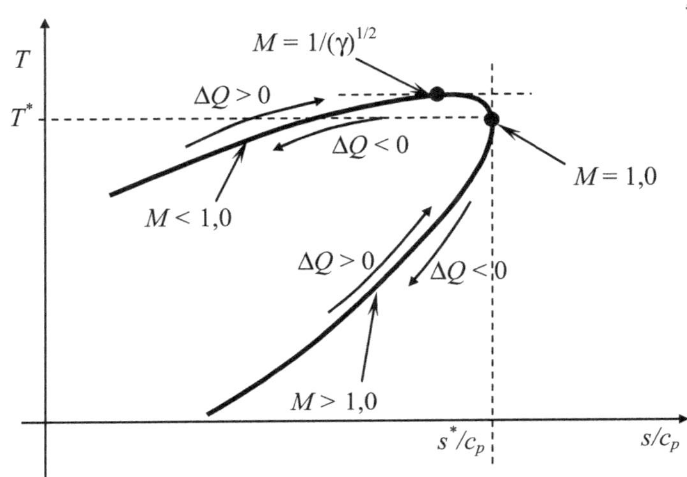

Fig. VI.3.1 – Curva de Rayleigh para simple cambio de T_0.

Si a partir de la ec. VI.1.18 se calcula la relación entre el diferencial logarítmico dT/T y dM/M, y de la ec. VI.1.21 la relación entre ds/c_p y dM/M, se puede conseguir luego de eliminar dM/M entre ambas relaciones:

$$\left(c_p \frac{dT}{ds}\right)_{RAYLEIGH} = T\frac{1-\gamma M^2}{1-M^2} \tag{VI.1.24}$$

verificándose que:

$$\frac{dT}{ds} = 0 \qquad \text{para } M = \frac{1}{\sqrt{\gamma}}$$

$$\frac{dT}{ds} \rightarrow \infty \qquad \text{para } M = 1.$$

La línea de Rayleigh es representativa de flujos en los cuales el caudal másico y la función impulso permanecen constantes y las sustancias consideradas deben estar en equilibrio termoquímico o que su composición no cambie. La rama de la línea de Rayleigh por encima del punto de máxima entropía (donde $M = 1$) corresponde a flujo subsónico, mientras que la ubicada por debajo corresponde a flujo supersónico. Puesto que un proceso de simple cambio de T_0 es termodinámicamente reversible, la entropía debe aumentar cuando se agrega calor y debe disminuir cuando se extrae calor. A velocidades subsónicas el número de Mach se incrementa cuando se calienta el gas y disminuye cuando se lo enfría. En cambio, a velocidades supersónicas, el número de Mach disminuye por calentamiento del gas y aumenta por enfriamiento. El proceso de calentamiento siempre tiende a hacer que el Mach de la corriente fluida se aproxime a la unidad. En este sentido, guarda similitud con el proceso de fricción. A su vez, si al gas se lo enfría se consigue que el número de Mach se aleje del valor crítico.

También se deduce de la línea de Rayleigh que la <u>máxima cantidad de calor que se puede agregar al sistema es la que hace que el número de Mach a la salida del conducto sea unitario</u>. Cuando se alcanza esta condición, se produce lo que en la literatura inglesa se denomina *choked duct*. Si se pretende añadir más calor, el "ahogamiento" del conducto impide su funcionamiento, a no ser que se modifiquen las condiciones a la entrada. Las tendencias de los cambios que se originan en las propiedades del gas por la variación de la temperatura de estancamiento, pueden resumirse como lo muestra la Tabla VI.1.

TABLA VI.1

Variable	Calentamiento		Enfriamiento	
	$M < 1$	$M > 1$	$M < 1$	$M > 1$
T_0	aumenta	aumenta	disminuye	disminuye
M	aumenta	disminuye	disminuye	aumenta
T	(nota 1)	aumenta	(nota 2)	disminuye
p	disminuye	aumenta	aumenta	disminuye
p_0	disminuye	disminuye	aumenta	aumenta
u	aumenta	disminuye	disminuye	aumenta

Se observa en dicho cuadro que cuando el gas se calienta, siempre se produce una disminución de la presión de estancamiento, sin importar si el movimiento es subsónico o supersónico. Consecuentemente, en las cámaras de combustión nunca se pueden eliminar las pérdidas de presión de estancamiento.

El valor de T/T^* pasa por un máximo cuando $M = 1/\sqrt{\gamma}$. Para valores de Mach comprendidos entre $1/\sqrt{\gamma} < M < 1$, se observa en la Fig. VI.3.1 que aunque se añade calor se produce una disminución de la temperatura estática de la corriente fluida. Este fenómeno se produce porque la energía agregada al gas genera un incremento de la energía cinética en desmedro de la temperatura estática. Mientras que si se extrae calor se incrementa la temperatura. Entonces, las notas 1 y 2 se escribirían:

Nota 1: aumenta para $M < 1/\sqrt{\gamma}$ y disminuye para $M > 1/\sqrt{\gamma}$.

Nota 2: disminuye para $M < 1/\sqrt{\gamma}$ y aumenta para $M > 1/\sqrt{\gamma}$.

VI.4. VALORES LÍMITES PARA EL CALENTAMIENTO O ENFRIAMIENTO

Del gráfico de Rayleigh se desprende que para cada número de Mach inicial existe un valor máximo de la relación T_{02}/T_{01} para la cual una solución es posible y hace que el número de Mach M_2 sea exactamente la unidad. Desde otro punto de vista, si se fija el incremento de la temperatura de estancamiento sobre el valor inicial dado, existe en **flujo subsónico** un número de Mach inicial **máximo** y en **flujo supersónico** un número de Mach **mínimo**, para los cuales son posibles soluciones estacionarias.

Si el flujo es subsónico y se extrae calor de la corriente gaseosa, la ec. VI.1.13 muestra que no existen limitaciones en el valor de la relación T_{02}/T_{01}. Por otra parte, si la velocidad inicial es supersónica, de la misma ecuación se deduce que existe una disminución máxima de la temperatura de estancamiento y T_{02} alcanza un valor mínimo. Cuando se obtiene este valor, el número de Mach a la salida del conducto es infinito y la corriente adquiere una energía cinética correspondiente a c_pT_{02}.

Considerando que desde el punto de vista de las aplicaciones prácticas, los problemas en los cuales se incrementa la temperatura de estancamiento son los que más interesan, se procederá a tratarlos con más detalles en los párrafos siguientes.

VI.4.1. Flujo Subsónico

Sea la entrada de la cámara de combustión de un *ramjet* de sección constante donde se supone que el aire posee una velocidad de 170 m/s ($M_1 = 0,5$) y una temperatura de estancamiento $T_{01} = 300$ K. Se pretende agregar combustible suficiente para elevar hasta 1.200 K la temperatura de estancamiento de los gases a la salida de la cámara de combustión. Este requerimiento implica un incremento de cuatro veces la temperatura de estancamiento a la entrada. Pero la Tabla E.1 del Apéndice E establece que para $M = 0,5$ la temperatura de estancamiento sólo puede aumentarse en un 45% y ya se consigue $M_2 = 1$. Por lo tanto, para conseguir el valor final de 1.200 K, debe necesariamente disminuirse el Mach inicial.

Para determinar este nuevo Mach a la entrada de la cámara de combustión, se supone que se consigue $M_2 = 1$ a la salida lo cual permite escribir:

$$\frac{T_{02}}{T_{01}} = 4 = \frac{1}{\left(T_0/T_0^*\right)_{M_1}}$$

de donde se deduce que $(T_0/T_0^*)_{M1} = 0,25$. Yendo con este valor a la Tabla E.1 se encuentra que $M_1 = 0,246$, distinto del supuesto con anterioridad ($M_1 = 0,5$). Como la temperatura T_{01} permanece inalterada se concluye que la máxima velocidad permisible a la entrada es de 84 m/s. Si es inferior a 84 m/s, también se consigue la temperatura requerida a la salida de la cámara de combustión, pero no se obtiene Mach igual a 1. El Mach asociado con la velocidad de 84 m/s es el máximo número de Mach que permite añadir al sistema la cantidad de calor necesaria para incrementar su temperatura de estancamiento desde 300 a 1.200 K.

Esto representa una restricción para la velocidad inicial en las cámaras de combustión, la cual es mucho más severa que la impuesta por consideraciones de estabilidad de la llama. Además, aún con la máxima velocidad permisible que es considerablemente menor que la supuesta inicialmente, una pérdida de la presión de estancamiento de aproximadamente el 18% es inevitable. Esta perdida, consecuencia del incremento de T_0 debe sumarse a otras, debidas por ejemplo, a fricción sobre las paredes y a resistencias de forma. Téngase en cuenta que al disminuir la velocidad a la entrada de la cámara de combustión, se produce, generalmente, una reducción del caudal de aire y para volver a obtener el valor requerido, se deben modificar las dimensiones de la cámara.

VI.4.2   Flujo Supersónico

Para conseguir flujo supersónico, es necesario incorporar en la entrada del conducto una tobera convergente-divergente. Definido el Mach en la sección de entrada del conducto, si el incremento de la temperatura de estancamiento es mayor que el máximo permisible (Fig. VI.3.1), existe una única posibilidad para que se establezca un flujo estacionario: la formación de una onda de choque en el divergente de la tobera de alimentación. La ubicación de la onda de choque estará determinada por la condición que el número de Mach en la salida del conducto de sección constante sea exactamente la unidad. Puesto que detrás del choque el flujo pasa a ser subsónico, todo el proceso de calentamiento del fluido estaría representado por un tramo de la rama subsónica de la línea de Rayleigh, al cual se accede desde la rama supersónica vía las ecuaciones del choque recto. En lo expuesto está implícito que el calor se añade en el conducto de área constante.

Si se incrementa aún más la temperatura de estancamiento, puede ocurrir que no se alcancen condiciones críticas en la garganta de la tobera y todo el flujo sea subsónico. A lo sumo se alcanzarían condiciones críticas en la salida del conducto. Esto representaría una condición de "ahogamiento" para la combinación tobera-conducto ya que el caudal másico no se vería afectado por variaciones de la presión de descarga, en tanto la velocidad en la salida permanezca sónica.

Es de interés analizar que podría ocurrir si al *ramjet* del caso anterior se agrega más calor que el máximo compatible. Las condiciones iniciales se alterarían de tal manera que el choque, normalmente localizado en el divergente de la toma de aire, podría ser expulsado fuera de la toma y producirse una inaceptable degradación de prestaciones.

VI.5. EJERCICIOS

1. Calcular las condiciones del flujo a la salida de un conducto de área constante y sin fricción, si aumenta T_0. El Mach en la entrada es $M_1 = 0,2$ y en la salida $M_2 = 0,6$. El $\gamma = 1,3$ y $c_p = 0,2$ cal/(KgK). Calcular Q.

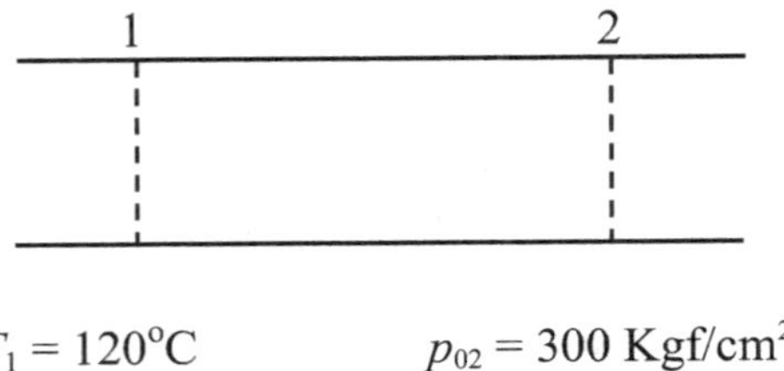

$$T_1 = 120°C \qquad\qquad p_{02} = 300 \ Kgf/cm^2$$

2. En la figura se indica una tobera convergente – divergente que se continúa en un conducto cilíndrico de sección constante. Sabiendo que se produce una onda de choque en el divergente de la tobera, con los siguientes datos, calcular T_{0s} y p_s en la sección de la salida, para que el caudal sea máximo:

$$A_g = 20 cm^2 \qquad A_m = 30 \ cm^2 \qquad A_i = 37 \ cm^2$$

$$p_0 = 2 \ atm \qquad T_0 = 380 \ K$$

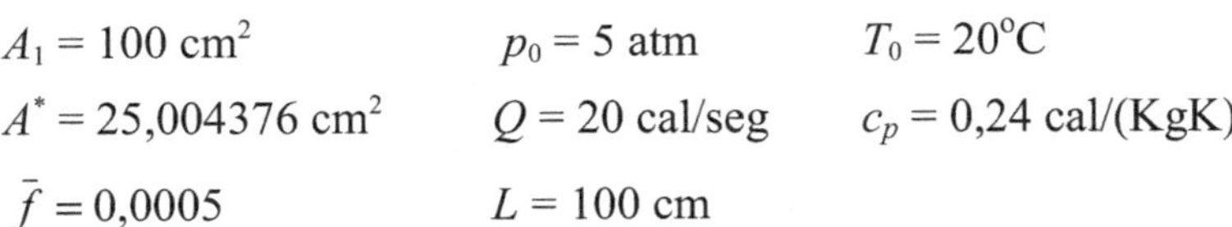

3. Calcular en el siguiente dispositivo las condiciones en la salida y en la descarga:

$$A_1 = 100 \ cm^2 \qquad p_0 = 5 \ atm \qquad T_0 = 20°C$$

$$A^* = 25,004376 \ cm^2 \qquad Q = 20 \ cal/seg \qquad c_p = 0,24 \ cal/(KgK)$$

$$\bar{f} = 0,0005 \qquad L = 100 \ cm$$

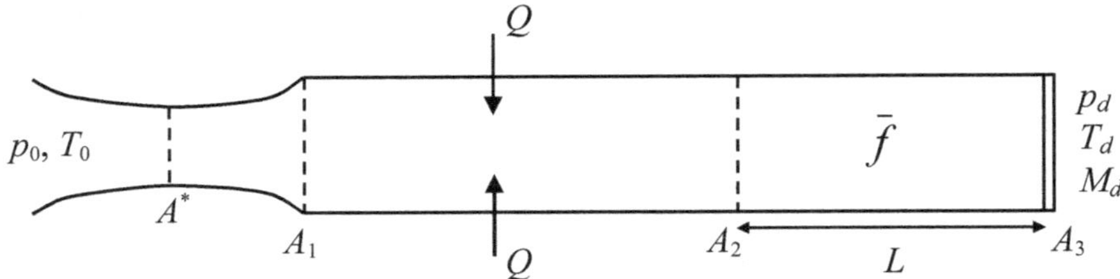

4. Por un conducto de sección constante y sin fricción, circula aire con $M_1 > 1$ y M_2 es tal que se ha agregado la mayor cantidad de calor sin que aparezca una onda de choque. Según los datos de la figura, calcular M_1, Q, T_1, T_2 y V_1.

$$c_p = 0{,}24 \text{ cal/(KgK)}$$

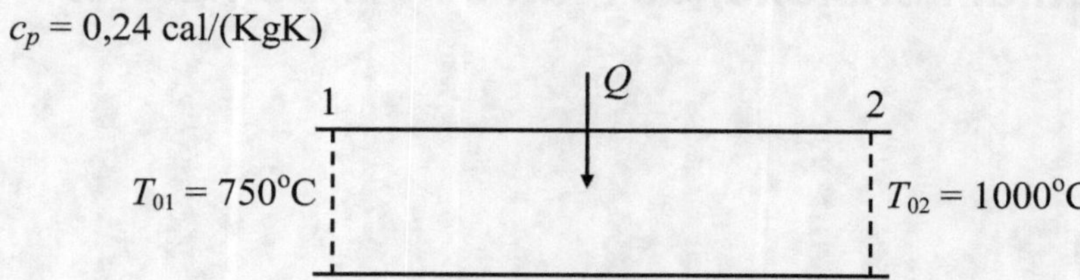

Capítulo VII

Análisis Unidimensional de Flujos más Complejos

VII.1. INTRODUCCIÓN A FLUJOS MÁS COMPLEJOS

VII.1.1. Análisis Unidimensional

De los análisis efectuados en los capítulos precedentes IV, V y VI, resulta claro que los únicos tipos de flujo para los cuales la solución puede expresarse en términos de relaciones algebraicas, corresponden a gases perfectos con transformaciones producidas por una sola causa independiente tal como cambio de área, fricción y el agregado o sustracción de calor. También se podría haber incluido entre estos tipos de flujo a otros en los cuales la presión y el área satisfacen una relación del tipo pA^n = constante, considerando la variación de área no ya independiente sino determinada por la única causa de la transformación (fricción o cambios en la temperatura de estancamiento). Pero, si los calores específicos son variables o el flujo contempla efectos combinados de dos o más causas independientes (variación de área y fricción, fricción y transferencia de calor, etc.) solamente es factible la utilización de métodos aproximados o tratamientos numéricos.

La solución de flujos más complejos, que de acuerdo con la formulación general del Cap. III contienen varias causas independientes, sólo puede obtenerse mediante cálculos numéricos a partir de las ecuaciones generales de conservación, escritas en forma diferencial, es decir de las ec. III.2.6, III.2.7, III.2.8, que se rescriben aquí:

$$d\dot{m} = d\dot{m}_i \tag{VII.1.1}$$

$$dI = -Adp - dX_w - dX_b + dI_i \tag{VII.1.2}$$

$$dH_t = d\dot{Q}_w + d\dot{Q}_b + d\dot{W}_b + dH_{t_i} \tag{VII.1.3}$$

En la ecuación de la energía (ec. VII.1.3) se ha mantenido el termino $d\dot{W}_b$ que representa cualquier otra forma de energía (distinta de la calórica) suministrada (o extraída) al (del) fluido. Si la sustancia inyectada consiste de un número discreto N de corrientes, cada una con su velocidad axial de inyección y entalpía total (indicando con esta última la suma de la entalpía estática y la energía cinética incluyendo a sustancias no gaseosas), se tiene:

$$dm_i = \sum_{j=1}^{N} \left(dm_i \right)_j \qquad\qquad (VII.1.4a)$$

$$dI_i = \sum_{j=1}^{N} \left(u_i \, dm_i \right)_j \qquad\qquad (VII.1.4b)$$

$$dH_{t_i} = \sum_{j=1}^{N} \left(h_{t_i} \, dm_i \right)_j \qquad\qquad (VII.1.4c)$$

donde con el subíndice j se hace referencia a cualquiera de las N corrientes. Téngase presente que si se producen cambios de estado o de composición química, en la entalpía de cada sustancia de la corriente principal y de las inyectadas, deben incluirse los calores latentes y de formación. Obviamente el uso de las ec. VII.1.1, VII.1.2 y VII.1.3 implica cambios continuos en todas las magnitudes físicas. Cuando se producen discontinuidades, la conexión entre cantidades a ambos lados de la discontinuidad debe realizarse utilizando una forma macroscópica de las ecuaciones de conservación.

VII.1.2. Método de Shapiro y Hawthorne

Puede lograrse considerable claridad en el cálculo numérico y en la interpretación cualitativa de los resultados si se sigue el método desarrollado por Shapiro y Hawthorne. El método consiste en expresar los diferenciales de cada variable dependiente relevante (tal como velocidad, presión, densidad, etc.) en términos de una combinación lineal de los diferenciales de las variables independientes causantes de la transformación (tal como fricción, cambio de área, intercambio de calor, etc.). Los coeficientes de estas combinaciones lineales, denominados **coeficientes de influencia**, se pueden expresar como función de una sola variable (por ej. el número de Mach, la velocidad reducida w, etc.). La primera introducción de esta idea de los coeficientes de influencia como función del número de Mach, remonta al año 1944 y es acreditada a Bailey (J. Aeron. Sci. 11, 227-238, 1944) que la utilizó para la solución de problemas simples. La primera publicación de Shapiro y Hawthorne sobre el tema data de 1947 (Jour. App. Mech. Vol. 14, No. 4, 1947). Debe darse crédito a Bailey porque la técnica en si misma puede ser estudiada en su artículo de 1944. Sin embargo, Shapiro y Hawthorne han contribuido significativamente a su difusión, como resultado de las aplicaciones que efectuaron a problemas unidimensionales de notoria complejidad. Además, Shapiro con su libro "*The Dynamics and Thermodynamics of Compressible Fluid Flow*", convirtió a la técnica de los coeficientes de influencia aplicada a movimientos unidimensionales en tema imprescindible en la enseñanza de la dinámica de los gases.

Con la técnica de los coeficientes de influencia, pueden considerarse tipos de flujo muy generales puesto que permite la inclusión de efectos por variaciones de la sección del conducto, fricción en las paredes, resistencia de cuerpos inmersos en la corriente, reacciones químicas, mezcla y cambio de fase de sustancias inyectadas y por variaciones en el peso molecular (causadas por las reacciones químicas o la mezcla de gases). El efecto de las fuerzas másicas no será considerado en el desarrollo que sigue, pero podría serlo sin dificultades especiales. Se supondrá que para cada componente gaseosa del sistema es aplicable la ecuación de estado de un gas perfecto. Por lo tanto para todo el gas que fluye se puede escribir la ecuación de estado:

$$p = \rho \Re T \tag{VII.1.5}$$

donde $\Re$ no es constante si el peso molecular W varía, ya que está relacionado con dicho peso y la constante universal R por la ecuación:

$$\Re = \frac{R}{W} \tag{VII.1.6}$$

Por supuesto, la variabilidad de $\Re$ no altera la expresión de la velocidad del sonido, la cual todavía está dada por:

$$a^2 = \gamma \Re T \tag{VII.1.7}$$

De la diferenciación logarítmica de las ec. VII.1.5 y VII.1.6 se obtiene:

$$\frac{dp}{p} - \frac{d\rho}{\rho} - \frac{dT}{T} + \frac{dW}{W} = 0 \tag{VII.1.8}$$

la cual, representa la forma diferencial de la ecuación de estado.

La forma diferencial de la ecuación de continuidad se obtiene de la diferenciación logarítmica de $\dot{m} = \rho u A$ y sustitución en las ec. VII.1.1 y VII.1.4a, resultando:

$$\frac{d\rho}{\rho} + \frac{du}{u} + \frac{dA}{A} = \sum_{j=1}^{N} \frac{1}{\dot{m}} (d\dot{m}_i)_j \tag{VII.1.9}$$

Con la ecuación de cantidad de movimiento puede procederse de la siguiente manera. Diferenciando la cantidad de movimiento I se consigue:

$$dI = d(\dot{m}u) = \dot{m}du + ud\dot{m}_i = \dot{m}du + \sum_{j=1}^{N} u(d\dot{m}_i)_j$$

y la ec. VII.1.2 se escribe como:

$$\dot{m}du + Adp = -dX_w - dX_b + \sum_{j=1}^{N} (u_i d\dot{m}_i)_j - \sum_{j=1}^{N} u(d\dot{m}_i)_j \tag{VII.1.10}$$

luego de usar las ec. VII.1.4. Utilizando la ec. III.1.6, se puede expresar dX_w como:

$$dX_w = 4\tau_w A \frac{dx}{D_h}$$

y luego de introducir el coeficiente de fricción f definido por:

$$\tau_w = f \frac{\gamma}{2} pM^2$$

resulta:

$$dX_w = \frac{\gamma}{2} pAM^2 4f \frac{dx}{D_h}$$

También con la ayuda de las ec. VII.1.5 y VII.1.7 se consigue:

$$\dot{m} = \rho u A = \frac{\gamma pAM^2}{u} \tag{VII.1.11}$$

Reemplazando en la ec. VII.1.10, dividiendo por pA y luego de ciertos arreglos algebraicos, la ecuación de cantidad de movimiento se puede expresar de la manera siguiente:

$$\gamma M^2 \frac{du}{u} + \frac{dp}{p} = -\frac{\gamma}{2} M^2 \left\{ 4f \frac{dx}{D_h} + \frac{dX_b}{\frac{\gamma}{2} ApM^2} + 2\sum_{j=1}^{N} \left[\left(1 - \frac{u_i}{u} \right) \frac{d\dot{m}_i}{\dot{m}} \right]_j \right\} \tag{VII.1.12}$$

que es la forma diferencial buscada.

Para la ecuación de la energía el punto de partida es la diferenciación de la entalpía total H_t:

$$dH_t = d(\dot{m}h_t) = \dot{m}(dh + udu) + h_t d\dot{m}_i \tag{VII.1.13}$$

Para expresar los cambios en la entalpía estática dh se procede de la forma siguiente. Por definición:

$$h = h_r + \int_{T_r}^{T} c_p \, dT$$

y diferenciando

$$dh = dh_r + d\left(\int_{T_r}^{T} c_p \, dT\right) = dh_r + c_p \, dT + \int_{T_r}^{T} (dc_p) \, dT \qquad \text{(VII.1.14)}$$

Aquí h_r y c_p no permanecen constantes, debido a los cambios que se producen en la composición del gas por reacciones químicas y por la mezcla con las sustancias inyectadas en forma gaseosa o que se gasifican. Es necesario entonces, incorporar ambos efectos lo cual se consigue haciendo:

$$dh_r = (dh_r)_{quim} + (dh_r)_{mz} \qquad \text{(VII.1.15a)}$$

$$dc_p = (dc_p)_{quim} + (dc_p)_{mz} \qquad \text{(VII.1.15b)}$$

donde el subíndice mz indica mezcla con las sustancias inyectadas.

Consecuentemente las ec. VII.1.15 tienen dos términos que pueden relacionarse con el efecto térmico dq_{tm} de una reacción química elemental a la temperatura T y que por analogía con la ec. III.1.15b se pueden expresar por:

$$(dh_r)_{quim} + \int_{T_r}^{T} (dc_p)_{quim} \, dT = -dq_{tm} \qquad \text{(VII.1.16)}$$

En un proceso elemental de mezcla que se efectúa a la temperatura T, los otros dos términos de las ec. VII.1.15 están relacionados con las entalpías y los calores específicos a presión constante de las sustancias inyectadas mediante las ecuaciones siguientes:

$$(dh_r)_{mz} = \sum_{j=1}^{N} \left[(h_{r_i})_j - h_r\right] \frac{(d\dot{m}_i)_j}{\dot{m}} \qquad \text{(VII.1.17a)}$$

$$(dc_p)_{mz} = \sum_{j=1}^{N} \left[(c_{p_i})_j - c_p\right] \frac{(d\dot{m}_i)_j}{\dot{m}} \qquad \text{(VII.1.17b)}$$

Considerando que en un proceso de mezcla h_r y c_p pueden sumarse, la parte de dh asociada con la mezcla de gases se puede escribir ahora como:

$$(dh_r)_{mz} + \int_{T_r}^{T} (dc_p)_{mz} \, dT = \sum_{j=1}^{N} \left[(h_i(T))_j - h\right] \frac{(d\dot{m}_i)_j}{\dot{m}} \qquad \text{(VII.1.18)}$$

donde

$$(h_i(T))_j = \left[h_{r_i} + \int_{T_r}^{T} c_{p_i} \, dT\right]_j$$

representa la entalpía de la sustancia inyectada j, luego que ha adquirido la temperatura T de la corriente principal.

Insertando las ec. VII.1.16 y VII.1.18 en VII.1.14 se obtiene finalmente para la variación dh la siguiente expresión:

$$dh = -dq_{tm} + \sum_{j=1}^{N}\left[\left(h_i(T)\right)_j - h\right]\frac{(d\dot{m}_i)_j}{\dot{m}} + c_p\,dT \qquad \text{(VII.1.19)}$$

Volviendo a la expresión general de la ecuación de la energía, ésta se puede escribir ahora como sigue:

$$\dot{m}\left\{-dq_{tm} + \sum_{j=1}^{N}\left[\left(h_i(T)\right)_j - h\right]\frac{(d\dot{m}_i)_j}{\dot{m}}\right\} + \dot{m}c_p\,dT + \dot{m}u^2\frac{du}{u} =$$

$$= d\dot{Q}_w + d\dot{Q}_b + d\dot{W}_b + \dot{m}\sum_{j=1}^{N}\frac{\left(h_{t_i}d\dot{m}_i\right)_j}{\dot{m}} - \dot{m}\sum_{j=1}^{N}\frac{h_t(d\dot{m}_i)_j}{\dot{m}}$$

o sea:

$$\dot{m}c_p\,dT + \dot{m}u^2\frac{du}{u} = d\dot{Q}_w + d\dot{Q}_b + d\dot{W}_b + \dot{m}\sum_{j=1}^{N}\left[h_{t_i} - h_{t_i}(T)\right]_j\frac{(d\dot{m}_i)_j}{\dot{m}} + \dot{m}dq_{tm}$$

donde la cantidad

$$\left(h_{t_i}(T)\right)_j = \left(h_i(T)\right)_j + \frac{u^2}{2}$$

representa la entalpía total de la sustancia inyectada j a la temperatura T y velocidad u de la corriente principal. Por su parte $(h_{t_i})_j$ representa la entalpía de la sustancia antes de ser inyectada.

Finalmente, luego de dividir por $\dot{m}c_pT$, se puede obtener la siguiente forma diferencial para la ecuación de la energía:

$$\frac{dT}{T} + (\gamma-1)M^2\frac{du}{u} = \frac{1}{\dot{m}c_pT}\left[d\dot{Q}_w + d\dot{Q}_b + d\dot{W}_b + d\mathrm{K}\right] \qquad \text{(VII.1.20)}$$

donde por brevedad se ha hecho:

$$d\mathrm{K} = \dot{m}dq_{tm} + \sum_{j=1}^{N}\left[h_{t_i} - h_{t_i}(T)\right]_j(d\dot{m}_i)_j \qquad \text{(VII.1.21)}$$

Puede observarse que las formas diferenciales de las ecuaciones de conservación (ec. VII.1.9, VII.1.12 y VII.1.20) son más generales que las presentadas por Shapiro y

Hawthorne quienes consideraron únicamente la inyección de dos corrientes, una en forma gaseosa y la otra líquida que se vaporiza tan pronto como es inyectada. Para la inyección de líquido, el valor de $(h_{t_i})_j$ se calcula para la sustancia en su forma líquida y el de $[h_{t_i}(T)]_j$ una vez que se ha vaporizado. La diferencia entre los correspondientes valores de h_r es el calor latente de vaporización a la temperatura de referencia.

Si a las ecuaciones de conservación VII.1.9, VII.1.12 y VII.1.20 y a la de estado VII.1.8, se añade la siguiente ecuación obtenida por diferenciación logarítmica de las ec. VII.1.7 y VII.1.6:

$$\frac{da}{a} - \frac{1}{2}\left(\frac{d\gamma}{\gamma} + \frac{dT}{T} - \frac{dW}{W}\right) = 0 \qquad \text{(VII.1.22)}$$

y la que se puede derivar a partir de la definición de M^2:

$$\frac{dM^2}{M^2} - 2\left(\frac{du}{u} - \frac{da}{a}\right) = 0 \qquad \text{(VII.1.23)}$$

se puede disponer de seis (6) ecuaciones lineales que relacionan los diferenciales logarítmicos de las cantidades dependientes M^2, u, a, T, ρ y p con los procesos elementales que producen la transformación representados por los segundos miembros de las ec. VII.1.9, VII.1.12 y VII.1.20 y por los diferenciales logarítmicos de A, γ y W.

Las seis ecuaciones mencionadas pueden solucionarse con respecto a las magnitudes dependientes, de modo que cada una de ellas se expresa como combinación lineal de las expresiones que representan los procesos elementales independientes. Los coeficientes de las combinaciones lineales, esto es los **coeficientes de influencia**, se muestran en las primeras seis filas de la Tabla F.1 del Apéndice F, y son funciones de M^2 solamente. En las dos últimas filas se presentan los coeficientes de influencia para el impulso F y la entropía s, considerados como magnitudes dependientes. Para la función impulso se obtiene a partir de la diferenciación logarítmica de la ec. III.2.5:

$$\frac{dF}{F} = \frac{dp}{p} + \frac{dA}{A} + \frac{\gamma M^2}{1+\gamma M^2}\left(\frac{d\gamma}{\gamma} + \frac{dM^2}{M^2}\right) \qquad \text{(VII.1.24)}$$

Para la entropía específica, Shapiro y Hawthorne hacen uso de la ecuación:

$$\frac{ds}{c_p} = \frac{dT}{T} - \frac{\gamma - 1}{\gamma}\frac{dp}{p} \qquad \text{(VII.1.25)}$$

la cual, no representa ni el cambio de la entropía total que aparece en la formulación de la segunda ley (ec. III.2.29), ni tampoco el que experimenta la totalidad del fluido que fluye formado por la corriente principal, más la inyección de gas o líquido evaporado. Este último cambio puede expresarse por:

$$d\overline{s} = ds + \sum_{j=1}^{N}\left[s - \left(s_i\right)_j\right]\frac{\left(d\dot{m}_i\right)_j}{\dot{m}} \qquad\qquad (VII.1.26)$$

La expresión VII.1.25 puede utilizarse en la ec. VII.1.26 para reemplazar la variación ds de la entropía de la corriente principal, cuando la constitución química de las sustancias inyectadas es idéntica a la de la corriente principal y no se producen reacciones químicas. En el caso general se requiere una expresión mucho más complicada para ds, que tenga en cuenta variaciones de la entropía de referencia s_r debido a las reacciones químicas o a la adición de las sustancias inyectadas, las variaciones de γ y peso molecular W, y finalmente el incremento de entropía que resulta de la homogeneización de la mezcla de gases.

A pesar de todo, la inclusión de la última fila de la tabla es interesante porque permite la derivación inmediata de las ecuaciones que dan los cambios de entropía que se producen por fricción e intercambio de calor. Por ello, al coeficiente de influencia de $d\dot{m}_i \,/\, \dot{m}$ se le ha agregado un signo de interrogación para indicar que debe utilizarse con cuidado ya que la ec. VII.1.25 provee la expresión correcta para la ec. VII.1.26 solamente cuando no hay cambios en la composición química y cuando $d\dot{m}_i = 0$ o cuando la sustancia que se inyecta es la misma que la de la corriente principal.

Relaciones Macroscópicas Útiles

Además de las ecuaciones diferenciales que pueden plantearse utilizando la tabla de coeficientes de influencia F.1, se pueden obtener relaciones macroscópicas (o integrales) que vinculan los valores de los parámetros físicos en la sección inicial del conducto, con sus respectivos valores en la sección final. Por ejemplo a partir de la definición de numero de Mach se puede obtener:

$$\frac{u_2}{u_1} = \frac{M_2}{M_1}\sqrt{\frac{\gamma_2 W_1 T_2}{\gamma_1 W_2 T_1}} \qquad\qquad (VII.1.27)$$

donde el subíndice 1 denota los valores correspondientes a la sección inicial y el subíndice 2 los de la sección final.

Utilizando la ecuación de continuidad resulta:

$$\frac{\rho_2}{\rho_1} = \frac{\dot{m}_2 u_2 A_2}{\dot{m}_1 u_1 A_1} \qquad\qquad (VII.1.28)$$

con $\dot{m}_2 = \dot{m}_1 \left[1 + \sum_j \left(\dfrac{\Delta \dot{m}_i}{\dot{m}_1} \right)_j \right]$ donde $\dot{m}_2$ incluye la totalidad de la masa que ha sido inyectada entre las secciones inicial y final.

Por otra parte, la ecuación de estado permite escribir:

$$\frac{p_1}{p_2} = \frac{\rho_1 W_2 T_1}{\rho_2 W_1 T_2} \tag{VII.1.29}$$

y finalmente para la función impulso se obtiene:

$$\frac{F_2}{F_1} = \frac{p_2 A_2}{p_1 A_1} \frac{\left(1 + \gamma_2 M_2^2\right)}{\left(1 + \gamma_1 M_1^2\right)} \tag{VII.1.30}$$

Para el cálculo de todas las relaciones integrales solo se necesita conocer los valores de M_2 y T_2 en la sección final del conducto, los cuales se obtienen resolviendo las ecuaciones diferenciales correspondientes. Es decir, de todas las ecuaciones diferenciales que pueden formarse utilizando los coeficientes de influencia de la Tabla F.1, solo se necesitan solucionar dos de ellas. Nótese que la integración de estas dos ecuaciones requiere un método numérico, el cual debe incluir un procedimiento para evaluar el efecto térmico y las variaciones del peso molecular y de los calores específicos que, como consecuencia de la inyección de masa y del proceso químico, se producen en la corriente gaseosa.

VII.1.3. Flujos con Masa Molecular y Calores Específicos Constantes

Lo que sigue es aplicable cuando las variaciones en el peso molecular, los calores específicos y consecuentemente γ, son pequeñas de modo que el gas puede ser considerado perfecto. Esta aproximación puede ser aplicable también a la combustión de mezclas diluidas, de conformidad con lo expuesto en la Sección III.2.2.2, al discutir las aproximaciones para el cálculo de q_{tm}. Obviamente la hipótesis de W y c_p constantes implica que las sustancias inyectadas, tienen los mismos valores de W y c_p, lo cual, salvo raras excepciones, conduce a la identidad química de dichas sustancias con la corriente principal.

Se puede hacer uso, en este caso, de las relaciones I.3.17 y I.3.21 para introducir la temperatura y presión de estancamiento. Mediante la diferenciación logarítmica de dichas relaciones se obtiene:

$$\frac{dT_0}{T_0} = \frac{dT}{T} + \frac{\frac{\gamma-1}{2}M^2}{1+\frac{\gamma-1}{2}M^2}\frac{dM^2}{M^2}$$

$$\frac{dp_0}{p_0} = \frac{dp}{p} + \frac{\frac{\gamma}{2}M^2}{1+\frac{\gamma-1}{2}M^2}\frac{dM^2}{M^2}$$

(VII.1.31)

También la ec. VII.1.20 puede rescribirse como:

$$\frac{dT_0}{T} = \left(1+\frac{\gamma-1}{2}M^2\right)\frac{dT_0}{T_0} = \frac{1}{\dot{m}c_pT}\left[d\dot{Q}_w + d\dot{Q}_b + d\dot{W}_b + dK\right]$$

(VII.1.32)

la cual muestra que el diferencial logarítmico de T_0 puede ser utilizado en lugar del segundo miembro de la ec. VII.1.20 para caracterizar al grupo correspondiente de las causas elementales de la transformación que experimenta el flujo.

Procediendo como en el caso anterior, se obtienen los coeficientes de influencia para expresar los efectos de las causas independientes elementales sobre los diferenciales logarítmicos de las magnitudes relevantes para la descripción del estado del flujo, a las cuales se ha agregado la presión de estancamiento. Los resultados se presentan en la Tabla F.2 del Apéndice F. La última fila debe ser considerada únicamente como la variación de la entropía específica de la corriente principal. Cuando se producen reacciones químicas, la variación de entropía representa la de un flujo ficticio en el cual los efectos de las reacciones químicas han sido reemplazados por la simple adición o sustracción de calor correspondiente al efecto térmico, tal como lo establece la ec. III.2.26.

VII.1.4. Sobre la Aplicación de la Segunda Ley de la Termodinámica

Cuando $d\dot{m}_i \geq 0$ (inyección), se puede demostrar (ver Sección F.4 del Apéndice F) que la condición de fricción positiva $dX_w > 0$ es suficiente para asegurar el cumplimiento de la segunda ley. Cuando $d\dot{m}_i \leq 0$ (extracción), la cuestión es más delicada. Si el material se extrae en las mismas condiciones que la corriente principal ($T_i = T, u_i = u$) la segunda ley también se satisface con fricción nula o positiva. Pero, esta hipótesis no es real, puesto que el material que se extrae alcanza la temperatura de la pared $T_i = T_w$ por donde se realiza la extracción y además la velocidad $u_i = 0$. En el Apéndice F se deduce que si se tienen en cuenta estas condiciones debe existir cierta relación entre $d\dot{m}_i$ y dX_w cuyo cumplimiento es necesario si se quieren evitar resultados absurdos. Dicha relación para $d\dot{m}_i \leq 0$ es:

$$dX_w - u\left|d\dot{m}_i\right| \geq 0$$

(VII.1.33)

La interpretación de esta condición es que se debe incluir en las ecuaciones una fricción sobre la pared por lo menos igual a la pérdida de cantidad de movimiento por el material extraído. Evidentemente un coeficiente de fricción igual al que caracteriza al movimiento sin inyección no puede satisfacer esta condición y debe necesariamente producirse un incremento del mismo cuando se extrae material desde la corriente principal. Esto es lo que ocurre en la realidad, constatándose simultáneamente una disminución del espesor de la capa límite. Efectos similares, aunque en sentido opuesto, se producen cuando se inyecta masa. Sin embargo la disminución del coeficiente de fricción se realiza sin que la segunda ley imponga condiciones particulares. Eventualmente se puede producir la separación de la capa límite invalidando las hipótesis del flujo unidimensional.

VII.2. FRICCIÓN COMBINADA CON TRANSFERENCIA DE CALOR

Los mecanismos de fricción y transferencia de calor están tan relacionados, que no pueden existir de manera independiente. Cuando uno está presente, también lo está el otro. Por ello, cuando se analiza el calentamiento de un gas que fluye por el interior de un tubo, es necesario tener en cuenta tanto la fricción como la transferencia de calor. Para simplificar el análisis de este efecto combinado, se supondrá que el área del conducto, el calor específico del gas y el peso molecular permanecen constantes.

Considérese una longitud infinitesimal dx del conducto. La cantidad de calor que se transfiere al fluido, puede expresarse en términos del incremento de la entalpía de estancamiento en la ecuación de la energía. Resulta así:

$$d\dot{Q}_w = \rho u A c_p dT_0 \qquad\qquad (VII.2.1)$$

También puede expresarse dicha cantidad de calor, en términos de la diferencia entre la temperatura actual de la pared y aquella temperatura que debería poseer la pared para que la transferencia de calor desde el fluido (o hacia el fluido) sea nula, es decir la **temperatura de la pared adiabática**. Si se designa con h al coeficiente de transferencia de calor se puede escribir:

$$d\dot{Q}_w = h\pi D dx \left(T_w - T_{aw}\right) \qquad\qquad (VII.2.2)$$

donde T_w es la temperatura de la pared y T_{aw} la temperatura de la pared adiabática.

Cuando el flujo es subsónico, la temperatura T_{aw} no difiere significativamente de la temperatura de estancamiento T_0. Más aún, el error en que se incurre por la sustitución de T_{aw} por T_0 será muy pequeño en todos los casos en que T_w sea apreciablemente mayor que T_{aw}. Se supondrá que esta sustitución es permisible en todos los casos; esto es equivalente a suponer que el factor de recuperación r (ver Sección F.5 del Apéndice F) es unitario. De la igualdad entre las ec. VII.2.1 y VII.2.2 resulta:

$$\frac{dT_0}{T_w - T_0} = 4\frac{h}{\rho u c_p}\frac{dx}{D} \qquad\qquad (VII.2.3)$$

Si la analogía de Reynolds entre intercambio de calor y resistencia producida por la fricción es válida, se puede escribir:

$$\frac{dQ}{dX_w} = \frac{c_p}{u}\left(T_w - T_0\right)$$

o sea:

$$\frac{h\pi D dx\left(T_w - T_0\right)}{4\tau_w A\dfrac{dx}{D}} = \frac{c_p\left(T_w - T_0\right)}{u}$$

de donde se consigue:

$$\frac{h}{\rho u c_p} = \frac{f}{2} \qquad\qquad (VII.2.4)$$

siendo

$$S_t = \frac{h}{\rho u c_p}$$

el número de Stanton y f el coeficiente de fricción.

Experimentos han demostrado que la utilización de la analogía de Reynolds produce resultados con un porcentaje de error muy bajo cuando el flujo es turbulento y está totalmente desarrollado. Sustituyendo la fórmula VII.2.4 en la ec. VII.2.3 se obtiene:

$$\frac{dT_0}{T_w - T_0} = 2f\frac{dx}{D} = \frac{1}{2}4f\frac{dx}{D} \qquad\qquad (VII.2.5)$$

Con la ayuda de la ec. VII.2.5 y la Tabla F.2 de los coeficientes de influencia, se puede escribir la siguiente expresión que vincula la variación del número de Mach con los cambios de T_0:

$$dM^2 = \left(F_{T0} + \frac{2T_0}{T_w - T_0}F_f\right)\frac{dT_0}{T_0} \qquad\qquad (VII.2.6)$$

donde:

$$F_{T0} = \frac{M^2\left(1 + \gamma M^2\right)\left(1 + \dfrac{\gamma - 1}{2} M^2\right)}{1 - M^2}; \qquad F_f = \frac{\gamma M^4\left(1 + \dfrac{\gamma - 1}{2} M^2\right)}{1 - M^2}$$

El procedimiento más allá de este punto depende de la naturaleza del proceso de transferencia de calor. Como ilustración se considerarán dos problemas típicos: (*i*) temperatura de la pared constante y (*ii*) flujo de calor constante.

VII.2.1. Temperatura de Pared Constante

La temperatura de la pared se mantiene aproximadamente constante cuando el conducto posee paredes metálicas con elevada conductividad térmica y está inmerso en un baño de vapores condensables o en un líquido en ebullición. Puesto que ahora T_w es independiente de x, la ec. VII.2.5 es fácilmente integrable. Entre dos secciones cualesquiera la integración conduce a:

$$\frac{1}{2}\left[\frac{4f(x - x_1)}{D}\right] = \ln \frac{T_w - T_{01}}{T_w - T_0} = \ln \frac{\dfrac{T_w}{T_{01}} - 1}{\dfrac{T_w}{T_{01}} - \dfrac{T_0}{T_{01}}} \qquad (VII.2.7)$$

Por lo tanto, para cualquier valor inicial de T_{01} y valores de f, D y T_w conocidos, la ec. VII.2.7 suministra T_0 como función de la distancia x.

Para calcular la variación de M con la distancia, se debe integrar la ec. VII.2.6. Esta ecuación puede aproximarse por diferencias finitas en el intervalo pequeño entre las secciones n y $n + 1$. La aproximación consiste en mantener el coeficiente de dT_0 constante e igual a su valor medio durante el intervalo de integración. Entonces la integración aproximada produce:

$$M_{n+1}^2 - M_n^2 = 2\left(\frac{T_{0(n+1)}}{T_{0n}} - 1\right)\left(\frac{F_{T0}}{\dfrac{T_{0(n+1)}}{T_{0n}} + 1} + \frac{2F_f}{2\dfrac{T_w}{T_{0n}} - \dfrac{T_{0(n+1)}}{T_{0n}} - 1}\right) \qquad (VII.2.8)$$

Téngase en cuenta que la evaluación de los coeficientes de influencia F_{T0} y F_f se realiza con el valor medio de M, es decir

$$M = \frac{M_n + M_{n+1}}{2}$$

pero como M_{n+1} no es conocido, necesariamente debe recurrirse a una iteración.

Los valores de todas las otras propiedades del flujo en la sección 2 pueden encontrarse ya sea por la integración numérica de la ecuación diferencial correspondiente (como está dada en la Tabla F.2) o, de manera más conveniente, a través de las siguientes relaciones integrales:

$$\frac{T_2}{T_1} = \frac{T_{02}}{T_{01}} \frac{1 + \frac{\gamma - 1}{2} M_1^2}{1 + \frac{\gamma - 1}{2} M_2^2} \tag{VII.2.9}$$

$$\frac{p_2}{p_1} = \frac{M_1}{M_2} \sqrt{\frac{T_2}{T_1}} \tag{VII.2.10}$$

La ec. VII.2.10 se deduce a partir de la ecuación que da el caudal por unidad de área I.3.26.

$$\frac{\rho_2}{\rho_1} = \frac{p_2}{p_1} \frac{T_1}{T_2} \tag{VII.2.11}$$

Esta ecuación se obtiene teniendo en cuenta la ecuación de estado.

$$\frac{u_2}{u_1} = \frac{M_2}{M_1} \sqrt{\frac{T_2}{T_1}} \tag{VII.2.12}$$

La ec. VII.2.12 resulta de la definición del número de Mach.

$$\frac{p_{02}}{p_{01}} = \frac{p_2}{p_1} \left[\frac{1 + \frac{\gamma - 1}{2} M_2^2}{1 + \frac{\gamma - 1}{2} M_1^2} \right]^{\frac{\gamma}{\gamma - 1}} \tag{VII.2.13}$$

El procedimiento se continúa hasta que se llega a la sección de salida del conducto, a no ser que antes se alcance $M = 1$. Cuando esto ocurre, se debe cambiar el número de Mach a la entrada o reducirse la longitud del conducto. La exactitud de la integración numérica depende del tamaño del intervalo elegido en cada paso y lógicamente se incrementará si se seleccionan intervalos suficientemente pequeños. El subíndice 2 indica la sección final del conducto.

VII.2.2. Flujo de Calor Constante

Serán considerados ahora aquellos casos en los cuales la cantidad de calor que por unidad de área se transfiere al fluido, es la misma para todos los valores de x. Esta situación se presenta, por ejemplo, cuando el tubo es calentado haciendo pasar una corriente eléctrica a través de una resistencia que envuelve al tubo o cuando las paredes mismas se usan como resistencia.

Si el coeficiente de transferencia de calor h se puede suponer constante, entonces de la ec. VII.2.2 se deduce:

$$T_w - T_0 = T_{w1} - T_{01} = \text{constante}$$

Sustituyendo esto en la ec. VII.2.5 se tiene:

$$\frac{dT_0}{T_{w1} - T_{01}} = \frac{1}{2} 4f \frac{dx}{D} \tag{VII.2.14}$$

cuya integración produce:

$$\frac{T_0 - T_{01}}{T_{w1} - T_{01}} = 2f \frac{x - x_1}{D} \tag{VII.2.15}$$

lo cual permite calcular T_0 para cualquier valor de x.

La variación del número de Mach con x puede calcularse, como en el caso de T_w constante, mediante una integración iterativa utilizando diferencias finitas. La ecuación que permite calcular la variación del número de Mach entre las estaciones n y $n + 1$, puede escribirse en diferencias finitas de la manera siguiente:

$$M_{n+1}^2 - M_n^2 = \left(\frac{T_{0(n+1)}}{T_{0n}} - 1 \right) \left[\frac{2F_{T0}}{\dfrac{T_{0(n+1)}}{T_{0n}} + 1} + \frac{2F_f}{\dfrac{T_{wn}}{T_{0n}} - 1} \right] \tag{VII.2.16}$$

Una vez calculado M en la estación $n + 1$, los valores de p, T, etc., pueden encontrarse utilizando las relaciones integrales VII.2.9 a VII.2.13.

VII.3. EJERCICIOS

1. En un conducto existe cambio de área y de temperatura de estancamiento, no se produce fricción y el Mach permanece constante. Hallar la relación de áreas en función del cambio de T_0, $A = f(T_0)$ y la presión de estancamiento en función de T_0, $p_0 = f(T_0)$, considerado que γ y los calores específicos son constantes.

2. En un conducto de sección circular con cambio de área, con fricción y sin intercambio de calor, hallar la relación $A = f(x)$ y la entropía en función del área para que el Mach permanezca constante, considerado que γ y los calores específicos son constantes.

Apéndices

Apéndice A

Tablas

A.1. FLUJO ISOENTRÓPICO PARA $\gamma = 1{,}4$

M	$\dfrac{T}{T_0}$	$\dfrac{p}{p_0}$	$\dfrac{\rho}{\rho_0}$	$\dfrac{F}{F^*}$	$\dfrac{A}{A^*}$
.01000000	.99998000	.99993000	.99995000	45.64948006	57.87384266
.02000000	.99992001	.99972005	.99980003	22.83364010	28.94213019
.03000000	.99982003	.99937026	.99955014	15.23231493	19.30054200
.04000000	.99968010	.99888081	.99920045	11.43461761	14.48148593
.05000000	.99950025	.99825197	.99875109	9.15837047	11.59144387
.06000000	.99928052	.99748408	.99820227	7.64284739	9.66591007
.07000000	.99902096	.99657755	.99755420	6.56202271	8.29152515
.08000000	.99872164	.99553287	.99680715	5.75288341	7.26160964
.09000000	.99838262	.99435061	.99596145	5.12486657	6.46134180
.10000000	.99800399	.99303138	.99501745	4.62363429	5.82182875
.11000000	.99758584	.99157592	.99397553	4.21460778	5.29922971
.12000000	.99712827	.98998498	.99283613	3.87473442	4.86431765
.13000000	.99663139	.98825941	.99159973	3.58805459	4.49685858
.14000000	.99609531	.98640015	.99026683	3.34316847	4.18239980
.15000000	.99552016	.98440816	.98883800	3.13171609	3.91034275
.16000000	.99490608	.98228452	.98731381	2.94742742	3.67273863
.17000000	.99425322	.98003033	.98569490	2.78550762	3.46350905
.18000000	.99356172	.97764679	.98398194	2.64222733	3.27792645
.19000000	.99283175	.97513514	.98217562	2.51464222	3.11225865
.20000000	.99206349	.97249670	.98027668	2.40039679	2.96352000
.21000000	.99125711	.96973285	.97828589	2.29758414	2.82929360
.22000000	.99041280	.96684501	.97620407	2.20464400	2.70760210
.23000000	.98953076	.96383469	.97403206	2.12028743	2.59681208
.24000000	.98861120	.96070343	.97177073	2.04344024	2.49556245
.25000000	.98765432	.95745283	.96942099	1.97320007	2.40270996
.26000000	.98666035	.95408456	.96698379	1.90880334	2.31728731
.27000000	.98562952	.95060033	.96446008	1.84959954	2.23847057
.28000000	.98456207	.94700189	.96185088	1.79503106	2.16555358
.29000000	.98345823	.94329106	.95915722	1.74461715	2.09792763
.30000000	.98231827	.93946970	.95638015	1.69794113	2.03506526

Tabla A.1.   Flujo Isoentrópico para $\gamma = 1{,}4$ (continuación)

M	$\dfrac{T}{T_0}$	$\dfrac{p}{p_0}$	$\dfrac{\rho}{\rho_0}$	$\dfrac{F}{F^*}$	$\dfrac{A}{A^*}$
.31000000	.98114244	.93553970	.95352077	1.65464005	1.97650710
.32000000	.97993101	.93150300	.95058018	1.61439628	1.92185128
.33000000	.97868426	.92736160	.94755953	1.57693068	1.87074466
.34000000	.97740246	.92311751	.94445999	1.54199690	1.82287575
.35000000	.97608590	.91877280	.94128274	1.50937672	1.77796868
.36000000	.97473487	.91432956	.93802899	1.47887614	1.73577828
.37000000	.97334969	.90978993	.93469998	1.45032210	1.69608596
.38000000	.97193064	.90515606	.93129696	1.42355973	1.65869617
.39000000	.97047806	.90043014	.92782122	1.39845003	1.62343346
.40000000	.96899225	.89561438	.92427404	1.37486786	1.59014000
.41000000	.96747354	.89071104	.92065675	1.35270027	1.55867338
.42000000	.96592226	.88572237	.91697066	1.33184505	1.52890480
.43000000	.96433875	.88065067	.91321713	1.31220948	1.50071750
.44000000	.96272335	.87549823	.90939752	1.29370923	1.47400537
.45000000	.96107641	.87026738	.90551321	1.27626747	1.44867179
.46000000	.95939827	.86496045	.90156558	1.25981401	1.42462855
.47000000	.95768929	.85957980	.89755604	1.24428463	1.40179503
.48000000	.95594983	.85412779	.89348600	1.22962045	1.38009735
.49000000	.95418026	.84860679	.88935689	1.21576737	1.35946770
.50000000	.95238095	.84301918	.88517013	1.20267559	1.33984375
.51000000	.95055227	.83736733	.88092718	1.19029922	1.32116809
.52000000	.94869460	.83165364	.87662947	1.17859589	1.30338776
.53000000	.94680831	.82588050	.87227847	1.16752640	1.28645385
.54000000	.94489379	.82005029	.86787563	1.15705445	1.27032110
.55000000	.94295144	.81416541	.86342241	1.14714635	1.25494760
.56000000	.94098163	.80822822	.85892030	1.13777082	1.24029444
.57000000	.93898477	.80224112	.85437075	1.12889878	1.22632551
.58000000	.93696125	.79620647	.84977524	1.12050311	1.21300721
.59000000	.93491146	.79012663	.84513524	1.11255854	1.20030826
.60000000	.93283582	.78400395	.84045224	1.10504146	1.18819951
.61000000	.93073472	.77784078	.83572769	1.09792983	1.17665374
.62000000	.92860857	.77163943	.83096307	1.09120300	1.16564554
.63000000	.92645778	.76540222	.82615985	1.08484161	1.15515114
.64000000	.92428276	.75913144	.82131949	1.07882753	1.14514831
.65000000	.92208391	.75282937	.81644345	1.07314372	1.13561619
.66000000	.91986165	.74649826	.81153319	1.06777419	1.12653524
.67000000	.91761640	.74014035	.80659015	1.06270386	1.11788714
.68000000	.91534856	.73375786	.80161579	1.05791856	1.10965464
.69000000	.91305856	.72735297	.79661152	1.05340494	1.10182157
.70000000	.91074681	.72092786	.79157879	1.04915038	1.09437268
.71000000	.90841373	.71448466	.78651901	1.04514299	1.08729364

Tabla A.1.   Flujo Isoentrópico para $\gamma = 1,4$ (continuación)

M	$\dfrac{T}{T_0}$	$\dfrac{p}{p_0}$	$\dfrac{\rho}{\rho_0}$	$\dfrac{F}{F^*}$	$\dfrac{A}{A^*}$
.72000000	.90605973	.70802549	.78143358	1.04137152	1.08057094
.73000000	.90368523	.70155244	.77632390	1.03782535	1.07419185
.74000000	.90129065	.69506757	.77119137	1.03449442	1.06814435
.75000000	.89887640	.68857291	.76603736	1.03136920	1.06241711
.76000000	.89644291	.68207045	.76086323	1.02844066	1.05699943
.77000000	.89399060	.67556217	.75567034	1.02570025	1.05188118
.78000000	.89151986	.66905001	.75046002	1.02313982	1.04705281
.79000000	.88903113	.66253587	.74523360	1.02075168	1.04250527
.80000000	.88652482	.65602162	.73999239	1.01852848	1.03823000
.81000000	.88400134	.64950910	.73473768	1.01646325	1.03421889
.82000000	.88146111	.64300011	.72947076	1.01454937	1.03046428
.83000000	.87890453	.63649642	.72419290	1.01278050	1.02695888
.84000000	.87633202	.62999977	.71890534	1.01115064	1.02369581
.85000000	.87374399	.62351185	.71360931	1.00965406	1.02066854
.86000000	.87114085	.61703432	.70830604	1.00828527	1.01787085
.87000000	.86852299	.61056881	.70299672	1.00703908	1.01529688
.88000000	.86589083	.60411690	.69768253	1.00591049	1.01294105
.89000000	.86324476	.59768015	.69236464	1.00489475	1.01079805
.90000000	.86058520	.59126007	.68704420	1.00398731	1.00886287
.91000000	.85791253	.58485813	.68172234	1.00318383	1.00713072
.92000000	.85522715	.57847577	.67640015	1.00248015	1.00559707
.93000000	.85252945	.57211439	.67107874	1.00187230	1.00425762
.94000000	.84981984	.56577536	.66575918	1.00135647	1.00310828
.95000000	.84709869	.55945999	.66044251	1.00092902	1.00214515
.96000000	.84436639	.55316957	.65512978	1.00058644	1.00136456
.97000000	.84162332	.54690534	.64982199	1.00032539	1.00076300
.98000000	.83886987	.54066853	.64452014	1.00014267	1.00033714
.99000000	.83610642	.53446030	.63922521	1.00003519	1.00008380
1.00000000	.83333333	.52828179	.63393815	1.00000000	1.00000000
1.01000000	.83055099	.52213409	.62865988	1.00003426	1.00008288
1.02000000	.82775975	.51601826	.62339134	1.00013526	1.00032972
1.03000000	.82495999	.50993533	.61813341	1.00030037	1.00073797
1.04000000	.82215207	.50388628	.61288696	1.00052708	1.00130519
1.05000000	.81933634	.49787206	.60765285	1.00081299	1.00202905
1.06000000	.81651316	.49189359	.60243192	1.00115576	1.00290738
1.07000000	.81368289	.48595175	.59722498	1.00155316	1.00393809
1.08000000	.81084587	.48004736	.59203281	1.00200305	1.00511921
1.09000000	.80800246	.47418126	.58685621	1.00250336	1.00644888
1.10000000	.80515298	.46835420	.58169591	1.00305210	1.00792534
1.11000000	.80229778	.46256692	.57655266	1.00364735	1.00954692
1.12000000	.79943720	.45682013	.57142716	1.00428727	1.01131206

Tabla A.1.   Flujo Isoentrópico para $\gamma = 1,4$ (continuación)

M	$\dfrac{T}{T_0}$	$\dfrac{p}{p_0}$	$\dfrac{\rho}{\rho_0}$	$\dfrac{F}{F^*}$	$\dfrac{A}{A^*}$
1.13000000	.79657156	.45111449	.56632011	1.00497009	1.01321926
1.14000000	.79370119	.44545066	.56123219	1.00569410	1.01526712
1.15000000	.79082641	.43982922	.55616405	1.00645764	1.01745433
1.16000000	.78794755	.43425076	.55111633	1.00725912	1.01977964
1.17000000	.78506492	.42871582	.54608964	1.00809702	1.02224190
1.18000000	.78217884	.42322490	.54108458	1.00896985	1.02484001
1.19000000	.77928960	.41777849	.53610172	1.00987620	1.02757294
1.20000000	.77639752	.41237704	.53114163	1.01081468	1.03043975
1.21000000	.77350289	.40702097	.52620485	1.01178397	1.03343955
1.22000000	.77060600	.40171066	.52129189	1.01278280	1.03657150
1.23000000	.76770717	.39644649	.51640327	1.01380992	1.03983485
1.24000000	.76480666	.39122879	.51153947	1.01486414	1.04322887
1.25000000	.76190476	.38605787	.50670095	1.01594432	1.04675293
1.26000000	.75900176	.38093400	.50188817	1.01704934	1.05040642
1.27000000	.75609793	.37585746	.49710156	1.01817813	1.05418879
1.28000000	.75319354	.37082846	.49234153	1.01932965	1.05809955
1.29000000	.75028886	.36584721	.48760848	1.02050290	1.06213826
1.30000000	.74738416	.36091390	.48290279	1.02169692	1.06630452
1.31000000	.74447968	.35602867	.47822483	1.02291077	1.07059797
1.32000000	.74157570	.35119168	.47357495	1.02414354	1.07501831
1.33000000	.73867246	.34640302	.46895348	1.02539437	1.07956526
1.34000000	.73577020	.34166279	.46436074	1.02666242	1.08423862
1.35000000	.73286918	.33697106	.45979702	1.02794685	1.08903820
1.36000000	.72996963	.33232788	.45526261	1.02924690	1.09396385
1.37000000	.72707179	.32773327	.45075779	1.03056179	1.09901548
1.38000000	.72417589	.32318724	.44628280	1.03189080	1.10419301
1.39000000	.72128215	.31868979	.44183790	1.03323320	1.10949642
1.40000000	.71839080	.31424088	.43742330	1.03458831	1.11492571
1.41000000	.71550207	.30984046	.43303922	1.03595547	1.12048093
1.42000000	.71261616	.30548847	.42868586	1.03733402	1.12616214
1.43000000	.70973328	.30118483	.42436341	1.03872336	1.13196946
1.44000000	.70685365	.29692945	.42007203	1.04012287	1.13790302
1.45000000	.70397747	.29272220	.41581189	1.04153197	1.14396299
1.46000000	.70110494	.28856297	.41158313	1.04295010	1.15014957
1.47000000	.69823626	.28445160	.40738590	1.04437672	1.15646300
1.48000000	.69537161	.28038794	.40322030	1.04581129	1.16290352
1.49000000	.69251118	.27637183	.39908645	1.04725332	1.16947144
1.50000000	.68965517	.27240307	.39498445	1.04870229	1.17616705
1.51000000	.68680375	.26848146	.39091438	1.05015775	1.18299072
1.52000000	.68395710	.26460681	.38687633	1.05161922	1.18994279
1.53000000	.68111539	.26077889	.38287035	1.05308627	1.19702368

Tabla A.1. Flujo Isoentrópico para $\gamma = 1{,}4$ (continuación)

M	$\dfrac{T}{T_0}$	$\dfrac{p}{p_0}$	$\dfrac{\rho}{\rho_0}$	$\dfrac{F}{F^*}$	$\dfrac{A}{A^*}$
1.54000000	.67827880	.25699747	.37889651	1.05455845	1.20423380
1.55000000	.67544748	.25326231	.37495485	1.05603535	1.21157359
1.56000000	.67262161	.24957315	.37104539	1.05751658	1.21904353
1.57000000	.66980134	.24592973	.36716817	1.05900173	1.22664411
1.58000000	.66698682	.24233179	.36332320	1.06049043	1.23437585
1.59000000	.66417821	.23877903	.35951049	1.06198231	1.24223929
1.60000000	.66137566	.23527118	.35573002	1.06347703	1.25023500
1.61000000	.65857931	.23180793	.35198180	1.06497423	1.25836356
1.62000000	.65578931	.22838899	.34826580	1.06647359	1.26662557
1.63000000	.65300579	.22501403	.34458199	1.06797480	1.27502168
1.64000000	.65022888	.22168275	.34093033	1.06947754	1.28355253
1.65000000	.64745872	.21839481	.33731078	1.07098150	1.29221880
1.66000000	.64469545	.21514988	.33372328	1.07248642	1.30102118
1.67000000	.64193917	.21194763	.33016778	1.07399200	1.30996038
1.68000000	.63919002	.20878772	.32664421	1.07549797	1.31903715
1.69000000	.63644811	.20566979	.32315249	1.07700408	1.32825223
1.70000000	.63371356	.20259350	.31969254	1.07851008	1.33760640
1.71000000	.63098648	.19955849	.31626428	1.08001571	1.34710045
1.72000000	.62826699	.19656439	.31286761	1.08152075	1.35673520
1.73000000	.62555518	.19361085	.30950243	1.08302497	1.36651148
1.74000000	.62285116	.19069749	.30616864	1.08452815	1.37643014
1.75000000	.62015504	.18782395	.30286612	1.08603007	1.38649205
1.76000000	.61746690	.18498985	.29959476	1.08753054	1.39669810
1.77000000	.61478685	.18219481	.29635443	1.08902936	1.40704919
1.78000000	.61211498	.17943846	.29314502	1.09052633	1.41754625
1.79000000	.60945137	.17672041	.28996638	1.09202128	1.42819022
1.80000000	.60679612	.17404028	.28681838	1.09351402	1.43898206
1.81000000	.60414930	.17139769	.28370088	1.09500438	1.44992275
1.82000000	.60151100	.16879225	.28061374	1.09649220	1.46101327
1.83000000	.59888129	.16622357	.27755679	1.09797733	1.47225466
1.84000000	.59626026	.16369127	.27452990	1.09945960	1.48364792
1.85000000	.59364797	.16119496	.27153290	1.10093887	1.49519412
1.86000000	.59104449	.15873424	.26856563	1.10241500	1.50689430
1.87000000	.58844991	.15630873	.26562793	1.10388785	1.51874955
1.88000000	.58586427	.15391804	.26271963	1.10535729	1.53076097
1.89000000	.58328764	.15156179	.25984056	1.10682319	1.54292967
1.90000000	.58072009	.14923957	.25699054	1.10828543	1.55525678
1.91000000	.57816168	.14695100	.25416939	1.10974389	1.56774343
1.92000000	.57561245	.14469570	.25137695	1.11119846	1.58039080
1.93000000	.57307247	.14247328	.24861302	1.11264903	1.59320006
1.94000000	.57054179	.14028334	.24587742	1.11409550	1.60617240

Tabla A.1.   Flujo Isoentrópico para $\gamma = 1,4$ (continuación)

M	$\dfrac{T}{T_0}$	$\dfrac{p}{p_0}$	$\dfrac{\rho}{\rho_0}$	$\dfrac{F}{F^*}$	$\dfrac{A}{A^*}$
1.95000000	.56802045	.13812551	.24316996	1.11553777	1.61930903
1.96000000	.56550851	.13599940	.24049046	1.11697573	1.63261118
1.97000000	.56300600	.13390463	.23783872	1.11840930	1.64608009
1.98000000	.56051298	.13184081	.23521455	1.11983839	1.65971701
1.99000000	.55802949	.12980757	.23261776	1.12126292	1.67352322
2.00000000	.55555556	.12780453	.23004815	1.12268280	1.68750000
2.02000000	.55063654	.12388753	.22498966	1.12550831	1.71597051
2.04000000	.54575620	.12008683	.22003750	1.12831434	1.74513915
2.06000000	.54091480	.11639947	.21519003	1.13110035	1.77501677
2.08000000	.53611254	.11282254	.21044563	1.13386588	1.80561448
2.10000000	.53134963	.10935316	.20580265	1.13661046	1.83694361
2.12000000	.52662622	.10598848	.20125941	1.13933372	1.86901575
2.14000000	.52194246	.10272572	.19681426	1.14203528	1.90184273
2.16000000	.51729846	.09956212	.19246553	1.14471483	1.93543661
2.18000000	.51269431	.09649499	.18821154	1.14737208	1.96980970
2.20000000	.50813008	.09352165	.18405061	1.15000679	2.00497455
2.22000000	.50360582	.09063952	.17998108	1.15261873	2.04094392
2.24000000	.49912155	.08784602	.17600127	1.15520771	2.07773086
2.26000000	.49467727	.08513867	.17210952	1.15777357	2.11534861
2.28000000	.49027298	.08251499	.16830418	1.16031617	2.15381069
2.30000000	.48590865	.07997260	.16458361	1.16283540	2.19313082
2.32000000	.48158422	.07750913	.16094616	1.16533117	2.23332298
2.34000000	.47729963	.07512229	.15739022	1.16780341	2.27440139
2.36000000	.47305480	.07280984	.15391418	1.17025207	2.31638051
2.38000000	.46884963	.07056958	.15051644	1.17267712	2.35927503
2.40000000	.46468401	.06839936	.14719543	1.17507856	2.40309988
2.42000000	.46055783	.06629711	.14394959	1.17745639	2.44787024
2.44000000	.45647093	.06426077	.14077736	1.17981062	2.49360153
2.46000000	.45242318	.06228837	.13767723	1.18214130	2.54030940
2.48000000	.44841441	.06037796	.13464769	1.18444848	2.58800976
2.50000000	.44444444	.05852766	.13168724	1.18673221	2.63671875
2.52000000	.44051311	.05673564	.12879443	1.18899257	2.68645276
2.54000000	.43662021	.05500009	.12596781	1.19122965	2.73722843
2.56000000	.43276554	.05331929	.12320595	1.19344354	2.78906263
2.58000000	.42894890	.05169154	.12050745	1.19563435	2.84197249
2.60000000	.42517007	.05011519	.11787093	1.19780220	2.89597538
2.62000000	.42142881	.04858864	.11529502	1.19994720	2.95108894
2.64000000	.41772490	.04711034	.11277840	1.20206948	3.00733102
2.66000000	.41405810	.04567878	.11031974	1.20416919	3.06471976
2.68000000	.41042816	.04429248	.10791775	1.20624646	3.12327353
2.70000000	.40683483	.04295003	.10557116	1.20830145	3.18301096

Tabla A.1.   Flujo Isoentrópico para $\gamma = 1,4$ (continuación)

M	$\dfrac{T}{T_0}$	$\dfrac{p}{p_0}$	$\dfrac{\rho}{\rho_0}$	$\dfrac{F}{F^*}$	$\dfrac{A}{A^*}$
2.72000000	.40327784	.04165002	.10327873	1.21033431	3.24395092
2.74000000	.39975695	.04039114	.10103924	1.21234521	3.30611258
2.76000000	.39627187	.03917206	.09885147	1.21433430	3.36951530
2.78000000	.39282235	.03799152	.09671425	1.21630177	3.43417876
2.80000000	.38940810	.03684830	.09462643	1.21824778	3.50012286
2.82000000	.38602884	.03574120	.09258687	1.22017251	3.56736777
2.84000000	.38268430	.03466908	.09059445	1.22207613	3.63593394
2.86000000	.37937418	.03363080	.08864810	1.22395885	3.70584205
2.88000000	.37609821	.03262529	.08674674	1.22582083	3.77711307
2.90000000	.37285608	.03165150	.08488932	1.22766227	3.84976823
2.92000000	.36964750	.03070840	.08307483	1.22948336	3.92382903
2.94000000	.36647219	.02979501	.08130225	1.23128428	3.99931722
2.96000000	.36332985	.02891038	.07957061	1.23306525	4.07625485
2.98000000	.36022017	.02805357	.07787894	1.23482643	4.15466422
3.00000000	.35714286	.02722368	.07622631	1.23656804	4.23456790
3.10000000	.34223135	.02344873	.06851718	1.24498934	4.65731060
3.20000000	.32808399	.02022775	.06165419	1.25295081	5.12095750
3.30000000	.31466331	.01747678	.05554120	1.26047705	5.62864684
3.40000000	.30193237	.01512460	.05009267	1.26759222	6.18369882
3.50000000	.28985507	.01311092	.04523267	1.27431976	6.78962054
3.60000000	.27839644	.01138473	.04089396	1.28068228	7.45011103
3.70000000	.26752274	.00990290	.03701705	1.28670139	8.16906645
3.80000000	.25720165	.00862895	.03354937	1.29239766	8.95058526
3.90000000	.24740228	.00753205	.03044453	1.29779058	9.79897348
4.00000000	.23809524	.00658609	.02766157	1.30289855	10.71875000
4.10000000	.22925264	.00576900	.02516436	1.30773894	11.71465192
4.20000000	.22084806	.00506206	.02292102	1.31232803	12.79163993
4.30000000	.21285653	.00444943	.02090343	1.31668114	13.95490369
4.40000000	.20525452	.00391764	.01908674	1.32081260	15.20986727
4.50000000	.19801980	.00345526	.01744904	1.32473583	16.56219457
4.60000000	.19113150	.00305255	.01597095	1.32846341	18.01779478
4.70000000	.18456995	.00270124	.01463533	1.33200708	19.58282785
4.80000000	.17831669	.00239426	.01342703	1.33537780	21.26370994
4.90000000	.17235436	.00212558	.01233263	1.33858585	23.06711895
5.00000000	.16666667	.00189004	.01134023	1.34164079	25.00000000
5.10000000	.16123831	.00168321	.01043928	1.34455158	27.06957090
5.20000000	.15605493	.00150131	.00962041	1.34732658	29.28332769
5.30000000	.15110305	.00134109	.00887530	1.34997360	31.64905017
5.40000000	.14637002	.00119973	.00819654	1.35249995	34.17480735
5.50000000	.14184397	.00107483	.00757752	1.35491246	36.86896307
5.60000000	.13751375	.00096430	.00701238	1.35721749	39.74018143

Tabla A.1.   Flujo Isoentrópico para $\gamma = 1,4$ (continuación)

M	$\dfrac{T}{T_0}$	$\dfrac{p}{p_0}$	$\dfrac{\rho}{\rho_0}$	$\dfrac{F}{F^*}$	$\dfrac{A}{A^*}$
5.70000000	.13336890	.00086635	.00649586	1.35942103	42.79743238
5.80000000	.12939959	.00077941	.00602327	1.36152867	46.04999724
5.90000000	.12559658	.00070214	.00559042	1.36354562	49.50747422
6.00000000	.12195122	.00063336	.00519356	1.36547679	53.17978395
6.50000000	.10582011	.00038547	.00364268	1.37399690	75.13431490
7.00000000	.09259259	.00024156	.00260880	1.38095238	104.14285714
7.50000000	.08163265	.00015543	.00190397	1.38669441	141.84148341
8.00000000	.07246377	.00010243	.00141352	1.39148346	190.10937500
8.50000000	.06472492	.00006898	.00106581	1.39551524	251.08616728
9.00000000	.05813953	.00004739	.00081504	1.39893866	327.18930041
9.50000000	.05249344	.00003314	.00063134	1.40186836	421.13137336
10.00000000	.04761905	.00002356	.00049483	1.40439362	535.93750000

PROGRAMA EN FORTRAN PARA CALCULAR LA TABLA

```fortran
program FLUJO_ISOENTROPICO

   implicit none

integer                    :: i
double precision           :: gama, aux1, aux2, aux3, aux4, aux5, aux6
double precision           :: M1, DT, DA, DP, DDENS, DF

! **** VARIABLES ****

!  M (Mach),  DT  (temperatura / temperatura de estancamiento),
!  DP (presión / presión de estancamiento),
!  DDENS  (densidad / densidad de estancamiento)
!  DF (F / F* ) y DA (área / área crítica).

   open (unit=10, file='Resultados.txt', status='unknown', form='formatted', access='sequential')

! **** Calculos ****

gama = 1.4d0

rewind (10)

write (10,*) '   M1        T/T0      P/P0        DENS/DENS0      F/F*      A/A*'

do i = 1, 1000

  M1 = 0.d0 + (dble(i) - 0.d0) * 0.01d0

  aux1 = 1.d0 + 0.5d0* (gama - 1.d0) * (M1**2)
```

```
        aux2 = gama / (gama - 1.d0)
        aux3 = 1.d0 / (gama - 1.d0)
        aux4 = 0.5d0 * (gama + 1.d0) / (gama - 1.d0)
        aux5 = 1.d0 + gama * M1 * M1
        aux6 = 2.d0 * (gama + 1.d0)

        DT = 1.d0 / aux1
        DP = 1.d0 / (aux1**aux2)
        DDENS = 1.d0 / (aux1**aux3)
        DA = (2.d0 * aux1 /(gama + 1.d0))**aux4
        DA = DA / M1
        DF = aux5 / (M1 * sqrt(aux6*aux1))

        write (10, 111) M1, DT, DP, DDENS, DF, DA

    end do

111 format(6F15.8)

    end program
```

A.2. ONDAS DE CHOQUE NORMALES PARA $\gamma = 1{,}4$

M_1	M_2	$\dfrac{\rho_2}{\rho_1}$	$\dfrac{T_2}{T_1}$	$\dfrac{p_2}{p_1}$	$\dfrac{p_{02}}{p_{01}}$
1.00000000	1.00000000	1.00000000	1.00000000	1.00000000	1.00000000
1.01000000	.99013158	1.01669407	1.00664499	1.02345000	.99999873
1.02000000	.98051949	1.03344149	1.01324878	1.04713333	.99999003
1.03000000	.97115391	1.05024006	1.01981446	1.07105000	.99996701
1.04000000	.96202550	1.06708761	1.02634497	1.09520000	.99992328
1.05000000	.95312543	1.08398197	1.03284313	1.11958333	.99985299
1.06000000	.94444530	1.10092103	1.03931161	1.14420000	.99975072
1.07000000	.93597714	1.11790265	1.04575295	1.16905000	.99961148
1.08000000	.92771336	1.13492475	1.05216961	1.19413333	.99943070
1.09000000	.91964674	1.15198526	1.05856389	1.21945000	.99920416
1.10000000	.91177042	1.16908213	1.06493802	1.24500000	.99892802
1.11000000	.90407784	1.18621331	1.07129411	1.27078333	.99859872
1.12000000	.89656277	1.20337682	1.07763418	1.29680000	.99821305
1.13000000	.88921924	1.22057066	1.08396018	1.32305000	.99776807
1.14000000	.88204157	1.23779288	1.09027395	1.34953333	.99726111
1.15000000	.87502433	1.25504152	1.09657727	1.37625000	.99668976
1.16000000	.86816232	1.27231467	1.10287182	1.40320000	.99605183
1.17000000	.86145058	1.28961045	1.10915923	1.43038333	.99534537
1.18000000	.85488436	1.30692698	1.11544105	1.45780000	.99456864
1.19000000	.84845911	1.32426240	1.12171878	1.48545000	.99372010
1.20000000	.84217047	1.34161491	1.12799383	1.51333333	.99279840
1.21000000	.83601426	1.35898269	1.13426758	1.54145000	.99180235
1.22000000	.82998648	1.37636397	1.14054133	1.56980000	.99073094

Tabla A.2.   Ondas de Choque Normales para $\gamma = 1,4$ (continuación)

M_1	M_2	$\dfrac{\rho_2}{\rho_1}$	$\dfrac{T_2}{T_1}$	$\dfrac{p_2}{p_1}$	$\dfrac{p_{02}}{p_{01}}$
1.23000000	.82408329	1.39375701	1.14681636	1.59838333	.98958332
1.24000000	.81830100	1.41116006	1.15309386	1.62720000	.98835878
1.25000000	.81263606	1.42857143	1.15937500	1.65625000	.98705677
1.26000000	.80708507	1.44598943	1.16566089	1.68553333	.98567685
1.27000000	.80164476	1.46341242	1.17195261	1.71505000	.98421871
1.28000000	.79631199	1.48083876	1.17825117	1.74480000	.98268216
1.29000000	.79108374	1.49826683	1.18455758	1.77478333	.98106713
1.30000000	.78595708	1.51569507	1.19087278	1.80500000	.97937365
1.31000000	.78092922	1.53312190	1.19719769	1.83545000	.97760184
1.32000000	.77599745	1.55054580	1.20353319	1.86613333	.97575193
1.33000000	.77115918	1.56796525	1.20988013	1.89705000	.97382423
1.34000000	.76641190	1.58537877	1.21623932	1.92820000	.97181913
1.35000000	.76175318	1.60278490	1.22261155	1.95958333	.96973709
1.36000000	.75718070	1.62018220	1.22899758	1.99120000	.96757868
1.37000000	.75269221	1.63756925	1.23539813	2.02305000	.96534449
1.38000000	.74828553	1.65494467	1.24181392	2.05513333	.96303522
1.39000000	.74395856	1.67230709	1.24824562	2.08745000	.96065159
1.40000000	.73970927	1.68965517	1.25469388	2.12000000	.95819441
1.41000000	.73553572	1.70698759	1.26115933	2.15278333	.95566454
1.42000000	.73143600	1.72430306	1.26764259	2.18580000	.95306285
1.43000000	.72740829	1.74160031	1.27414424	2.21905000	.95039032
1.44000000	.72345082	1.75887808	1.28066485	2.25253333	.94764792
1.45000000	.71956186	1.77613516	1.28720496	2.28625000	.94483669
1.46000000	.71573977	1.79337035	1.29376512	2.32020000	.94195768
1.47000000	.71198295	1.81058247	1.30034581	2.35438333	.93901202
1.48000000	.70828983	1.82777036	1.30694755	2.38880000	.93600082
1.49000000	.70465891	1.84493290	1.31357081	2.42345000	.93292526
1.50000000	.70108874	1.86206897	1.32021605	2.45833333	.92978651
1.51000000	.69757790	1.87917748	1.32688371	2.49345000	.92658580
1.52000000	.69412503	1.89625739	1.33357424	2.52880000	.92332436
1.53000000	.69072879	1.91330763	1.34028804	2.56438333	.92000344
1.54000000	.68738789	1.93032720	1.34702552	2.60020000	.91662431
1.55000000	.68410110	1.94731510	1.35378707	2.63625000	.91318827
1.56000000	.68086719	1.96427034	1.36057307	2.67253333	.90969662
1.57000000	.67768498	1.98119198	1.36738389	2.70905000	.90615066
1.58000000	.67455335	1.99807908	1.37421988	2.74580000	.90255173
1.59000000	.67147117	2.01493073	1.38108139	2.78278333	.89890115
1.60000000	.66843736	2.03174603	1.38796875	2.82000000	.89520026
1.61000000	.66545090	2.04852412	1.39488228	2.85745000	.89145041
1.62000000	.66251075	2.06526415	1.40182230	2.89513333	.88765295
1.63000000	.65961592	2.08196529	1.40878910	2.93305000	.88380922

Tabla A.2.   Ondas de Choque Normales para $\gamma = 1,4$ (continuación)

M_1	M_2	$\dfrac{\rho_2}{\rho_1}$	$\dfrac{T_2}{T_1}$	$\dfrac{p_2}{p_1}$	$\dfrac{p_{02}}{p_{01}}$
1.64000000	.65676546	2.09862672	1.41578299	2.97120000	.87992058
1.65000000	.65395844	2.11524765	1.42280424	3.00958333	.87598838
1.66000000	.65119393	2.13182732	1.42985314	3.04820000	.87201396
1.67000000	.64847107	2.14836498	1.43692996	3.08705000	.86799868
1.68000000	.64578899	2.16485989	1.44403495	3.12613333	.86394389
1.69000000	.64314685	2.18131134	1.45116836	3.16545000	.85985091
1.70000000	.64054384	2.19771863	1.45833045	3.20500000	.85572108
1.71000000	.63797917	2.21408109	1.46552145	3.24478333	.85155573
1.72000000	.63545206	2.23039807	1.47274159	3.28480000	.84735618
1.73000000	.63296176	2.24666892	1.47999110	3.32505000	.84312374
1.74000000	.63050755	2.26289302	1.48727019	3.36553333	.83885971
1.75000000	.62808870	2.27906977	1.49457908	3.40625000	.83456539
1.76000000	.62570452	2.29519858	1.50191798	3.44720000	.83024206
1.77000000	.62335434	2.31127888	1.50928707	3.48838333	.82589098
1.78000000	.62103750	2.32731012	1.51668657	3.52980000	.82151341
1.79000000	.61875335	2.34329177	1.52411665	3.57145000	.81711061
1.80000000	.61650126	2.35922330	1.53157750	3.61333333	.81268380
1.81000000	.61428062	2.37510422	1.53906931	3.65545000	.80823421
1.82000000	.61209084	2.39093403	1.54659224	3.69780000	.80376303
1.83000000	.60993134	2.40671226	1.55414646	3.74038333	.79927148
1.84000000	.60780154	2.42243847	1.56173214	3.78320000	.79476071
1.85000000	.60570089	2.43811220	1.56934943	3.82625000	.79023189
1.86000000	.60362886	2.45373304	1.57699851	3.86953333	.78568616
1.87000000	.60158490	2.46930057	1.58467950	3.91305000	.78112467
1.88000000	.59956852	2.48481440	1.59239258	3.95680000	.77654852
1.89000000	.59757920	2.50027415	1.60013787	4.00078333	.77195880
1.90000000	.59561646	2.51567944	1.60791551	4.04500000	.76735661
1.91000000	.59367980	2.53102994	1.61572565	4.08945000	.76274300
1.92000000	.59176878	2.54632529	1.62356842	4.13413333	.75811902
1.93000000	.58988292	2.56156518	1.63144395	4.17905000	.75348571
1.94000000	.58802178	2.57674928	1.63935235	4.22420000	.74884406
1.95000000	.58618492	2.59187731	1.64729377	4.26958333	.74419509
1.96000000	.58437192	2.60694897	1.65526830	4.31520000	.73953977
1.97000000	.58258236	2.62196399	1.66327608	4.36105000	.73487905
1.98000000	.58081583	2.63692211	1.67131722	4.40713333	.73021388
1.99000000	.57907193	2.65182308	1.67939182	4.45345000	.72554518
2.00000000	.57735027	2.66666667	1.68750000	4.50000000	.72087386
2.02000000	.57397215	2.69618078	1.70381750	4.59380000	.71152690
2.04000000	.57067853	2.72546280	1.72027053	4.68853333	.70217989
2.06000000	.56746657	2.75451123	1.73685986	4.78420000	.69283943
2.08000000	.56433357	2.78332476	1.75358624	4.88080000	.68351187

Tabla A.2.   Ondas de Choque Normales para $\gamma = 1,4$ (continuación)

M_1	M_2	$\dfrac{\rho_2}{\rho_1}$	$\dfrac{T_2}{T_1}$	$\dfrac{p_2}{p_1}$	$\dfrac{p_{02}}{p_{01}}$
2.10000000	.56127694	2.81190223	1.77045037	4.97833333	.67420323
2.12000000	.55829419	2.84024267	1.78745290	5.07680000	.66491929
2.14000000	.55538294	2.86834523	1.80459449	5.17620000	.65566553
2.16000000	.55254091	2.89620924	1.82187574	5.27653333	.64644719
2.18000000	.54976591	2.92383413	1.83929722	5.37780000	.63726922
2.20000000	.54705582	2.95121951	1.85685950	5.48000000	.62813631
2.22000000	.54440864	2.97836509	1.87456311	5.58313333	.61905291
2.24000000	.54182241	3.00527072	1.89240855	5.68720000	.61002320
2.26000000	.53929529	3.03193636	1.91039630	5.79220000	.60105112
2.28000000	.53682546	3.05836210	1.92852682	5.89813333	.59214040
2.30000000	.53441121	3.08454810	1.94680057	6.00500000	.58329451
2.32000000	.53205087	3.11049468	1.96521795	6.11280000	.57451670
2.34000000	.52974286	3.13620222	1.98377939	6.22153333	.56581001
2.36000000	.52748563	3.16167121	2.00248526	6.33120000	.55717726
2.38000000	.52527771	3.18690222	2.02133594	6.44180000	.54862108
2.40000000	.52311766	3.21189591	2.04033179	6.55333333	.54014389
2.42000000	.52100412	3.23665303	2.05947314	6.66580000	.53174794
2.44000000	.51893575	3.26117441	2.07876033	6.77920000	.52343526
2.46000000	.51691129	3.28546093	2.09819367	6.89353333	.51520773
2.48000000	.51492949	3.30951356	2.11777347	7.00880000	.50706707
2.50000000	.51298918	3.33333333	2.13750000	7.12500000	.49901481
2.52000000	.51108920	3.35692134	2.15737356	7.24213333	.49105234
2.54000000	.50922844	3.38027874	2.17739440	7.36020000	.48318090
2.56000000	.50740584	3.40340673	2.19756279	7.47920000	.47540158
2.58000000	.50562037	3.42630658	2.21787898	7.59913333	.46771533
2.60000000	.50387103	3.44897959	2.23834320	7.72000000	.46012299
2.62000000	.50215684	3.47142713	2.25895567	7.84180000	.45262525
2.64000000	.50047689	3.49365058	2.27971663	7.96453333	.44522270
2.66000000	.49883026	3.51565140	2.30062628	8.08820000	.43791580
2.68000000	.49721610	3.53743105	2.32168483	8.21280000	.43070491
2.70000000	.49563354	3.55899105	2.34289247	8.33833333	.42359030
2.72000000	.49408179	3.58033295	2.36424939	8.46480000	.41657212
2.74000000	.49256004	3.60145831	2.38575578	8.59220000	.40965044
2.76000000	.49106754	3.62236875	2.40741181	8.72053333	.40282526
2.78000000	.48960355	3.64306590	2.42921765	8.84980000	.39609646
2.80000000	.48816734	3.66355140	2.45117347	8.98000000	.38946387
2.82000000	.48675822	3.68382694	2.47327942	9.11113333	.38292724
2.84000000	.48537553	3.70389420	2.49553565	9.24320000	.37648626
2.86000000	.48401861	3.72375489	2.51794231	9.37620000	.37014053
2.88000000	.48268682	3.74341076	2.54049955	9.51013333	.36388963
2.90000000	.48137956	3.76286353	2.56320749	9.64500000	.35773304

Tabla A.2.   Ondas de Choque Normales para $\gamma = 1,4$ (continuación)

M_1	M_2	$\dfrac{\rho_2}{\rho_1}$	$\dfrac{T_2}{T_1}$	$\dfrac{p_2}{p_1}$	$\dfrac{p_{02}}{p_{01}}$
2.92000000	.48009623	3.78211498	2.58606628	9.78080000	.35167022
2.94000000	.47883626	3.80116685	2.60907604	9.91753333	.34570057
2.96000000	.47759908	3.82002093	2.63223689	10.05520000	.33982343
2.98000000	.47638416	3.83867900	2.65554895	10.19380000	.33403811
3.00000000	.47519096	3.85714286	2.67901235	10.33333333	.32834389
3.02000000	.47401899	3.87541429	2.70262718	10.47380000	.32273999
3.04000000	.47286773	3.89349511	2.72639356	10.61520000	.31722563
3.06000000	.47173671	3.91138712	2.75031159	10.75753333	.31179996
3.08000000	.47062547	3.92909211	2.77438138	10.90080000	.30646212
3.10000000	.46953354	3.94661191	2.79860302	11.04500000	.30121124
3.12000000	.46846049	3.96394831	2.82297660	11.19013333	.29604640
3.14000000	.46740589	3.98110313	2.84750222	11.33620000	.29096667
3.16000000	.46636933	3.99807816	2.87217997	11.48320000	.28597111
3.18000000	.46535039	4.01487520	2.89700993	11.63113333	.28105874
3.20000000	.46434868	4.03149606	2.92199219	11.78000000	.27622858
3.22000000	.46336382	4.04794253	2.94712682	11.92980000	.27147965
3.24000000	.46239544	4.06421639	2.97241391	12.08053333	.26681093
3.26000000	.46144318	4.08031943	2.99785352	12.23220000	.26222141
3.28000000	.46050668	4.09625343	3.02344575	12.38480000	.25771006
3.30000000	.45958561	4.11202014	3.04919064	12.53833333	.25327585
3.32000000	.45867962	4.12762133	3.07508829	12.69280000	.24891776
3.34000000	.45778839	4.14305875	3.10113874	12.84820000	.24463472
3.36000000	.45691162	4.15833415	3.12734207	13.00453333	.24042572
3.38000000	.45604898	4.17344926	3.15369834	13.16180000	.23628969
3.40000000	.45520018	4.18840580	3.18020761	13.32000000	.23222559
3.42000000	.45436494	4.20320548	3.20686995	13.47913333	.22823238
3.44000000	.45354296	4.21785001	3.23368540	13.63920000	.22430901
3.46000000	.45273397	4.23234109	3.26065402	13.80020000	.22045445
3.48000000	.45193769	4.24668038	3.28777588	13.96213333	.21666764
3.50000000	.45115388	4.26086957	3.31505102	14.12500000	.21294757
3.60000000	.44741293	4.32962138	3.45372771	14.95333333	.19531234
3.70000000	.44394766	4.39486356	3.59624361	15.80500000	.17919366
3.80000000	.44073190	4.45679012	3.74260388	16.68000000	.16447032
3.90000000	.43774247	4.51558634	3.89281303	17.57833333	.15102724
4.00000000	.43495884	4.57142857	4.04687500	18.50000000	.13875622
4.10000000	.43236271	4.62448418	4.20479328	19.44500000	.12755623
4.20000000	.42993779	4.67491166	4.36657092	20.41333333	.11733352
4.30000000	.42766949	4.72286079	4.53221065	21.40500000	.10800153
4.40000000	.42554473	4.76847291	4.70171488	22.42000000	.09948065
4.50000000	.42355176	4.81188119	4.87508573	23.45833333	.09169787
4.60000000	.42168001	4.85321101	5.05232514	24.52000000	.08458648

Tabla A.2.   Ondas de Choque Normales para $\gamma = 1,4$ (continuación)

M_1	M_2	$\dfrac{\rho_2}{\rho_1}$	$\dfrac{T_2}{T_1}$	$\dfrac{p_2}{p_1}$	$\dfrac{p_{02}}{p_{01}}$
4.70000000	.41991993	4.89258029	5.23343481	25.60500000	.07808559
4.90000000	.41670108	4.96587384	5.60727093	27.84500000	.06669862
5.00000000	.41522740	5.00000000	5.80000000	29.00000000	.06171632
5.20000000	.41251919	5.06367041	6.19708580	31.38000000	.05296594
5.30000000	.41127343	5.09338169	6.40144446	32.60500000	.04912598
5.40000000	.41009322	5.12177986	6.60968145	33.85333333	.04560050
5.50000000	.40897407	5.14893617	6.82179752	35.12500000	.04236141
5.60000000	.40791187	5.17491749	7.03779337	36.42000000	.03938330
5.70000000	.40690285	5.19978661	7.25766962	37.73833333	.03664313
5.80000000	.40594356	5.22360248	7.48142687	39.08000000	.03412000
5.90000000	.40503079	5.24642050	7.70906564	40.44500000	.03179499
6.00000000	.40416162	5.26829268	7.94058642	41.83333333	.02965094
6.50000000	.40038150	5.36507937	9.15643491	49.12500000	.02114755
7.00000000	.39735971	5.44444444	10.46938776	57.00000000	.01535148
7.50000000	.39490711	5.51020408	11.87947531	65.45833333	.01132856
8.00000000	.39288983	5.56521739	13.38671875	74.50000000	.00848783
8.50000000	.39121102	5.61165049	14.99113322	84.12500000	.00644918
9.00000000	.38979926	5.65116279	16.69272977	94.33333333	.00496386
9.50000000	.38860095	5.68503937	18.49151662	105.12500000	.00386636
10.00000000	.38757527	5.71428571	20.38750000	116.50000000	.00304475
11.00000000	.38592249	5.76190476	24.47107438	141.00000000	.00194506

PROGRAMA EN FORTRAN PARA CALCULAR LA TABLA

```fortran
program ONDA_DE_CHOQUE_RECTA

  implicit none

integer              :: i
double precision     :: gama, aux1, aux2, aux3, aux4, aux5
double precision     :: M1, M2, DT, DP0, DP, DDENS

! **** VARIABLES ****

!   DT: T2/T1 (Temp2/Temp1)
!   DP: P2/P1 (Pres2/Pres1)
!   DP0: P02/P01 (Pres02/Pres01)

  open (unit=10, file='Resultados.txt', status='unknown', form='formatted', access='sequential')

! **** Calculos ****

gama = 1.4d0
```

```fortran
rewind (10)

write (10,*) '    M1          M2         DDENS        DT        DP        DP0'
  do i = 1, 1001

  M1 = 1.d0 + (dble(i) - 1.d0) * 0.01d0

  aux1 = 1.d0 + 0.5d0* (gama - 1.d0) * (M1**2)
  aux2 = gama * M1**2 - 0.5d0* (gama - 1.d0)

  M2 = sqrt(aux1/aux2)

  DT = aux1*aux2*(4.d0/(M1*(gama+1.d0)))**2

  aux3 = 0.5d0 * (gama + 1.d0) * (M1**2)
  aux4 = ((2.d0 * gama * (M1**2)) / (gama + 1.d0)) - ((gama - 1.d0) / (gama + 1.d0))
  aux5 = gama / (gama - 1.d0)

  DP0 =  ((aux3/aux1)**(aux5)) * (aux4**(-1.d0/(gama-1.d0)))
  DP = 1.d0 + (2.d0 * gama / (gama + 1.d0)) * (M1**2 - 1.d0)
  DDENS = 0.5d0 * (gama + 1.d0) * M1**2 / aux1

    write (10, 111) M1, M2, DDENS, DT, DP, DP0

end do

111 format(6F15.8)

  end program
```

Apéndice B

Eficiencia Elemental para un Gas Politrópico

Supóngase un proceso donde el gas es comprimido desde los valores iniciales de presión p y temperatura T hasta la presión $(p + dp)$ y temperatura $(T + dT)$. Si el proceso hubiera sido ideal (isoentrópico) se hubiera obtenido:

$$\frac{dT}{T} = \left(\frac{p + dp}{p}\right)^{\frac{\gamma-1}{\gamma}} - 1 \tag{B.1}$$

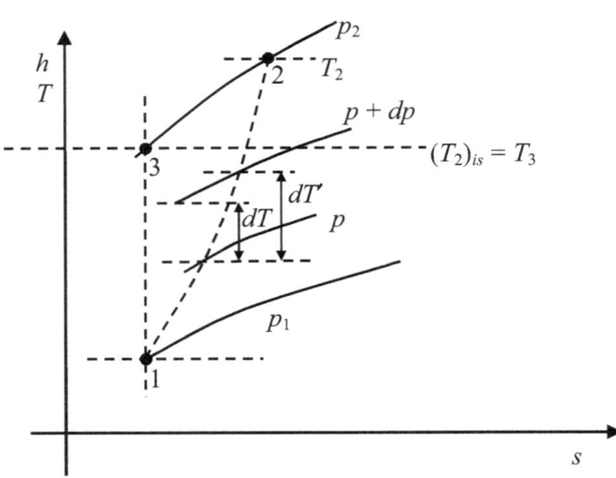

Fig. B.1

Pero como el proceso real no es isoentrópico, el incremento de temperatura resulta ser dT'. Si se introduce una eficiencia asociada con la compresión elemental tal que:

$$\frac{dT'}{T'} = \frac{1}{\eta_{el}} \frac{dT}{T}$$

entonces

$$\frac{dT'}{T'} = \frac{1}{\eta_{el}}\left[\left(\frac{p+dp}{p}\right)^{\frac{\gamma-1}{\gamma}} - 1\right] \tag{B.2}$$

Utilizando la expansión en serie de:

$$(1+x)^n = 1 + nx + \frac{1}{2}n(n-1)x^{n-1} + \ldots$$

y dejando de lado términos en $(dp)^2$ se puede obtener:

$$\frac{dT'}{T'} = \frac{1}{\eta_{el}}\frac{\gamma-1}{\gamma}\frac{dp}{p}$$

Considerando que el exponente γ permanece constante y que la eficiencia de cada etapa elemental es la misma, se obtiene luego de integrar entre los estados 1 y 2:

$$\ln\frac{T_2}{T_1} = \frac{1}{\eta_{el}}\frac{\gamma-1}{\gamma}\ln\frac{p_2}{p_1} \tag{B.3}$$

de donde se puede deducir la eficiencia elemental en términos de las relaciones de presión y temperatura entre los estados 2 y 1. Es decir:

$$\eta_{el} = \frac{\dfrac{\gamma-1}{\gamma}\ln\dfrac{p_2}{p_1}}{\ln\dfrac{T_2}{T_1}} \tag{B.4}$$

La ec. B.3 también se puede escribir:

$$\ln\frac{T_2}{T_1} = \frac{1}{\eta_{el}}\ln\left(\frac{p_2}{p_1}\right)^{\frac{\gamma-1}{\gamma}} = \frac{1}{\eta_{el}}\ln\left(\frac{(T_2)_{is}}{T_1}\right)$$

Obsérvese que con $(T_2)_{is}$ se indica la temperatura que se hubiera alcanzado si la compresión desde 1 a 2 se hubiera efectuado en forma isoentrópica. Finalmente se puede escribir para η_{el}:

$$\eta_{el} = \frac{\ln(T_2)_{is} - \ln T_1}{\ln(T_2) - \ln T_1}$$

que es la expresión buscada.

Apéndice C

Notas Complementarias sobre Difusores

C.1. DIFUSORES SUBSÓNICOS

Un simple conducto divergente constituye un difusor subsónico. Sin embargo, la geometría del conducto puede afectar considerablemente su eficiencia.

Por razones constructivas, se utilizan frecuentemente difusores cónicos. Su eficiencia (no es importante que definición se utiliza, puesto que en el rango subsónico todas son prácticamente coincidentes), depende de las condiciones iniciales, del número de Reynolds y del ángulo. Con números de Reynolds basados en el diámetro del orden de 10^5 y con condiciones adecuadas de uniformidad del flujo en la entrada, la eficiencia puede llegar a ser del 90% si la semiapertura del cono no excede $5 - 6°$. Para ángulos más pequeños el flujo tiende a ser más uniforme, pero las perdidas por fricción se incrementan debido a que la longitud del difusor es mayor. Cuando los ángulos son mayores las perdidas por fricción se reducen, pero la falta de uniformidad en el flujo aumenta de manera muy significativa. No obstante, en los difusores utilizados en túneles de viento de grandes dimensiones, la eficiencia puede alcanzar el 95% con un ángulo de semiapertura de $3°$, si se cuenta además, con paredes suficientemente lisas. Esto significa que si la disminución del ángulo de apertura del cono va acompañada de un incremento acorde del número de Reynolds, puede mejorarse la eficiencia del difusor.

Definida la geometría de un difusor subsónico y sus condiciones operativas, cualquier incremento de la eficiencia depende exclusivamente del mejoramiento de la calidad del flujo. Por esta razón suele utilizarse el control de la capa límite para prevenir la separación. Dicho control puede realizarse mediante la succión a través de paredes porosas de las capas de fluido más lentas y susceptibles de separación, o energizando estas capas mediante la inyección de aire a alta velocidad a través de ranuras convenientemente orientadas. Sin embargo, el control de la capa límite presupone una inversión y gasto de energía mayores, lo cual debe justificarse en términos de costos y beneficios operativos.

C.2. DIFUSOR SUPERSÓNICO DE GEOMETRÍA FIJA

Se considerará el caso de un difusor de geometría fija. Como se ha visto en la Sección IV.2.3.1, dicho difusor es un conducto con un convergente y un divergente, conectados a través de una sección de área mínima. Esta área mínima está determinada por la operación de arranque del difusor y garantiza el desplazamiento de la onda de choque desde la entrada hacia el divergente. La posición estacionaria de la onda de choque, en alguna sección del divergente, depende de las condiciones a la entrada y la presión de salida. Se supondrá que esas condiciones son tales que la onda de choque se ubica siempre en la sección mínima. Esta es una condición ideal de funcionamiento del difusor de geometría fija e implica que cualquiera sea el Mach de entrada M_e, la onda de choque se ubica donde el Mach es mínimo y por consiguiente las pérdidas asociadas con el choque también serán mínimas.

La operación del difusor que se muestra esquemáticamente en la Fig. C.1(a), está representada en el diagrama entalpía-entropía de la Fig. C.1(b).

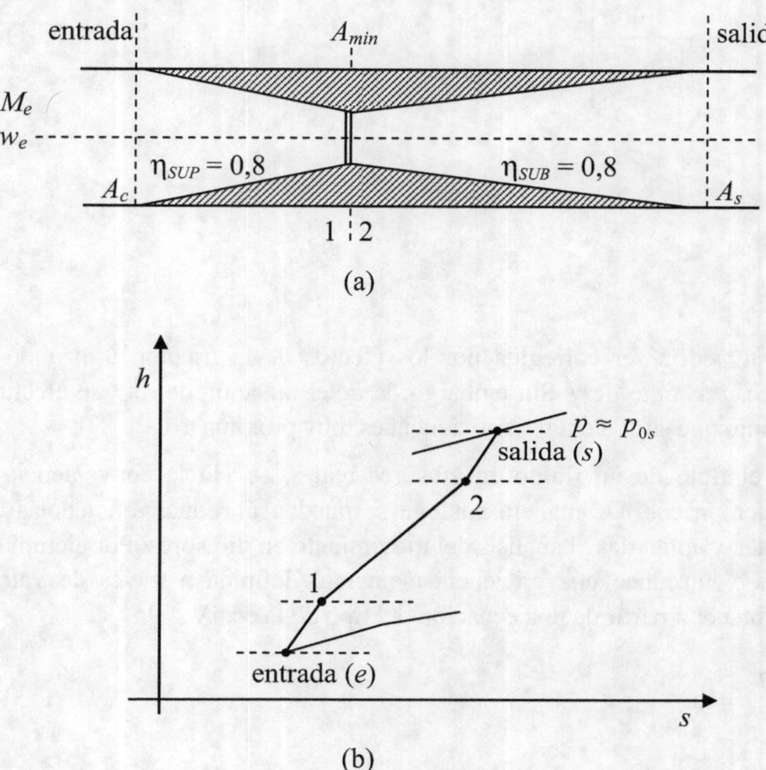

Fig. C.1 – Diagrama entalpía-entropía de la operación de un difusor.

Existe un proceso no isoentrópico desde la sección de entrada hasta la sección mínima caracterizado por una eficiencia η_{SUP} y está representado por el tramo $(e - 1)$ de la curva (h, s) en la Fig. C.1(b). Nótese que con s se representa el estado del gas a la salida del difusor siendo importantes los casos en que la difusión es prácticamente total $(u_s \approx 0)$. En la sección mínima se produce el choque el cual hace que la velocidad supersónica pase a ser subsónica y está representado en el diagrama (h, s) por el tramo $(1 - 2)$. La eficiencia elemental de la difusión incompleta a través del choque se indicará con η_{SH}. Luego de la sección mínima se ubica el divergente que actúa como un difusor subsónico convencional. El proceso no isoentrópico que lleva el gas desde el estado 2 al s está representado en el diagrama (h, s) por el tramo $(2 - s)$ y se supone que posee una eficiencia η_{SUB}.

El área mínima del difusor puede calcularse de conformidad con el procedimiento expuesto en la Sección IV.2.3.1, el cual supone que un choque se produce en una cámara de ensayos con área A_e, antes de la entrada al difusor y que desde el Mach inicial M_e (w_e en términos de la velocidad reducida, Sección III.3) se pasa a una velocidad subsónica inmediatamente detrás del choque, para luego acelerarse isoentropicamente hasta alcanzar $M = 1(w^*)$. La relación A_{min}/A_e, análoga a la ec. IV.2.4 puede expresarse utilizando por conveniencia las velocidades reducidas, de la siguiente forma:

$$\frac{A_{min}}{A_e} = \frac{A_2^*}{A_e} = \frac{w^*}{w_e}\left(\frac{1 - \dfrac{w^{*4}}{w_e^2}}{1 - w^{*2}}\right)^{\frac{1}{\gamma-1}}$$

(C.1)

donde

$$w^* = \sqrt{\frac{\gamma-1}{\gamma+1}}$$

(C.2)

Esta ecuación podría ser corregida por los efectos de la fricción utilizando un exponente politrópico n distinto de γ. Sin embargo, la determinación de A_{min} se efectúa a partir de A_e con un flujo que se acelera y su eficiencia es muy próxima a 1.

Al estudiar el flujo de un fluido en efusores reales, se vio la conveniencia de utilizar coeficientes empíricos. De manera análoga se pueden introducir eficiencias que permanecen constantes y aplicarlas al análisis del movimiento en difusores. Por ejemplo, si durante la difusión se introduce una eficiencia elemental definida a través de valores estáticos, se puede obtener a partir de una ecuación del tipo de la ec. IV.4.9:

$$\eta_{el}\frac{\gamma}{\gamma-1}\ln\frac{T}{T_e} = \ln\frac{p}{p_e}$$

(C.3)

$$\frac{p}{p_e} = \left(\frac{T}{T_e}\right)^{\left(\frac{\gamma}{\gamma-1}\right)\eta_{el}}$$

(C.4)

que puede asimilarse a una transformación politrópica con un índice n definido por:

$$\frac{n}{n-1} = \eta_{el}\frac{\gamma}{\gamma-1}$$

(C.5)

de donde:

$$n = \frac{\gamma}{1 - (\gamma - 1)\left(\dfrac{1}{\eta_{el}} - 1\right)} \tag{C.6}$$

y por ser $\eta_{el} < 1$, se verifica que $n > \gamma$ siempre.

Si se supone una eficiencia elemental $\eta_{el} = \eta_{SUP}$ en el convergente supersónico, la velocidad w_1 al final del convergente puede determinarse utilizando la ec. III.3.15 (expresa la conservación de la masa) y obtener:

$$\frac{A_e}{A_{min}} = \frac{w_1}{w_e}\left(\frac{1 - w_1^2}{1 - w_e^2}\right)^{\frac{1}{n-1}} \tag{C.7}$$

luego de reemplazar γ por n dado por la ec. C.6.

Entre las ec. C.1 y C.7 puede expresarse la velocidad w_1 en la sección mínima como una función de w_e (o M_e) y el valor constante supuesto para η_{SUP}.

El choque en la sección mínima se produce a la velocidad w_1 y la velocidad subsónica w_2 detrás del choque satisface la ec. II.1.31 (fórmula de Prandtl). Entonces:

$$w_2 w_1 = w^{*2} \tag{C.8}$$

El cálculo de la eficiencia elemental a través del choque conduce a:

$$\eta_{SH} = \left(\frac{\gamma - 1}{\gamma}\right)\frac{\ln\left(\dfrac{p_2}{p_1}\right)}{\ln\left(\dfrac{T_2}{T_1}\right)} \tag{C.9}$$

Si se expresan p_2/p_1 y T_2/T_1 en función de las velocidades reducidas, se puede obtener:

$$\frac{p_2}{p_1} = \frac{\dfrac{w_1^2}{w^{*2}} - w^{*2}}{1 - w_1^2}$$

$$\frac{T_2}{T_1} = \frac{1 - \dfrac{w^{*4}}{w_1^2}}{1 - w_1^2}$$

y sustituyendo en la ec. C.9 se consigue:

$$\eta_{SH} = \frac{\gamma-1}{\gamma}\left(1+\frac{\ln\left[\dfrac{w_1^2}{w^{*2}}\right]}{\ln\left[\dfrac{1-\dfrac{w^{*4}}{w_1^2}}{1-w_1^2}\right]}\right) \tag{C.10}$$

teniendo en cuenta que:

$$\ln\left(\frac{p_2}{p_1}\right)=\ln\left(\frac{\dfrac{w_1^2}{w^{*2}}-w^{*2}}{1-w_1^2}\right)=\ln\left(\frac{w_1^2}{w^{*2}}\,\frac{1-\dfrac{w^{*4}}{w_1^2}}{1-w_1^2}\right)=\ln\left(\frac{w_1}{w^{*2}}\right)+\ln\left(\frac{1-\dfrac{w^{*4}}{w_1^2}}{1-w_1^2}\right)$$

Obsérvese que η_{SH} es función solamente de w_e y η_{SUP}. Finalmente la velocidad es reducida desde w_2 detrás del choque hasta el valor final en el divergente subsónico con eficiencia η_{SUB}.

La eficiencia elemental está directamente vinculada con el incremento de entropía entre el estado final (subíndice f) y el inicial (subíndice i) por la relación:

$$\frac{s_f-s_i}{c_p}=\ln\frac{T_f}{T_i}-\frac{\gamma-1}{\gamma}\ln\frac{p_f}{p_i}=(1-\eta_{el})\ln\frac{T_f}{T_i}$$

luego de tener en cuenta la ec. IV.4.9. Además, si el proceso de difusión es adiabático $(T_{0f}=T_{0i})$, se puede hacer:

$$\frac{s_f-s_i}{c_p}=(1-\eta_{el})\ln\left(\frac{T_f}{T_{0i}}\,\frac{T_{0i}}{T_i}\right)=(1-\eta_{el})\ln\left(\frac{1-w_f^2}{1-w_i^2}\right) \tag{C.11}$$

Aplicando la ec. C.11 en el convergente, a través del choque y en el divergente, y suponiendo que la eficiencia elemental η_{el} de cada uno de ellos se iguala con η_{SUP}, η_{SH} y η_{SUB} respectivamente, se puede obtener:

$$\frac{s_1-s_e}{c_p}=(1-\eta_{SUP})\ln\left(\frac{1-w_1^2}{1-w_e^2}\right) \tag{C.12}$$

$$\frac{s_2-s_1}{c_p}=(1-\eta_{SH})\ln\left(\frac{1-w_2^2}{1-w_1^2}\right) \tag{C.13}$$

$$\frac{s_s - s_2}{c_p} = -(1 - \eta_{SUB})\ln(1 - w_2^2) \tag{C.14}$$

La ec. C.14 difiere de las otras dos puesto que se supone $w_s = u_s = 0$, es decir la difusión es total. Por otra parte si a todo proceso de difusión se le atribuye una eficiencia elemental global tal que:

$$\frac{s_s - s_e}{c_p} = (1 - \overline{\eta}_{el})\ln\frac{1}{1 - w_e^2} = -(1 - \overline{\eta}_{el})\ln(1 - w_e^2) \tag{C.15}$$

se puede hacer:

$$\frac{s_s - s_e}{c_p} = \frac{s_s - s_2}{c_p} + \frac{s_2 - s_1}{c_p} + \frac{s_1 - s_e}{c_p}$$

e introduciendo sus correspondientes valores dados por las ec. C.12, C.13 y C.14, se puede deducir:

$$\overline{\eta}_{el} = \left[\eta_{SH} + (\eta_{SUB} - \eta_{SH})\frac{\ln(1 - w_2^2)}{\ln(1 - w_1^2)}\right]\frac{\ln(1 - w_1^2)}{\ln(1 - w_e^2)} + \eta_{SUP}\left[1 - \frac{\ln(1 - w_1^2)}{\ln(1 - w_e^2)}\right] \tag{C.16}$$

que es la expresión buscada.

Una vez que la eficiencia elemental global ha sido determinada, es posible calcular la relación de compresión entre la entrada y la salida del difusor. La fórmula a emplear es:

$$\frac{p_{0s}}{p_e} = \left(\frac{1}{1 - w_e^2}\right)^{\left(\frac{\gamma}{\gamma-1}\right)\overline{\eta}_{el}} \tag{C.17}$$

La suposición de $\eta_{SUP} = \eta_{SUB}$ distinto de uno, implica que una solución real para w_1 existe únicamente cuando w_e (o M_e) es mayor que un determinado valor w_{el}, que para el caso de $\eta_{SUP} = \eta_{SUB} = 0,8$ se ubica en aproximadamente $w_e = 0,63$. Este valor de w_{el} corresponde a la condición donde el valor de A_{min} calculado mediante la ec. C.1 coincide con el área de garganta correspondiente a una difusión continua con el exponente politrópico resultante del valor asignado a la eficiencia del tramo supersónico (ver ec. C.6). Cuando $w_e < w_{el}$, al área A_{min} calculada con la ec. C.7 es más pequeña que el área de garganta calculada con la ec. C.1, por lo tanto, en dicho rango de w_e se puede utilizar una difusión continua (sin choque) y satisfacer simultáneamente la condición de arranque. El valor de η_{el} para $w_e < w_{el}$ será una constante igual a η_{SUP}. Cuando se excede el valor w_{el} (o M_{el}) se observa una disminución continua de η_{el}, debido fundamentalmente a las pérdidas que ocurren a través del choque. En un difusor de geometría fija, la segunda garganta contribuye a reducir el Mach al cual se produce el choque, con lo cual disminuyen las pérdidas. No obstante, su aplicabilidad está limitada a números de Mach de entrada al difusor relativamente bajos y a medida que estos se incrementan, la disminución de las pérdidas por estar el choque ubicado en la segunda garganta se vuelven insignificantes.

Se puede graficar en función de M_e, los valores de la relación de compresión p_{0s}/p_e para $\eta_{SUP} = \eta_{SUB}$ e igual a un determinado valor. Así, se los compara con los que se obtendrían si se mantienen estas eficiencias pero se supone que no existe una onda de choque (difusión continua). Es notable la importante pérdida de presión total a elevados M_e, asociada con la onda de choque supuesta en la segunda garganta. Aparentemente, no quedaría otra alternativa que utilizar difusores con un área menor que la mínima dada por la ec. C.1. Pero esto a su vez plantea el problema del arranque de estos difusores, si todavía se pretende mantener la simplicidad del difusor de geometría fija.

Apéndice D

Flujo Compresible con Fricción, Adiabático y

de Área Constante (Línea de Fanno)

D.1. TABLA: Flujo Compresible con Fricción, Adiabático y de Área Constante (Línea de Fanno)

M	$\dfrac{\rho}{\rho^*}$	$\dfrac{T}{T^*}$	$\dfrac{p}{p^*}$	$\dfrac{p_0}{p_0^*}$	$\dfrac{s-s^*}{c_p}$	$\dfrac{F}{F^*}$	$\dfrac{4fL^*}{D}$
.01000000	91.28800578	1.19997600	109.54341607	57.87384266	-1.1595044	45.64948006	7.13440453+3
.02000000	45.64537216	1.19990401	54.77006499	28.94213019	-.96151381	22.83364010	1.77844988+3
.03000000	30.43176946	1.19978404	36.51155128	19.30054200	-.84575234	15.23231493	787.08138718
.04000000	22.82542442	1.19961612	27.38174715	14.48148593	-.76367743	11.43461761	440.35221425
.05000000	18.26198237	1.19940030	21.90342713	11.59144387	-.70007635	9.15837047	280.02030612
.06000000	15.21999173	1.19913662	18.25084946	9.66591007	-.64817293	7.64284739	193.03108160
.07000000	13.04740181	1.19882515	15.64155344	8.29152515	-.60435255	6.56202271	140.65501358
.08000000	11.41818725	1.19846596	13.68430878	7.26160964	-.56645758	5.75288341	106.71821579
.09000000	10.15122284	1.19805914	12.16176535	6.46134180	-.53309629	5.12486657	83.49611722
.10000000	9.13783344	1.19760479	10.94351310	5.82182875	-.50331841	4.62363429	66.92156003
.11000000	8.30886214	1.19710301	9.94656388	5.29922971	-.47644613	4.21460778	54.68789549
.12000000	7.61820432	1.19655392	9.11559228	4.86431765	-.45197899	3.87473442	45.40796199
.13000000	7.03394138	1.19595766	8.41229610	4.49685858	-.42953687	3.58805459	38.20700311
.14000000	6.53327433	1.19531437	7.80931667	4.18239980	-.40882434	3.34316847	32.51130598
.15000000	6.09948389	1.19462419	7.28659101	3.91034275	-.38960715	3.13171609	27.93196747
.16000000	5.72003059	1.19388730	6.82907187	3.67273863	-.37169646	2.94742742	24.19783002
.17000000	5.38532544	1.19310386	6.42525257	3.46350905	-.35493779	2.78550762	21.11517824
.18000000	5.08791031	1.19227406	6.06618350	3.27792645	-.33920316	2.64222733	18.54265447
.19000000	4.82189719	1.19139811	5.74479918	3.11225865	-.32438535	2.51464222	16.37516366
.20000000	4.58257569	1.19047619	5.45544726	2.96352000	-.31039364	2.40039679	14.53326648
.21000000	4.36613263	1.18950853	5.19355203	2.82929360	-.29715059	2.29758414	12.95602188
.22000000	4.16944811	1.18849536	4.95536975	2.70760210	-.28458955	2.20464400	11.59605443
.23000000	3.98994483	1.18743692	4.73780779	2.59681208	-.27265273	2.12028743	10.41608994
.24000000	3.82547504	1.18633344	4.53828896	2.49556245	-.26128975	2.04344024	9.38648053
.25000000	3.67423461	1.18518519	4.35464843	2.40270996	-.25045636	1.97320007	8.48340884
.26000000	3.53469699	1.18399242	4.18505446	2.31728731	-.24011350	1.90880334	7.68756658
.27000000	3.40556177	1.18275543	4.02794666	2.23847057	-.23022653	1.84959954	6.98316953
.28000000	3.28571429	1.18147448	3.88198758	2.16555358	-.22076458	1.79503106	6.35721449
.29000000	3.17419365	1.18014988	3.74602426	2.09792763	-.21170000	1.74461715	5.79891264
.30000000	3.07016708	1.17878193	3.61905747	2.03506526	-.20300797	1.69794113	5.29925311
.31000000	2.97290925	1.17737093	3.50021693	1.97650710	-.19466606	1.65464005	4.85066344
.32000000	2.88178547	1.17591722	3.38874115	1.92185128	-.18665398	1.61439628	4.44674347
.33000000	2.79623802	1.17442111	3.28396095	1.87074466	-.17895330	1.57693068	4.08205470
.34000000	2.71577476	1.17288295	3.18528590	1.82287575	-.17154724	1.54199690	3.75195255
.35000000	2.63995980	1.17130307	3.09219303	1.77796868	-.16442043	1.50937672	3.45245175
.36000000	2.56840570	1.16968185	3.00421752	1.73577828	-.15755883	1.47887614	3.18011752
.37000000	2.50076687	1.16801962	2.92094477	1.69608596	-.15094949	1.45032210	2.93197719
.38000000	2.43673411	1.16631677	2.84200386	1.65869617	-.14458053	1.42355973	2.70544783

Tabla D.1.   Línea de Fanno (continuación)

M	$\dfrac{\rho}{\rho^*}$	$\dfrac{T}{T^*}$	$\dfrac{p}{p^*}$	$\dfrac{p_0}{p_0^*}$	$\dfrac{s-s^*}{c_p}$	$\dfrac{F}{F^*}$	$\dfrac{4\,fL^*}{D}$
.39000000	2.37602994	1.16457367	2.76706191	1.62343346	-.13844095	1.39845003	2.49827682
.40000000	2.31840462	1.16279070	2.69581933	1.59014000	-.13252059	1.37486786	2.30849265
.41000000	2.26363277	1.16096825	2.62800577	1.55867338	-.12681002	1.35270027	2.13436408
.42000000	2.21151046	1.15910672	2.56337663	1.52890480	-.12130047	1.33184505	1.97436603
.43000000	2.16185276	1.15720650	2.50171007	1.50071750	-.11598381	1.31220948	1.82715097
.44000000	2.11449152	1.15526802	2.44280443	1.47400537	-.11085241	1.29370923	1.69152484
.45000000	2.06927355	1.15329169	2.38647598	1.44867179	-.10589918	1.27626747	1.56642669
.46000000	2.02605897	1.15127792	2.33255695	1.42462855	-.10111746	1.25981401	1.45091135
.47000000	1.98471981	1.14922714	2.28089388	1.40179503	-.09650102	1.24428463	1.34413476
.48000000	1.94513876	1.14713980	2.23134609	1.38009735	-.09204401	1.22962045	1.24534129
.49000000	1.90720810	1.14501632	2.18378439	1.35946770	-.08774092	1.21576737	1.15385301
.50000000	1.87082869	1.14285714	2.13808994	1.33984375	-.08358657	1.20267559	1.06906031
.52000000	1.80236531	1.13843352	2.05187308	1.30338776	-.07570481	1.17859589	.91741799
.54000000	1.73909825	1.13387255	1.97191578	1.27032110	-.06836277	1.15705445	.78662509
.56000000	1.68047005	1.12917796	1.89754974	1.24029444	-.06152823	1.13777082	.67357071
.58000000	1.62600010	1.12435350	1.82819890	1.21300721	-.05517216	1.12050311	.57568302
.60000000	1.57527188	1.11940299	1.76336404	1.18819951	-.04926833	1.10504146	.49082205
.62000000	1.52792256	1.11433029	1.70261038	1.16564554	-.04379287	1.09120300	.41719657
.64000000	1.48363468	1.10913931	1.64555755	1.14514831	-.03872404	1.07882753	.35329885
.66000000	1.44212925	1.10383398	1.59187127	1.12653524	-.03404193	1.06777419	.29785323
.68000000	1.40316005	1.09841828	1.54125665	1.10965464	-.02972824	1.05791856	.24977519
.70000000	1.36650903	1.09289617	1.49345250	1.09437268	-.02576609	1.04915038	.20813851
.72000000	1.33198234	1.08727167	1.44822667	1.08057094	-.02213987	1.04137152	.17214885
.74000000	1.29940707	1.08154878	1.40537213	1.06814435	-.01883511	1.03449442	.14112224
.76000000	1.26862850	1.07573150	1.36470364	1.05699943	-.01583833	1.02844066	.11446756
.78000000	1.23950780	1.06982384	1.32605498	1.04705281	-.01313696	1.02313982	.09167216
.80000000	1.21191996	1.06382979	1.28927656	1.03823000	-.01071924	1.01852848	.07228997
.82000000	1.18575222	1.05775333	1.25423336	1.03046428	-.00857413	1.01454937	.05593167
.84000000	1.16090251	1.05159843	1.22080325	1.02369581	-.00669126	1.01115064	.04225644
.86000000	1.13727826	1.04536902	1.18887545	1.01787085	-.00506087	1.00828527	.03096515
.88000000	1.11479532	1.03906899	1.15834925	1.01294105	-.00367372	1.00591049	.02179454
.90000000	1.09337699	1.03270224	1.12913287	1.00886287	-.00252109	1.00398731	.01451239
.92000000	1.07295328	1.02627258	1.10114253	1.00559707	-.00159470	1.00248015	.00891334
.94000000	1.05346010	1.01978381	1.07430155	1.00310828	-.00088670	1.00135647	.00481545
.96000000	1.03483873	1.01323966	1.04853965	1.00136456	-.00038961	1.00058644	.00205714
.98000000	1.01703524	1.00664385	1.02379227	1.00033714	-.00009631	1.00014267	.00049470
1.00000000	1.00000000	1.00000000	1.00000000	1.00000000	.00000000	1.00000000	.00000000
1.02000000	.98368727	.99331170	.97710808	1.00032972	-.00009419	1.00013526	.00045869
1.04000000	.96805484	.98658248	.95506595	1.00130519	-.00037267	1.00052708	.00176850
1.06000000	.95306367	.97981579	.93382684	1.00290738	-.00082947	1.00115576	.00383785
1.08000000	.93867762	.97301505	.91334746	1.00511921	-.00145890	1.00200305	.00658460
1.10000000	.92486318	.96618357	.89358761	1.00792534	-.00225546	1.00305210	.00993500
1.12000000	.91158922	.95932464	.87450990	1.01131206	-.00321387	1.00428727	.01382273
1.14000000	.89882679	.95244142	.85607987	1.01526712	-.00432907	1.00569410	.01818811
1.16000000	.88654897	.94553707	.83826492	1.01977964	-.00559616	1.00725912	.02297735
1.18000000	.87473064	.93861460	.82103495	1.02484001	-.00701043	1.00896985	.02814193
1.20000000	.86334835	.93167702	.80436182	1.03043975	-.00856733	1.01081468	.03363807
1.22000000	.85238020	.92472721	.78821916	1.03657150	-.01026247	1.01278280	.03942619
1.24000000	.84180570	.91776799	.77258232	1.04322887	-.01209160	1.01486414	.04547052
1.26000000	.83160567	.91080211	.75742820	1.05040642	-.01405062	1.01704934	.05173869
1.28000000	.82176211	.90383225	.74273510	1.05809955	-.01613555	1.01932965	.05820139
1.30000000	.81225816	.89686099	.72848265	1.06630452	-.01834256	1.02169692	.06483209
1.32000000	.80307795	.88989084	.71465171	1.07501831	-.02066791	1.02414354	.07160673
1.34000000	.79420658	.88292425	.70122424	1.08423862	-.02310800	1.02666242	.07850352
1.36000000	.78563002	.87596356	.68818327	1.09396385	-.02565933	1.02924690	.08550270
1.38000000	.77733507	.86901107	.67551278	1.10419301	-.02831850	1.03189080	.09258633
1.40000000	.76930926	.86206897	.66319764	1.11492571	-.03108222	1.03458831	.09973817
1.42000000	.76154084	.85513939	.65122357	1.12616214	-.03394729	1.03733402	.10694349

Tabla D.1. Línea de Fanno (continuación)

M	$\dfrac{\rho}{\rho^*}$	$\dfrac{T}{T^*}$	$\dfrac{p}{p^*}$	$\dfrac{p_0}{p_0^*}$	$\dfrac{s-s^*}{c_p}$	$\dfrac{F}{F^*}$	$\dfrac{4fL^*}{D}$
1.44000000	.75401873	.84822438	.63957707	1.13790302	-.03691060	1.04012287	.11418891
1.46000000	.74673242	.84132593	.62824535	1.15014957	-.03996914	1.04295010	.12146232
1.48000000	.73967201	.83444593	.61721630	1.16290352	-.04311998	1.04581129	.12875273
1.50000000	.73282811	.82758621	.60647843	1.17616705	-.04636025	1.04870229	.13605022
1.55000000	.71660838	.81053698	.58083760	1.21157359	-.05483429	1.05603535	.15426782
1.60000000	.70156076	.79365079	.55679425	1.25023500	-.06380901	1.06347703	.17235689
1.65000000	.68757391	.77695047	.53421087	1.29221880	-.07324593	1.07098150	.19022553
1.70000000	.67454970	.76045627	.51296555	1.33760640	-.08310907	1.07851008	.20780326
1.75000000	.66240132	.74418605	.49294982	1.38649205	-.09336481	1.08603007	.22503675
1.80000000	.65105170	.72815534	.47406677	1.43898206	-.10398170	1.09351402	.24188637
1.85000000	.64043220	.71237756	.45622952	1.49519412	-.11493030	1.10093887	.25832353
1.90000000	.63048150	.69686411	.43935993	1.55525678	-.12618305	1.10828543	.27432844
1.95000000	.62114469	.68162454	.42338747	1.61930903	-.13771415	1.11553777	.28988844
2.00000000	.61237244	.66666667	.40824829	1.68750000	-.14949947	1.12268280	.30499650
2.10000000	.59634817	.63761955	.38024325	1.83694361	-.17374375	1.13661046	.33385058
2.20000000	.58210220	.60975610	.35494037	2.00497455	-.19875182	1.15000679	.36090982
2.30000000	.56938265	.58309038	.33200154	2.19313682	-.22438003	1.16283540	.38623008
2.40000000	.55798082	.55762082	.31114172	2.40309988	-.25050272	1.17507856	.40988913
2.50000000	.54772256	.53333333	.29211870	2.63671875	-.27701007	1.18673221	.43197669
2.60000000	.53846154	.51020408	.27472527	2.89597538	-.30380628	1.19780220	.45258792
2.70000000	.53007406	.48820179	.25878311	3.18301096	-.33080788	1.20830145	.47181909
2.80000000	.52245496	.46728972	.24413783	3.50012286	-.35794231	1.21824778	.48976473
2.90000000	.51551436	.44742729	.23065519	3.84976823	-.38514656	1.22766227	.50651597
3.00000000	.50917508	.42857143	.21821789	4.23456790	-.41236608	1.23656804	.52215941
3.10000000	.50337053	.41067762	.20672301	4.65731060	-.43955376	1.24498934	.53677659
3.20000000	.49804305	.39370079	.19607994	5.12095750	-.46666898	1.25295081	.55044378
3.30000000	.49314244	.37759597	.18620860	5.62864684	-.49367688	1.26047705	.56323191
3.40000000	.48862493	.36231884	.17703802	6.18369882	-.52054760	1.26759222	.57520672
3.50000000	.48445214	.34782609	.16850509	6.78962054	-.54725573	1.27431976	.58642898
3.60000000	.48059034	.33407572	.16055357	7.45011103	-.57377970	1.28068228	.59695472
3.70000000	.47700980	.32102729	.15313316	8.16906645	-.60010132	1.28670139	.60683557
3.80000000	.47368421	.30864198	.14619883	8.95058526	-.62620541	1.29239766	.61611903
3.90000000	.47059025	.29688273	.13971012	9.79897348	-.65207932	1.29779058	.62484877
4.00000000	.46770717	.28571429	.13363062	10.71875000	-.67771273	1.30289855	.63306493
4.50000000	.45587162	.23762376	.10832593	16.56219457	-.80203505	1.32473583	.66763460
5.00000000	.44721360	.20000000	.08944272	25.00000000	-.91967881	1.34164079	.69380392
5.50000000	.44069817	.17021277	.07501245	36.86896307	-1.0306771	1.35491246	.71400429
6.00000000	.43567742	.14634146	.06375767	53.17978395	-1.1353366	1.36547679	.72987528
6.50000000	.43172970	.12698413	.05482282	75.13431490	-1.2340792	1.37399690	.74254432
7.00000000	.42857143	.11111111	.04761905	.10414285+3	-1.3273610	1.38095238	.75280216
7.50000000	.42600643	.09795918	.04173124	.14184148+3	-1.4156314	1.38669441	.76121412
8.00000000	.42389562	.08695652	.03686049	.19010937+3	-1.4993141	1.39148346	.76819161
8.50000000	.42213824	.07766990	.03278744	.25108616+3	-1.5787989	1.39551524	.77403906
9.00000000	.42065988	.06976744	.02934836	.32718930+3	-1.6544396	1.39893866	.77898519
9.50000000	.41940467	.06299213	.02641919	.42113137+3	-1.7265556	1.40186836	.78320428
10.00000000	.41833001	.05714286	.02390457	.53593750+3	-1.7954336	1.40439362	.78683083

PROGRAMA EN FORTRAN PARA CALCULAR LA TABLA

```fortran
program FLUJO_CON_FRICCION

    implicit none
```

```fortran
integer                  :: i
double precision         :: gama, aux1, aux2, aux3, aux4
double precision         :: M1, DT, DP, DDENS, LAST, DP0, DS, DF

! **** VARIABLES ****

!  M (Mach),  DT (temperatura / temperatura critica),
!  DP (presión / presión critica),
!  DDENS (densidad / densidad critica)
!  LAST (4*f*longitud critica/d), DP0 (P0/P0*)

   open (unit=10, file='Resultados.txt', status='unknown', form='formatted', access='sequential')

! **** Calculos ****

gama = 1.4d0

rewind (10)

write (10,*) '    M1          DENS        TEMP        PRES        PRES0        ENTROP
             IMPULSO       4fL/d'

do i = 1, 1000

  M1 = 0.d0 + (dble(i) - 0.d0) * 0.01d0

  aux1 = 1.d0 + 0.5d0 * (gama - 1.d0) * (M1**2)
  aux2 = 2.d0 / (gama + 1.d0)
  aux3 = 0.5d0 * (gama + 1.d0) / (gama - 1.d0)
  aux4 = (gama + 1.d0) / (2.d0 * gama)

  LAST = ((1.d0-M1**2)/(gama*M1*M1)) + aux4 * DLOG(M1*M1/(aux1*aux2))
  DT = 1.d0 / (aux1*aux2)
  DP =     (1.d0/M1) * sqrt(1.d0/(aux1*aux2))
  DDENS = (1.d0/M1) * sqrt(aux1*aux2)
  DP0 = (1.d0/M1) * ((aux1*aux2)**aux3)
    DS = DLOG(M1*M1* (1.d0/(M1*M1*aux1*aux2))**aux4)
  DF = (1.d0+gama*M1*M1) / (M1 * sqrt(aux1*2.d0*(gama + 1.d0)))

    write (10, 111) M1, DDENS, DT, DP, DP0, DS, DF, LAST

end do
111 format(8F15.8)
  end program
```

Apéndice E

Flujo Compresible sin Fricción, de Área Constante y con Variación en la Temperatura de Estancamiento

(Línea de Rayleigh)

E.1. TABLA: Flujo Compresible sin Fricción, de Área Constante y con Variación en la Temperatura de Estancamiento (Línea de Rayleigh)

M	$\dfrac{\rho}{\rho^*}$	$\dfrac{T}{T^*}$	$\dfrac{p}{p^*}$	$\dfrac{p_0}{p_0^*}$	$\dfrac{T_0}{T_0^*}$
.01000000	4167.25000000	.00057584	2.39966405	1.26778755	.00047988
.02000000	1042.25000000	.00230142	2.39865675	1.26752152	.00191800
.03000000	463.54629630	.00517096	2.39697981	1.26707871	.00430991
.04000000	261.00000000	.00917485	2.39463602	1.26646001	.00764816
.05000000	167.25000000	.01429973	2.39162930	1.26566663	.01192240
.06000000	116.32407407	.02052855	2.38796466	1.26470013	.01711944
.07000000	85.61734694	.02784072	2.38364817	1.26356240	.02322333
.08000000	65.68750000	.03621217	2.37868696	1.26225566	.03021544
.09000000	52.02366255	.04561557	2.37308917	1.26078245	.03807456
.10000000	42.25000000	.05602045	2.36686391	1.25914560	.04677707
.11000000	35.01859504	.06739337	2.36002124	1.25734825	.05629705
.12000000	29.51851852	.07969818	2.35257215	1.25539382	.06660642
.13000000	25.23816568	.09289615	2.34452846	1.25328600	.07767512
.14000000	21.84183673	.10694626	2.33590283	1.25102873	.08947124
.15000000	19.10185185	.12180540	2.32670868	1.24862620	.10196127
.16000000	16.85937500	.13742859	2.31696015	1.24608281	.11511019
.17000000	15.00086505	.15376927	2.30667205	1.24340319	.12888171
.18000000	13.44341564	.17077950	2.29585980	1.24059214	.14323846
.19000000	12.12534626	.18841024	2.28453938	1.23765466	.15814213
.20000000	11.00000000	.20661157	2.27272727	1.23459588	.17355372
.21000000	10.03155707	.22533296	2.26044041	1.23142111	.18943366
.22000000	9.19214876	.24452347	2.24769611	1.22813574	.20574205
.23000000	8.45982987	.26413203	2.23451204	1.22474531	.22243879
.24000000	7.81712963	.28410762	2.22090613	1.22125541	.23948379
.25000000	7.25000000	.30439952	2.20689655	1.21767174	.25683710
.26000000	6.74704142	.32495749	2.19250164	1.21400003	.27445910
.27000000	6.29892547	.34573196	2.17773987	1.21024607	.29231061
.28000000	5.89795918	.36667425	2.16262976	1.20641566	.31035308
.29000000	5.53775268	.38773669	2.14718987	1.20251462	.32854868
.30000000	5.21296296	.40887279	2.13143872	1.19854878	.34686042

Tabla E.1. Línea de Rayleigh (continuación)

M	$\dfrac{\rho}{\rho^*}$	$\dfrac{T}{T^*}$	$\dfrac{p}{p^*}$	$\dfrac{p_0}{p_0^*}$	$\dfrac{T_0}{T_0^*}$
.31000000	4.91909469	.43003742	2.11539479	1.19452391	.36525228
.32000000	4.65234375	.45118687	2.09907641	1.19044580	.38368931
.33000000	4.40947352	.47227901	2.08250178	1.18632016	.40213770
.34000000	4.18771626	.49327337	2.06568891	1.18215267	.42056487
.35000000	3.98469388	.51413123	2.04865557	1.17794892	.43893954
.36000000	3.79835391	.53481569	2.03141928	1.17371444	.45723176
.37000000	3.62691746	.55529173	2.01399728	1.16945467	.47541302
.38000000	3.46883657	.57552624	1.99640647	1.16517497	.49345620
.39000000	3.32275915	.59548806	1.97866341	1.16088057	.51133568
.40000000	3.18750000	.61514802	1.96078431	1.15657661	.52902730
.41000000	3.06201666	.63447891	1.94278498	1.15226811	.54650841
.42000000	2.94538927	.65345550	1.92468082	1.14795997	.56375784
.43000000	2.83680368	.67205455	1.90648682	1.14365696	.58075594
.44000000	2.73553719	.69025474	1.88821752	1.13936373	.59748451
.45000000	2.64094650	.70803669	1.86988703	1.13508479	.61392682
.46000000	2.55245747	.72538289	1.85150898	1.13082450	.63006758
.47000000	2.46955636	.74227768	1.83309656	1.12658711	.64589292
.48000000	2.39178241	.75870717	1.81466247	1.12237670	.66139033
.49000000	2.31872137	.77465925	1.79621896	1.11819723	.67654866
.50000000	2.25000000	.79012346	1.77777778	1.11405250	.69135802
.52000000	2.12426036	.81955447	1.74094708	1.10588181	.71989665
.54000000	2.01223137	.84694781	1.70425496	1.09789224	.74695151
.56000000	1.91198980	.87227376	1.66777852	1.09010920	.77248564
.58000000	1.82193817	.89552300	1.63158753	1.08255586	.79647816
.60000000	1.74074074	.91670439	1.59574468	1.07525332	.81892259
.62000000	1.66727367	.93584265	1.56030582	1.06822062	.83982520
.64000000	1.60058594	.95297621	1.52532032	1.06147487	.85920335
.66000000	1.53986838	.96815507	1.49083139	1.05503135	.87708395
.68000000	1.48442907	.98143892	1.45687646	1.04890365	.89350199
.70000000	1.43367347	.99289523	1.42348754	1.04310374	.90849913
.72000000	1.38708848	1.00259764	1.39069164	1.03764211	.92212247
.74000000	1.34422936	1.01062446	1.35851107	1.03252790	.93442337
.76000000	1.30470914	1.01705726	1.32696391	1.02776900	.94545643
.78000000	1.26818979	1.02197975	1.29606428	1.02337216	.95527854
.80000000	1.23437500	1.02547669	1.26582278	1.01934312	.96394809
.82000000	1.20300416	1.02763298	1.23624675	1.01568668	.97152422
.84000000	1.17384732	1.02853294	1.20734063	1.01240683	.97806626
.86000000	1.14670092	1.02825961	1.17910624	1.00950681	.98363314
.88000000	1.12138430	1.02689423	1.15154307	1.00698925	.98828301
.90000000	1.09773663	1.02451583	1.12464855	1.00485619	.99207283
.92000000	1.07561437	1.02120082	1.09841828	1.00310920	.99505808
.94000000	1.05488909	1.01702280	1.07284626	1.00174943	.99729256
.96000000	1.03544560	1.01205231	1.04792511	1.00077767	.99882816
.98000000	1.01718034	1.00635668	1.02364623	1.00019444	.99971472
1.00000000	1.00000000	1.00000000	1.00000000	1.00000000	1.00000000
1.02000000	.98382033	.99304305	.97697593	1.00019444	.99972954
1.04000000	.96856509	.98554328	.95456281	1.00077769	.99894666
1.06000000	.95416518	.97755486	.93274881	1.00174960	.99769249
1.08000000	.94055784	.96912874	.91152163	1.00310993	.99600591
1.10000000	.92768595	.96031270	.89086860	1.00485842	.99392364
1.12000000	.91549745	.95115146	.87077673	1.00699479	.99148028
1.14000000	.90394480	.94168678	.85123287	1.00951882	.98870834

Tabla E.1. Línea de Rayleigh (continuación)

M	$\dfrac{\rho}{\rho^*}$	$\dfrac{T}{T^*}$	$\dfrac{p}{p^*}$	$\dfrac{p_0}{p_0^*}$	$\dfrac{T_0}{T_0^*}$
1.16000000	.89298454	.93195757	.83222370	1.01243029	.98563832
1.18000000	.88257685	.92200001	.81373586	1.01572906	.98229881
1.20000000	.87268519	.91184769	.79575597	1.01941510	.97871652
1.22000000	.86327600	.90153170	.77827068	1.02348846	.97491638
1.24000000	.85431842	.89108081	.76126675	1.02794929	.97092165
1.26000000	.84578399	.88052155	.74473103	1.03279790	.96675396
1.28000000	.83764648	.86987835	.72865054	1.03803471	.96243340
1.30000000	.82988166	.85917368	.71301248	1.04366031	.95797865
1.32000000	.82246710	.84842816	.69780424	1.04967542	.95340700
1.34000000	.81538204	.83766065	.68301346	1.05608095	.94873445
1.36000000	.80860727	.82688841	.66862798	1.06287797	.94397581
1.38000000	.80212490	.81612715	.65463591	1.07006770	.93914472
1.40000000	.79591837	.80539119	.64102564	1.07765156	.93425378
1.42000000	.78997223	.79469351	.62778580	1.08563116	.92931459
1.44000000	.78427212	.78404586	.61490530	1.09400827	.92433779
1.46000000	.77880465	.77345885	.60237335	1.10278485	.91933319
1.48000000	.77355734	.76294204	.59017941	1.11196306	.91430974
1.50000000	.76851852	.75250399	.57831325	1.12154523	.90927566
1.55000000	.75676379	.72680167	.55001719	1.14728507	.89669157
1.60000000	.74609375	.70173515	.52356021	1.17561073	.88418629
1.65000000	.73637894	.67737535	.49880495	1.20657434	.87183853
1.70000000	.72750865	.65377127	.47562426	1.24023542	.85970922
1.75000000	.71938776	.63095418	.45390071	1.27666082	.84784468
1.80000000	.71193416	.60894116	.43352601	1.31592466	.83627919
1.85000000	.70507670	.58773807	.41440041	1.35810821	.82503731
1.90000000	.69875346	.56734189	.39643211	1.40329985	.81413561
1.95000000	.69291037	.54774278	.37953665	1.45159499	.80358430
2.00000000	.68750000	.52892562	.36363636	1.50309598	.79338843
2.10000000	.67781557	.49355815	.33454140	1.61615933	.77406370
2.20000000	.66942149	.46105777	.30864198	1.74344583	.75613474
2.30000000	.66209830	.43122049	.28551035	1.88601999	.73954313
2.40000000	.65567130	.40383613	.26478376	2.04505465	.72421280
2.50000000	.65000000	.37869822	.24615385	2.22183129	.71005917
2.60000000	.64497041	.35560980	.22935780	2.41774092	.69699520
2.70000000	.64048925	.33438653	.21417098	2.63428548	.68493508
2.80000000	.63647959	.31485817	.20040080	2.87307962	.67379649
2.90000000	.63287753	.29686887	.18788163	3.13585286	.66350192
3.00000000	.62962963	.28027682	.17647059	3.42445199	.65397924
3.10000000	.62669095	.26495357	.16604400	3.74084377	.64516194
3.20000000	.62402344	.25078308	.15649452	4.08711775	.63698904
3.30000000	.62159474	.23766075	.14772867	4.46548934	.62940489
3.40000000	.61937716	.22549234	.13966480	4.87830292	.62235885
3.50000000	.61734694	.21419302	.13223140	5.32803518	.61580493
3.60000000	.61548354	.20368644	.12536565	5.81729842	.60970140
3.70000000	.61376917	.19390384	.11901220	6.34884402	.60401046
3.80000000	.61218837	.18478328	.11312217	6.92556597	.59869782
3.90000000	.61072759	.17626890	.10765228	7.55050442	.59373242
4.00000000	.60937500	.16831032	.10256410	8.22684925	.58908613
4.50000000	.60390947	.13540394	.08177172	12.50226207	.56982491
5.00000000	.60000000	.11111111	.06666667	18.63389981	.55555556
5.50000000	.59710744	.09271920	.05536332	27.21132493	.54472528
6.00000000	.59490741	.07848718	.04669261	38.94594488	.53632909

Tabla E.1.   Línea de Rayleigh (continuación)

M	$\dfrac{\rho}{\rho^*}$	$\dfrac{T}{T^*}$	$\dfrac{p}{p^*}$	$\dfrac{p_0}{p_0^*}$	$\dfrac{T_0}{T_0^*}$
6.50000000	.59319527	.06726326	.03990025	54.68303097	.52969820
7.00000000	.59183673	.05826397	.03448276	75.41379310	.52437574
7.50000000	.59074074	.05094290	.03009404	102.28748471	.52004206
8.00000000	.58984375	.04491031	.02649007	136.62352468	.51646858
8.50000000	.58910035	.03988261	.02349486	179.92362927	.51348863
9.00000000	.58847737	.03564967	.02097902	233.88395019	.51097853
9.50000000	.58795014	.03205323	.01884570	300.40721653	.50884502
10.00000000	.58750000	.02897239	.01702128	381.61487912	.50701675

PROGRAMA EN FORTRAN PARA CALCULAR LA TABLA

```fortran
program FLUJO_CON_CAMBIO_DE_T0

  implicit none

integer                 :: i
double precision        :: gama, aux1, aux2, aux3, aux4, aux5, aux6
double precision        :: M1, DT, DP, DDENS, DP0, DT0

! **** VARIABLES ****

!  M (Mach),   DT  (temperatura / temperatura critica),
!  DP (presión / presión critica),
!  DDENS  (densidad / densidad critica)
!  LAST (4*f*longitud critica/d), DP0 (P0/P0*)

  open (unit=10, file='Resultados.txt', status='unknown', form='formatted', access='sequential')

! **** Calculos ****

gama = 1.4d0

rewind (10)

write (10,*) '  M1      DENS     TEMP     PRES     PRES0     T0'

do i = 1, 1000

  M1 = 0.d0 + (dble(i) - 0.d0) * 0.01d0

  aux1 = 1.d0 + 0.5d0 * (gama - 1.d0) * (M1**2)
```

```fortran
      aux2 = 2.d0 / (gama + 1.d0)
      aux3 = (gama + 1.d0) * M1 * M1
      aux4 = 1.d0 + gama * M1 * M1
      aux5 = ((gama + 1.d0) * M1)**2
      aux6 = gama/(gama-1.d0)

      DT = aux5/(aux4**2)
      DP =       (gama + 1.d0) / aux4
      DDENS = aux4/aux3
      DP0 = ((gama+1.d0)/aux4) * (aux2*aux1)**aux6
      DT0 = 2.d0 * aux1 * aux3 / (aux4**2)

        write (10, 111) M1, DDENS, DT, DP, DP0, DT0

  end do

  111 format(6F15.8)

      end program
```

Apéndice F

Coeficientes de Influencia

F.1. TABLA: COEFICIENTES DE INFLUENCIA A

	$\dfrac{dA}{A}$	$\dfrac{d\dot{Q}+d\dot{W}_b+dK}{\dot{m}c_p T}$	$4f\dfrac{dx}{D}+\dfrac{2dX_b}{\gamma ApM^2}+$ $+2\displaystyle\sum_{}^{N}\left[\left(1-\dfrac{u_i}{u}\right)\dfrac{d\dot{m}_i}{\dot{m}}\right]_i$	$\dfrac{d\dot{m}_i}{\dot{m}}$	$\dfrac{dW}{W}$	$\dfrac{d\gamma}{\gamma}$
$\dfrac{dM^2}{M^2}$	$-\dfrac{2\left(1+\dfrac{\gamma-1}{2}M^2\right)}{1-M^2}$	$\dfrac{1+\gamma M^2}{1-M^2}$	$\dfrac{\gamma M^2\left(1+\dfrac{\gamma-1}{2}M^2\right)}{1-M^2}$	$\dfrac{2(1+\gamma M^2)\left(1+\dfrac{\gamma-1}{2}M^2\right)}{1-M^2}$	$-\dfrac{1+\gamma M^2}{1-M^2}$	-1
$\dfrac{du}{u}$	$-\dfrac{1}{1-M^2}$	$\dfrac{1}{1-M^2}$	$\dfrac{\gamma M^2}{2(1-M^2)}$	$-\dfrac{1+\gamma M^2}{1-M^2}$	$-\dfrac{1}{1-M^2}$	0
$\dfrac{da}{a}$	$\dfrac{\dfrac{\gamma-1}{2}M^2}{1-M^2}$	$\dfrac{1-\gamma M^2}{2(1-M^2)}$	$-\dfrac{\gamma(\gamma-1)M^4}{4(1-M^2)}$	$-\dfrac{\dfrac{\gamma-1}{2}M^2\left(\dfrac{\gamma-1}{2}M^2\right)}{1-M^2}$	$\dfrac{\gamma M^2-1}{1-M^2}$	$\tfrac{1}{2}$
$\dfrac{dT}{T}$	$\dfrac{(\gamma-1)M^2}{1-M^2}$	$\dfrac{1-\gamma M^2}{1-M^2}$	$-\dfrac{\gamma(\gamma-1)M^4}{2(1-M^2)}$	$-\dfrac{(\gamma-1)M^2\left(\dfrac{\gamma-1}{2}M^2\right)}{1-M^2}$	$\dfrac{(\gamma-1)M^2}{1-M^2}$	0
$\dfrac{d\rho}{\rho}$	$\dfrac{M^2}{1-M^2}$	$-\dfrac{1}{1-M^2}$	$-\dfrac{\gamma M^2}{2(1-M^2)}$	$-\dfrac{(\gamma+1)M^2}{1-M^2}$	$\dfrac{1}{1-M^2}$	0
$\dfrac{dp}{p}$	$\dfrac{\gamma M^2}{1-M^2}$	$-\dfrac{\gamma M^2}{1-M^2}$	$-\dfrac{\gamma M^2\left(1+(\gamma-1)M^2\right)}{2(1-M^2)}$	$-\dfrac{2\gamma M^2\left(1+\dfrac{\gamma-1}{2}M^2\right)}{1-M^2}$	$\dfrac{\gamma M^2}{1-M^2}$	0
$\dfrac{dF}{F}$	$\dfrac{1}{1+\gamma M^2}$	0	$-\dfrac{\gamma M^2}{2(1+\gamma M^2)}$	0	0	0
$\dfrac{ds}{c_p}$	0	1	$\dfrac{(\gamma-1)M^2}{2}$	$(\gamma-1)M^2[?]$	0	0

F.2.   TABLA: COEFICIENTES DE INFLUENCIA B

	$\dfrac{dA}{A}$	$\dfrac{dT_0}{T_0}$	$4f\dfrac{dx}{D}+\dfrac{2dX_b}{\gamma ApM^2}+$ $+2\sum_{}^{N}\left[\left(1-\dfrac{u_i}{u}\right)\dfrac{d\dot{m}_i}{\dot{m}}\right]_i$	$\dfrac{d\dot{m}_i}{\dot{m}}$
$\dfrac{dM^2}{M^2}$	$-\dfrac{2\left(1+\dfrac{\gamma-1}{2}M^2\right)}{1-M^2}$	$\dfrac{(1+\gamma M^2)\left(1+\dfrac{\gamma-1}{2}M^2\right)}{1-M^2}$	$\dfrac{\gamma M^2\left(1+\dfrac{\gamma-1}{2}M^2\right)}{1-M^2}$	$\dfrac{2(1+\gamma M^2)\left(1+\dfrac{\gamma-1}{2}M^2\right)}{1-M^2}$
$\dfrac{du}{u}$	$-\dfrac{1}{1-M^2}$	$\dfrac{\left(1+\dfrac{\gamma-1}{2}M^2\right)}{1-M^2}$	$\dfrac{\gamma M^2}{2(1-M^2)}$	$-\dfrac{1+\gamma M^2}{1-M^2}$
$\dfrac{da}{a}$	$\dfrac{\dfrac{\gamma-1}{2}M^2}{1-M^2}$	$\dfrac{\dfrac{1-\gamma M^2}{2}\left(1+\dfrac{\gamma-1}{2}M^2\right)}{1-M^2}$	$-\dfrac{\gamma(\gamma-1)M^4}{4(1-M^2)}$	$-\dfrac{\dfrac{\gamma-1}{2}M^2\left(1+\gamma M^2\right)}{1-M^2}$
$\dfrac{dT}{T}$	$\dfrac{(\gamma-1)M^2}{1-M^2}$	$\dfrac{(1-\gamma M^2)\left(1+\dfrac{\gamma-1}{2}M^2\right)}{1-M^2}$	$-\dfrac{\gamma(\gamma-1)M^4}{2(1-M^2)}$	$-\dfrac{(\gamma-1)M^2\left(1+\gamma M^2\right)}{1-M^2}$
$\dfrac{d\rho}{\rho}$	$\dfrac{M^2}{1-M^2}$	$-\dfrac{\left(1+\dfrac{\gamma-1}{2}M^2\right)}{1-M^2}$	$-\dfrac{\gamma M^2}{2(1-M^2)}$	$-\dfrac{(\gamma+1)M^2}{1-M^2}$
$\dfrac{dp}{p}$	$\dfrac{\gamma M^2}{1-M^2}$	$\dfrac{\gamma M^2\left(1+\dfrac{\gamma-1}{2}M^2\right)}{1-M^2}$	$-\dfrac{\gamma M^2\left(1+(\gamma-1)M^2\right)}{2(1-M^2)}$	$-\dfrac{2\gamma M^2\left(1+\dfrac{\gamma-1}{2}M^2\right)}{1-M^2}$
$\dfrac{dp_0}{p_0}$	0	$-\dfrac{\gamma M^2}{2}$	$-\dfrac{\gamma M^2}{2}$	$-\gamma M^2$
$\dfrac{dF}{F}$	$\dfrac{1}{1+\gamma M^2}$	0	$-\dfrac{\gamma M^2}{2(1+\gamma M^2)}$	0
$\dfrac{ds}{c_p}$	0	$1+\dfrac{(\gamma-1)}{2}M^2$	$\dfrac{(\gamma-1)M^2}{2}$	$(\gamma-1)M^2$

F.3. APLICACIÓN DEL MÉTODO UNIDIMENSIONAL DE ANÁLISIS

Se presentará a continuación una aplicación del método unidimensional de análisis que puede conceptuarse como una de las más complejas.

Se deduce de la Tabla F.2 de coeficientes de influencia que, si no se tiene en cuenta la fricción y se extrae calor, es posible aumentar la presión de estancamiento o total del flujo. Esto, en principio, posibilitaría mejorar las prestaciones de las turbinas de gas terrestre, expandiendo el gas hasta niveles de presión sub-atmosféricos y luego volver a incrementar la presión al nivel atmosférico mediante la extracción de calor desde la corriente. Pero esta técnica no funciona si se utilizan intercambiadores de calor convencionales, puesto que el intercambio de calor está vinculado con la fricción por la analogía de Reynolds donde el efecto de fricción siempre prevalece y en definitiva se produce una disminución de presión total.

Esto se ve claramente cuando utilizando los coeficientes de influencia se expresa el diferencial logarítmico de la presión de estancamiento en términos de la variación de la temperatura de impacto y la fricción. Se escribe así:

$$\frac{dp_0}{p_0} = -\frac{\gamma M^2}{2}\left(\frac{dT_0}{T_0} + 4f\frac{dx}{D_h}\right) \tag{F.1}$$

Utilizando la analogía de Reynolds y suponiendo un factor de recuperación $r = 1$, se puede escribir para la variación de la temperatura de estancamiento:

$$\frac{dT_0}{T_w - T_0} = \frac{dT_0}{T_0}\frac{1}{\dfrac{T_w}{T_0} - 1} = 2f\frac{dx}{D_h}$$

$$\therefore \quad \frac{dT_0}{T_0} = 2f\frac{dx}{D_h}\left(\frac{T_w}{T_0} - 1\right)$$

Reemplazando en la ecuación que da la variación relativa de la presión de estancamiento se obtiene:

$$\frac{dp_0}{p_0} = -\gamma M^2 f\frac{dx}{D_h}\left[2 + \left(\frac{T_w}{T_0} - 1\right)\right] \tag{F.2}$$

donde se constata que el paréntesis es siempre positivo, pues $T_w < T_0$. Por lo tanto al incluirse la fricción, la presión de estancamiento siempre disminuye. Shapiro y sus colaboradores (Trans. Amer. Soc. Mech. Engrs. 78, 617-653, 1956) consideraron la alternativa de absorber calor mediante la evaporación de un líquido. Con este propósito se suele inyectar agua en los gases de escape en forma de gotas muy pequeñas. La atomización del agua es conveniente porque se incrementa la superficie de contacto y se producen rápidas aceleraciones de las gotas.

Como en el caso de los intercambiadores de calor, la transferencia de calor no puede obtenerse sin cierto efecto friccional parásito, representado por la resistencia de las gotas. También en este caso, se puede plantear la analogía de Reynolds para establecer la relación entre intercambio de calor y resistencia. Se puede escribir entonces:

$$\frac{Q}{X} = K_g \, \frac{c_p \left(T_w - T_r \right)}{\left| u - u_L \right|} \tag{F.3}$$

donde el coeficiente K_g se ajusta para compensar el hecho de que la analogía de Reynolds no es totalmente justificable para el flujo alrededor de las gotas. No obstante el valor de K_g siempre permanece próximo a la unidad. Más importante es el hecho que en el denominador la velocidad de la corriente principal u se reemplaza por la velocidad relativa $|u - u_L|$ entre las gotas y la corriente principal. Puesto que $|u - u_L|$ es considerablemente menor que u, es posible que el balance desfavorable de la ec. F.2 se revierta y resulte un incremento de la presión de estancamiento. Esta posibilidad es tanto mayor cuanto menor sea $|u - u_L|$ lo cual pone en evidencia la necesidad de reducir el diámetro medio de las gotas.

Este problema de flujo de dos fases, gases y gotas de agua que se evaporan, puede estudiarse con la aproximación unidimensional si se asume una distribución uniforme de gotas del mismo tamaño en la corriente gaseosa. Siguiendo a Shapiro y Hawthorne, se procederá en primer término a la evaluación de los términos independientes que producen las transformaciones en la masa gaseosa considerando la presencia de la masa líquida que se evapora.

Obviamente la masa total permanece constante, de modo que:

$$m + m_L = m_1 + m_{L1} = \text{constante} \tag{F.4}$$

donde m_L es la masa líquida y el subíndice 1 denota condiciones en la sección inicial donde se produce la inyección de agua. m_1 y m_{L1} son respectivamente la masa de aire y de agua en la sección de entrada y se consideran datos del problema. Por lo tanto, en cada sección la masa m de la corriente gaseosa está constituida por una masa m_1 de aire y otra $(m_{L1} - m_L)$ de vapor de agua. Se verifica así que:

$$m = m_1 + \left(m_{L1} - m_L \right) \tag{F.5}$$

El peso molecular se calcula a partir de la relación:

$$\frac{m}{W} = \frac{m_1}{W_A} + \frac{m_{L1} - m_L}{W_V} \tag{F.6}$$

donde los subíndices A y V denotan aire y vapor, respectivamente. Nótese que W es función de m_L solamente, es decir de la masa líquida que aún no se ha evaporado. La constante del gas aire + vapor se obtiene de la ec. VII.1.6.

La entalpía h de la mezcla aire + vapor, por ser una función termodinámica extensiva, puede obtenerse a partir de:

$$mh = m_1 h_A + \left(m_{L1} - m_L\right)h(T)_V \tag{F.7}$$

La temperatura T que entre paréntesis aparece en la entalpía del vapor es la temperatura de la corriente gaseosa e indica que la entalpía del vapor de agua es evaluada a dicha temperatura T. Una expresión análoga puede usarse para calcular el c_p de la mezcla. Con la constante $\Re$ y c_p conocidos se puede obtener el valor de γ.

De la ec. F.4 se deduce que la masa elemental dm_i inyectada en la unidad de tiempo en el sistema gaseoso y extraída del sistema líquido, y que aparece en la ecuación de continuidad VII.1.1 es:

$$d\dot{m}_i = d\dot{m} = -d\dot{m}_L \tag{F.8}$$

La masa inyectada posee la velocidad u_L de las gotas, la cual reemplaza u_i en la expresión de I_i. Así se obtiene:

$$dI_i = u_i d\dot{m}_i = -u_L d\dot{m}_L \tag{F.9}$$

Si con h_V se designa la entalpía del vapor a la temperatura T_L de la masa líquida, se puede escribir:

$$dH_{t_i} = -\left(h_V + \frac{u_L^2}{2}\right)d\dot{m}_L \tag{F.10}$$

La resistencia elemental dX_b de las gotas es igual a la fuerza necesaria para hacer variar la velocidad de la masa líquida en du_L de manera que:

$$dX_b = \dot{m}_L du_L \tag{F.11}$$

y teniendo en cuenta la ec. VII.1.11 se consigue:

$$\frac{dX_b}{\frac{\gamma}{2}pAM^2} = 2\frac{\dot{m}_L du_L}{\dot{m}u} \tag{F.12}$$

El calor $-d\dot{Q}_b$ suministrado al sistema líquido por el gaseoso, es parcialmente usado para incrementar la entalpía de la gotas y parcialmente para evaporar la cantidad $-d\dot{m}_L$. Se puede escribir entonces:

$$-d\dot{Q}_b = \dot{m}_L dh_L - (h_V - h_L)d\dot{m}_L \tag{F.13}$$

donde h_L es la entalpía del líquido (como h_V para el vapor) correspondiente a la temperatura T_L. Obviamente $(h_V - h_L)$ representa el calor latente de vaporización a la temperatura T_L.

El término $-d\dot{W}_b$ representa la energía que en forma mecánica se extrae del sistema gaseoso. Dicha energía evidentemente va a incrementar la energía cinética del sistema líquido. Por lo tanto se tiene:

$$-d\dot{W}_b = \dot{m}_L u_L du_L \tag{F.14}$$

Finalmente, dado que $q_{tm} = 0$, el último término de la ec. VII.1.20 se reduce a:

$$dK = -\left(h_V - h(T)_V + \frac{u_L^2}{2} - \frac{u^2}{2} \right)d\dot{m}_L \tag{F.15}$$

De esta manera todos los términos independientes responsables por las transformaciones que experimentaría la corriente gaseosa a lo largo del conducto y que aparecen en los segundos miembros de las ecuaciones de conservación VII.1.9, VII.1.12 y VII.1.20 han sido evaluados en función de las cantidades $\dot{m}_L$, u_L y T_L de la masa líquida. Falta todavía establecer como la interacción entre el sistema líquido y gaseoso conduce a las relaciones necesarias para calcular estas cantidades.

Dichas relaciones pueden establecerse con relativa facilidad considerando que cada gota actúa en forma individual y que todas poseen el mismo diámetro. El diámetro de las gotas δ está relacionado con la masa $\dot{m}_L$ por la expresión:

$$\left(\frac{\delta}{\delta_1} \right)^3 = \frac{\dot{m}_L}{\dot{m}_{L_1}} \tag{F.16}$$

donde δ_1 representa el diámetro de las gotas en la sección inicial. Teniendo en cuenta que $dx = u_L dt$, se puede escribir para la rapidez de evaporación de una gota (Eckert y Drake, *"Heat and Mass Transfer"*, Cap. 16, Art. 5, McGraw-Hill Book Co.,NY, 1959):

$$-\frac{d}{dt}\left(\frac{\pi\delta^3}{6}\rho_L \right) = -u_L\frac{d}{dx}\left(\frac{\pi\delta^3}{6}\rho_L \right) = \alpha_D \pi\delta^2 \left[\rho_V - \rho(T)_V \right] \tag{F.17}$$

donde:

ρ_V es la densidad del vapor saturado a la temperatura T_L

$\rho(T)_V$ es la densidad del vapor a la temperatura T y a su presión parcial en la corriente gaseosa.

α_D es un coeficiente dimensional función de la difusividad D del vapor en el aire, de la viscosidad μ y de otras cantidades por la relación:

$$\alpha_D = \left[2 + 0,6(S_c)^{\frac{1}{3}}(\mathrm{Re})^{\frac{1}{2}} \right] \frac{D}{\delta} \qquad \left[\frac{\mathrm{m}}{\mathrm{s}} \right]$$

$$S_c = \frac{\mu}{\rho D}; \quad \mathrm{Re} = \frac{\rho \delta |u - u_L|}{\mu}$$

Las dimensiones del coeficiente de difusividad D son m^2/s.

Del balance entre fuerza de inercia y la resistencia de la gota se puede plantear la siguiente ecuación:

$$\rho_L \frac{\pi \delta^3}{6} \frac{du_L}{dt} = \rho_L \frac{\pi \delta^3}{6} u_L \frac{du_L}{dx} = C_D \frac{\pi \delta^2}{4} \frac{\rho}{2} (u - u_L)|u - u_L| \qquad \text{(F.18)}$$

donde el coeficiente de resistencia C_D puede ser aproximado por:

$$C_D = \frac{24}{\mathrm{Re}} \qquad\qquad 0 < \mathrm{Re} \leq 1$$

$$C_D = \frac{24}{\mathrm{Re}^{2/3}} \qquad\qquad 1 < \mathrm{Re} \leq 390$$

$$C_D = 0,45 \qquad\qquad \mathrm{Re} > 390$$

Finalmente, el calor que la parte gaseosa transfiere a la gota va a incrementar su entalpía y la rapidez con que se evapora, lo cual puede escribirse:

$$\alpha_T \pi \delta^2 (T - T_L) = \frac{\pi \delta^3}{6} \rho_L u_L \frac{dh_L}{dx} - (h_V - h_L) u_L \frac{d}{dx}\left(\frac{\pi \delta^3}{6} \rho_L \right) \qquad \text{(F.19)}$$

donde

α_T es el coeficiente de transferencia de calor desde el gas a la gota, que se puede expresar en términos de la conductividad k, la viscosidad μ y de otras cantidades por:

$$\alpha_T = \left[2 + 0,6(\mathrm{Pr})^{\frac{1}{3}}(\mathrm{Re})^{\frac{1}{2}} \right] \frac{k}{\delta}$$

$$\mathrm{Pr} = \frac{c_p \mu}{k}; \quad \mathrm{Nu} = \frac{\alpha_T \delta}{k}; \quad \alpha_T \equiv \left[\frac{\mathrm{W}}{\mathrm{m}^2 \mathrm{K}} \right]; \quad k \equiv \left[\frac{\mathrm{W}}{\mathrm{mK}} \right].$$

Sintetizando los resultados obtenidos, se dispone de las seis (6) ecuaciones que el método generalizado de Shapiro-Hawthorne provee juntamente con las variables dependientes de la Tabla F.1. Pero estas variables contienen las cantidades pertinentes a la fase líquida m_L, δ, T_L, u_L debido a su introducción en las ec. F.8 a F.15. Por lo tanto, son también necesarias las ecuaciones que describen que sucede con las gotas del sistema líquido y esto se consigue mediante las ec. F.16 a F.19. Se cuenta, entonces, para la resolución del problema planteado con un sistema de ecuaciones diferenciales completo, aunque complicado, el cual, dadas las condiciones iniciales y la geometría $A(x)$ del conducto, puede ser integrado numéricamente según x.

F.4. CONDICIONES SUFICIENTES PARA QUE CON INYECCIÓN O EXTRACCIÓN DE MASA SE CUMPLA EL SEGUNDO PRINCIPIO DE LA TERMODINÁMICA

La segunda ley puede expresarse por la ec. III.2.11, la cual sin tener en cuenta la presencia de cuerpos sumergidos en la corriente fluida puede expresarse como:

$$dS = d(\dot{m}s) - s_i d\dot{m}_i - \left(\frac{d\dot{Q}}{T}\right)_w \geq 0 \tag{F.20}$$

Si la sustancia inyectada es el mismo gas de la corriente principal y además no se producen reacciones químicas, el valor de ds a introducir en la ec. F.20 estaría dado correctamente por la ec. VII.1.25. Si se utiliza la Tabla F.1 de coeficientes de influencia y se tiene en cuenta que $dW_b = dQ_b = dX_b = 0$, la variación de entropía de la corriente puede expresarse por:

$$\frac{ds}{c_p} = \frac{dQ_w}{\dot{m}c_p T} + (\gamma-1)M^2 \frac{dX_w}{\dot{m}u} + (\gamma-1)M^2\left(1-\frac{u_i}{u}\right)\frac{d\dot{m}_i}{\dot{m}} + \frac{d\aleph}{\dot{m}c_p T} \tag{F.21}$$

donde

$$d\aleph = (h_0 - h_{0_i})d\dot{m}_i$$

$$2f\frac{dx}{D_h} = \frac{dX_w}{\dot{m}u}$$

Luego de insertar la ec. F.21 en F.20, se puede obtener:

$$\frac{dS}{\dot{m}c_p} = \left(\frac{1}{T} - \frac{1}{T_w}\right)\frac{dQ_w}{\dot{m}c_p} + (\gamma-1)M^2 \frac{dX_w}{\dot{m}u} +$$
$$+ \left[\frac{1}{c_p}\left(s - s_i + \frac{h_{0_i} - h_0}{T}\right) + (\gamma-1)M^2\left(1-\frac{u_i}{u}\right)\right]\frac{d\dot{m}_i}{\dot{m}} \geq 0 \tag{F.22}$$

Utilizando la analogía de Reynolds se puede expresar dQ_w en términos de dX_w:

$$\frac{dQ_w}{dX_w} = k_q \frac{c_p(T_w - T_r)}{u} \quad \rightarrow \quad \frac{dQ_w}{\dot{m}c_p} = \frac{k_q}{\dot{m}u}(T_w - T_{aw})dX_w \qquad \text{(F.23)}$$

donde k_q es un coeficiente de ajuste compensatorio para casos en que la aplicación de la analogía de Reynolds es cuestionable.

Además, por la definición de factor de recuperación (Sección F.5) se tiene:

$$r = \frac{h_{aw} - h}{h_0 - h} \quad \rightarrow \quad h_{aw} = r(h_0 - h) + h \qquad \text{(F.24)}$$

Tanto los valores de k_q como de r son próximos a uno.

Si se introduce F.23 y F.24 en F.22, se obtiene finalmente:

$$\frac{dS}{\dot{m}c_p} = \left\{ \left(\frac{1}{T} - \frac{1}{T_w} \right)\frac{k_q}{c_p}(h_w - h) + \left[1 - \frac{k_q}{2}r\left(1 - \frac{T}{T_w} \right) \right](\gamma - 1)M^2 \right\}\frac{dX_w}{\dot{m}u} +$$
$$+ \left[\frac{1}{c_p}\left(s - s_i + \frac{h - h_i}{T} \right) + \frac{1}{2}(\gamma - 1)M^2\left(1 - \frac{u_i}{u} \right)^2 \right]\frac{d\dot{m}_i}{\dot{m}} \qquad \text{(F.25)}$$

Obsérvese que el coeficiente de dX_w es positivo, porque lo es el primer término cualquiera sea el valor de T (es nulo cuando $T = T_w$), y también es positivo el segundo término si la condición $k_q r < 2$ se satisface (como lo hace en general).

En cuanto al coeficiente de $d\dot{m}_i$, éste es siempre positivo puesto que:

$$s - s_i - \frac{h - h_i}{T} = \int_{T_i}^{T} c_p \frac{dT'}{T'} - \int_{T_i}^{T} c_p \frac{dT'}{T}$$

es siempre mayor que cero ($T_i \geq T$). Por lo tanto si $dX_w \geq 0$ y $d\dot{m}_i \geq 0$ (inyección), la segunda ley siempre se cumple.

Para obtener las condiciones que dX_w y $d\dot{m}_i$ deben satisfacer cuando $d\dot{m}_i < 0$ es necesario reescribir la ecuación F.25 con $T_i = T_w$ y $u_i = 0$ de la forma:

$$\frac{dS}{\dot{m}c_p} = \left\{ \left(\frac{1}{T} - \frac{1}{T_w}\right)\frac{k_q}{c_p}(h_w - h) + \left[1 - \frac{k_q}{2}r\left(1 - \frac{T}{T_w}\right)\right](\gamma - 1)M^2 \right\}\left(\frac{dX_w}{\dot{m}u} + \right.$$

$$\left. - \frac{|d\dot{m}_i|}{\dot{m}}\right) - \left\{\frac{1}{c_p}\left[s - s_w + \frac{h - h_w}{T} - \left(\frac{1}{T} - \frac{1}{T_w}\right)k_q(h_w - h)\right] + \right. \qquad \text{(F.26)}$$

$$\left. - \frac{1}{2}\left[1 - k_q r\left(1 - \frac{T}{T_w}\right)\right](\gamma - 1)M^2 \right\}\frac{|d\dot{m}_i|}{\dot{m}}$$

Ahora bien, el coeficiente de $|d\dot{m}_i|$ es negativo si $1 \leq k_q \leq 1/r$, porque:

$$s - s_w - \frac{h - h_w}{T} - (h_w - h)\left(\frac{1}{T} - \frac{1}{T_w}\right) = \int_{T_w}^{T} c_p \frac{dT'}{T'} - \int_{T_w}^{T} c_p \frac{dT'}{T_w} \leq 0$$

y será negativo en todos los casos prácticos. Por lo tanto para asegurar el cumplimiento de la segunda ley cuando $d\dot{m}_i < 0$ (extracción) debe verificarse que:

$$dX_w - u|d\dot{m}_i| \geq 0 \qquad \text{(F.27)}$$

Esta relación es consistente con lo que ocurre en la capa límite cuando hay succión: el espesor de la capa límite disminuye y el coeficiente de fricción se incrementa. Debe necesariamente ocurrir así para satisfacer el segundo principio de la termodinámica.

F.5. EL FACTOR DE RECUPERACIÓN

Cuando un fluido fluye por un tubo sin recibir o ceder calor a través de las paredes del tubo (conducto aislado), la temperatura de la pared, denominada la temperatura de la pared adiabática T_{aw}, no es ni la temperatura de estancamiento media T_0 ni tampoco la temperatura estática media T de la corriente fluida. Cuando se trata de una corriente gaseosa, la temperatura de la pared adiabática siempre está comprendida entre T y T_0. La determinación teórica de T_{aw} y la discusión sobre los factores que influyen sobre la misma, constituyen tópicos relevantes de la teoría de la capa límite compresible. Por el momento solamente se discutirán algunos conceptos fundamentales y se presentarán resultados experimentales aplicables al cálculo práctico del flujo en conductos.

La temperatura que adquiere una pared aislada sobre la cual fluye una corriente gaseosa a alta velocidad, está controlada por mecanismos complejos que se producen en la capa límite. Las capas de fluido alejadas de la pared transfieren trabajo viscoso a las capas más cercanas a la pared. El consiguiente incremento de temperatura de las capas internas va acompañado necesariamente, por conducción de calor a través de la pared, lo cual tiende a limitar el aumento de temperatura.

Cuando todos estos efectos se han equilibrado, la pared ha adquirido la temperatura T_{aw} y la distribución de temperatura resultante en la capa limite es la que se muestra en la Figura F.1 mediante la línea sólida. También se muestran en dicha figura, curvas correspondientes a una pared caliente y fría. Nótese que la dirección del gradiente de temperatura en el gas sobre el contorno mismo, es quién determina si el calor entra o sale por la pared del conducto.

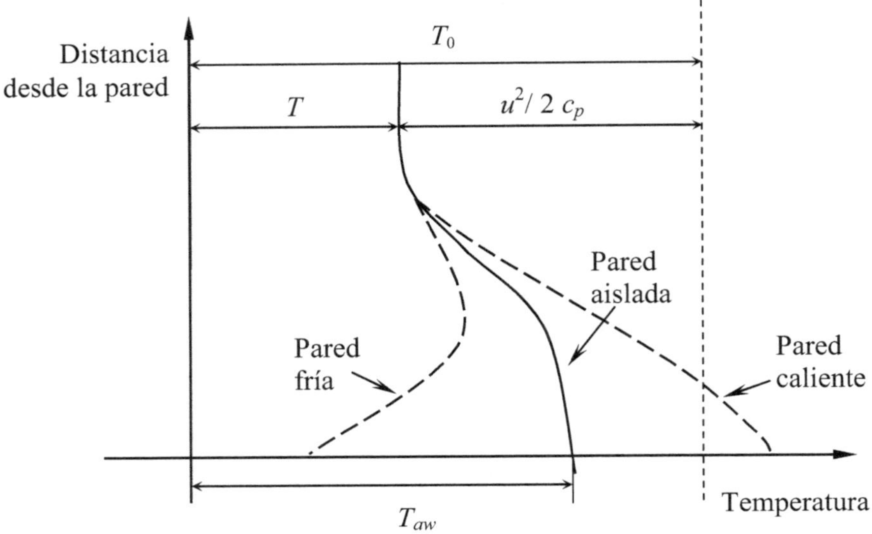

Fig. F.1 – Ilustra la definición de temperatura adiabática de la pared.

La magnitud de T_{aw} relativa a los valores unidimensionales medios de T y T_0 se expresa por el **factor de recuperación** r, definido por:

$$r = \frac{T_{aw} - T}{T_0 - T} = \frac{T_{aw} - T}{\dfrac{u^2}{2c_p}} \tag{F.28}$$

suponiendo que el calor específico puede ser considerado constante.

Esto puede expresarse también como:

$$r = \frac{\dfrac{T_{aw}}{T} - 1}{\dfrac{u^2}{2c_p T}} = \frac{\dfrac{T_{aw}}{T} - 1}{\dfrac{\gamma - 1}{2} M^2}$$

de modo que:

$$\frac{T_{aw}}{T} = 1 + r\frac{\gamma-1}{2}M^2 \qquad\qquad (F.29)$$

En conductos, el factor de recuperación suele estar comprendido entre 0,87 y 0,91 cuando el flujo es subsónico y entre 0,83 y 0,90 cuando es supersónico.

F.5.1.   El Coeficiente de Transferencia de Calor

En un flujo incompresible, el coeficiente de transferencia de calor h (también llamado de película) está basado en la diferencia existente entre la temperatura de la pared y la temperatura estática media de la corriente. Cuando los efectos de compresibilidad son importantes, el valor de h debe definirse en términos de $(T_{aw} - T_w)$. Por consiguiente, se define h por:

$$\dot{q}_w = h\left(T_w - T_{aw}\right) \qquad\qquad (F.30)$$

donde $\dot{q}_w$ es la cantidad de calor que se transfiere por unidad de área (bañada por el fluido) y en la unidad de tiempo. Sustituyendo T_{aw} por la ec. F.29, la ec. F.30 se transforma en:

$$\dot{q}_w = h\left[T_w - \left(1 + r\frac{\gamma-1}{2}M^2\right)T\right] \qquad\qquad (F.31)$$

F.5.2.   Síntesis de Resultados Experimentales

Para el flujo subsónico en conductos los resultados experimentales pueden resumirse como se indica a continuación:

i.   El número de Nusselt hD/λ versus el número de Reynolds $\mu D/\nu$ es prácticamente independiente del número de Mach;

ii.   La analogía de Reynolds entre fricción y transferencia de calor es esencialmente independiente del número de Mach;

iii.   Para flujo turbulento y hasta números de Reynolds de 400.000, los datos experimentales sobre transferencia de calor pueden correlacionarse mediante la ecuación:

$$\frac{hD}{\lambda} = 0,0364\left[\left(\frac{\rho u D}{\mu}\right)\left(\frac{c_p\mu}{\lambda}\right)\right]^{0,75}.$$

La presente edición de "*DINÁMICA DE LOS GASES.*

Flujo Unidimensional Estacionario"
se terminó de imprimir en el mes de Enero de 2020 en
Universitas. Pje. España 1467. Córdoba.
Te: 54-351-4680913
e-mail: editorialuniversitas@yahoo.com.ar

Impreso en Argentina

www.ingramcontent.com/pod-product-compliance
Lightning Source LLC
Chambersburg PA
CBHW081359130726
47998CB00011B/3009